KB113081

모든 것의 나이

아무도 상상하지 못한 과거 탐험

THE AGE OF 모든 것의 나이 EVERYTHING

매튜 헤드만 지음 | **박병철** 옮김

살림

감사의 글

나는 지난 몇 년 동안 이 책을 저술하면서 주변의 많은 사람들로부터 큰 도움을 받았다. 브루스 윈스타인(Bruce Winstein)과 제임스 필처(James Pilcher)는 이 책의 근간을 이루었던 강의를 할 수 있도록 용기를 북돋아 주었으며, 엔리코 페르미 연구소(Enrico Fermi Institute)와 칼비 천체물리연구소(Kalvi Institute for Cosmological Physics)의 사람들, 특히 낸시 캐로더스(Nanci Carrothers)와 샬린 닐(Charlene Neal) 그리고 데니스 고든(Dennis Gordon)은 강의의 실질적인 부분을 보완해 주었다. 또한 CAPMAP의 멤버들, 특히 나와 수시로 토론을 벌이고 강의에도 여러 번 참석해 준 도러시아 샘틀벤(Dorothea Samtleben)에게 깊은 감사를 드린다. 시카고 대학교 출판부의 브루스 윈스타인과 크리스티 헨리(Christie Henry)는 강의가 끝나 갈 무렵에 강의 내용을 책으로 출판할 것을 권했고, 코넬 대학교의 J. A. 번스(J. A. Berns)와 P. D. 니컬슨(P. D. Nicholson)도 출판을 적극 권장했다. 또한 크리스티 헨리와 마이클 코플로(Michael Koplow)를 비롯한 몇 사람들의 조언은 관련 정보를 수집하는 데 커다란 도움이 되었다.

여러 훌륭한 일러스트를 제공해 준 토드 텔랜더(Todd Telander)에게도 감사드리며, 내 원고를 꼼꼼하게 읽고 많은 충고를 해 준 나의 동생 케빈 헤드만(Kevin Hedman)에게도 고맙다는 말을 전하고 싶다. 그리고 책을 집필하는 동안 끊임없이 용기를 북돋아 주신 나의 부모님 커트 헤드만(Curt Hedman)과 샐리 헤드만(Sally Hedman)에게 진심으로 깊은 감사를 드린다.

이 책과 관련된 참고 문헌과 중요한 정보를 제공해 주고 몇 가지 개념을 정립하는 데 큰 도움을 준 시카고 마야 연구회의 존 해리스(John Harris)와 K. E. 스펜스(K. E. Spence), 존 C. 휘태커(John C. Whittaker), 웬슝 리(Wen Hsiung Li), J. 데이비드 아치볼드(J. David Archibald), 로버트 클레이턴(Robert Clayton), 스티븐 사이먼(Stephen Simon), 안드레이 크라브스토프(Andrei Kravstov), 제임스 트루랜(James Truran), 데이비드 체르노프(David Chernoff), 아이라 바서만(Ira Wasserman), 슈테판 마이어(Stephan Meyer), 에린 셸던(Erin Sheldon), 릭 클라인(Rick Kline), 웨인 후(Wayne Hu)에게도 감사의 말을 전한다. 만일 이 책에서 틀린 부분이 있다면, 그것은 전적으로 나의 잘못임을 밝혀 두는 바이다.

CONTENTS

일러두기

1. 원서 각주 외에 설명이 더 필요한 부분에 옮긴이 주를 달았다.
2. 외국 도서와 잡지의 제목은 이탤릭체로, 외국 논문 제목은 " "로 표기하였다.

제 1 장

인류의 시작과 우주를 찾아서

21세기를 살고 있는 우리들은 불과 100여 년 전에 일어났던 사건을 '까마득한 옛일'인 것처럼 생각하는 경향이 있다. '인간이 등장하기 전의 지구'에 대해서 제법 많이 안다고 하는 사람 역시 '100년 전의 사람들은 어떤 삶을 살았을까?'라는 질문을 받으면 딱히 할 말이 생각나지 않을 것이다. 하긴 지금처럼 과학 기술이 눈부시게 발전하고 정치와 경제 네트워크가 수시로 변하는 세상에 적응해 가면서 100년 전 인간의 삶을 상상하기란 그리 쉬운 일이 아니다. 그러나 최근 역사학, 고고학, 생물학, 화학, 지질학, 물리학, 천문학 등의 분야가 비약적으로 발전함에 따라 까마득한 선조들의 삶을 구체적으로 그려 볼 수 있게 되었다. 중앙아메리카 열대우림 지역의 한 동굴에서 발견된 조각품은 뛰어난 예술성을 가졌음에도 불구하고 제작 연대나 출처에 대해 전혀 알지 못했다가 최근 들어 그것이 마야 지도자의 정치적인 음모와 연관된 물건이었음이 밝혀졌다. 또한 여러 분야의 학자들이 연대하여 이집트의 피라미드를 공동 분석한 끝에 피라미드의 건축 시기와 제작 방법을 꽤 구체적으로 밝혀냈다. 그리고 오래된 나무의 흔적을 분석하여 지난 1만 년 사이에 태양의 표면 활동이 어떻게 변해 왔는지 알아낼 수 있었으며, 오래된 나뭇조각의 성분을 분석하여 북아메리카 대륙에 최초로 거주했던 선조들의 생활상을 짐작할 수 있게 되었다. 인류학자들은 땅속에 묻힌 화석과 (사람을 포함한) 동물의 조직 샘플을 분석하여 "인류는 언제부터 두 발로 걷기 시작했는가?"라는 오래된 의문을 추적하고 있는데 그 해답도 머지않아 밝혀질 것으로 기대되고 있다. 생물학자들도 이와 비슷한 방법을 이용하여 공룡이 멸종되던 시기에 작은 포유류들이 끝까지 살아남아서 고양이, 토끼, 박쥐, 말, 고래 등으로 진화할 수 있었던 비결을 추적하고 있다. 하늘에서 떨어진 돌을 분석하면 태양계와 지구의 기원을 부분적으로 밝힐 수 있으며, 멀리 있는 별에서 방출된 빛을 분석하면 우주의 역사를 추적할 수 있다. 방송이 끝난 TV 채널에서 나타나는 잡음은 우주배경복사 때문에 나타나는 현상인데, 이것을 이용하면 초창기 우주의 모습을 추정할 수 있다.

각 분야의 학자들은 이 모든 작업에서 구체적인 성과를 거두기 위해 '무언가가 최초로 발생한 시기'를 추적하는 다양한 방법을 개발해 왔다. 이와 관련된 정보가 없다면 고대의 비석이나 천문 관측용 막대 등 우리 선조들이 남긴 유물은 단편적인 지식밖에 제공하지 못할 것이다. 그러나 이러한 실마리들을 시대 순으로 나열해 놓고 보면 전체적인 그림이 더욱 분명하게 그려진다. 고대에 일어났던 각 사건들의 원인과 결과, 고대의 자연환경 등이 밝혀지면서 단순한 사건의 배열로부터 하나의 역사가 재현되는 것이다.

이 책의 목적은 여러 분야의 학자들이 선보인 다양한 사건이나 사물의 연대를 추적하는 방법을 소개하는 것이다. 책의 내용은 지난 2004년 봄에 시카고 대학교의 칼비 천체물리연구소에서 했던 강의를 정리한 것이다. 이 강의는 일반인들에게 물리학의 최근 발전상을 소개하기 위해 개설된 콤프턴 강좌(Compton Lecture) 프로그램 중에 하나였다. 당시 나는 라디오천문학과 우주론을 연구하고 있었으므로 순리대로라면 강의 내용도 당연히 천문학 쪽으로 치우쳤을 것이다. 그러나 콤프턴 강좌 프로그램에서 뛰어난 전문가들이 천문학을 주제로 이미 좋은 강의를 베풀었기 때문에 나는 조금 다른 방식으로 강의를 진행했다. 평소에 고고학과 인류학, 진화생물학, 고생물학, 행성우주론 등에 큰 관심을 가지고 있었던 나는 여러 분야에서 역사적 사건이나 유물의 연대를 추정하는 다양한 방법들을 소개하고 현재 우리가 가지고 있는 역사관이 어떤 과정을 통해 형성되어 왔는지 되돌아보는 기회를 갖기로 했다.

이 책에서는 내가 강의할 때와 마찬가지로 연대 추정과 관련된 다양한 테크닉을 일일이 나열하지 않았으며 인류와 지구, 우주의 역사를 광범위하게 조명하지도 않았다. 그 대신 몇 가지 특별한 시대에 초점을 맞춰서 각각의 경우에 걸맞은 연대 추정법을 소개할 예정이다. 독자들은 여러 분야에서 사용되고 있는 다양한 연대 추정 기술들을 더욱 깊이 이해할 수 있을 것이다. 또한 학자들이 우주의 기원에서 마야 제국의 정치적 상황에 이르기까지 광범위한 역사를 연구하면서 어떤 문제에 직면하고 있는지 알 수 있을 것이다. 이 책에 소개된 내용들은 현재 연구가 활발하게 진행되고 있는 분야이기 때문에 역사학, 고고학, 생물학, 천문학 등에서 최근에 이루어진 발견들을 소개하고 배경지식을 전달하는 데에도 한몫할 것이다.

독자들이 이 책을 읽을 때쯤이면 각 분야에서 또다시 새로운 발견이 일어났을 수도 있다. 그리고 이 책에서 다루고 있는 몇 가지 주제들(신대륙의 식민지화 과정, 유전자 데이터를 이용한 연대 추정법 등)은 지금도 논쟁의 여지가 많다. 그래서 각 장의 끝 부분에 참고 문헌과 관련 웹사이트 주소를 첨부하였으니 관심 있는 독자들은 참고하기 바란다.

내가 독자들에게 참고 자료를 찾아볼 것을 적극적으로 권하는 데에는 또 다른 이유가 있다. 나는 이 책에 소개된 모든 분야에서 결코 전문가라 할 수 없다. 고대 역사나 천문화학 분야는 관련 논문을 읽거나 전문 강의를 따라가는 수준이고, 나의 전문 분야는 라디오천문학과 천문 관측으로 한정되어 있다. 나는 대학 학부 과정에서 물리학과 인류학을 복수 전공했고 지금은 토성 주변을 돌고 있는 카시니(Casini) 위성으로부터 전송된 데이터를 분석하는 일을 하고 있다. 따라서 고대 역사나 고고학, 진화생물학, 행성천문학, 광학천문학 등의 분야에서는 실수를 범했을 수도 있다. 독자들은 이 점을 반드시 기억해 주기 바란다.

나는 과학자들, 특히 물리학자들이 자신의 비전문 분야와 관련된 책을 쓸 때 어떤 문제에 직면하는지 잘 알고 있다. 흔히 과학자들은 다른 사람들이 수십 년 동안 연구해 온 문제들을 은근히 얕잡아 보는 습성이 있어서 타 분야의 문제에 대한 잘못된 편견을 갖기 쉽다. 그러나 나는 한 분야에서 수십 년 동안 투신해 온 사람들을 깊이 존경하고 있으므로 이와 같은 잘못을 저지르지 않기 위해 최선을 다할 것이다. 타 분야를 논할 때에는 가능한 한 신중을 기하고, 더 많은 내용을 알고 싶은 독자들을 위해 최대한의 추가 정보를 제공할 것이다.

이 책은 인류 역사에 등장하는 사건에서 시작하여 우주의 출발점이라 할 수 있는 빅뱅으로 끝을 맺는다. 이 사이에 우리는 수백 년에서 수십 억 년에 이르는 시간을 오락가락할 것이다. 그래서 독자들의 이해를 돕기 위해 책에서 다룬 사건들을 중심으로 연대표(〈표 1-1〉)를 만들었으니 참고하기 바란다.

연대표의 제일 왼쪽에는 지난 100년을 나타냈다. 이 부분은 독자들도 잘 알고 있을 것이다. 이 기간 동안 인류는 두 차례의 세계대전을 겪었으며, 달 표면에 사람의 발자국을 남겼다. 제2차 세계대전과 아폴로 우주선의 달 착륙을 비롯하여 수많은 사건이 사람들의 기억 속에 아직도 남아 있지만, 그 이전의 사건들은 서서히 역사 속에 묻히고 있다.

연대표에서 오른쪽으로 한 칸씩 이동할 때마다 시간의 스케일이 50배로 커진다. 두 번째 그래프는 지난 5,000년의 역사를 나타내는데, 대부분이 인류와 관련된 사건들로 채워져 있다. 이 그래프에서 20세기는 아주 작은 부분에 불과하다. 5,000년이라는 스케일에서 볼 때, 미국의 독립(1776년)과 콜럼버스의 신대륙 발견(1492년)은 극히 최근에 일어난 사건에 속한다. 이 책의 제1장(고대 중앙아메리카 마야 제국의 정치, 약 1,500년 전)과 제2장(이집트의 피라미드 건설, 약 4,500년 전)에서 다루는 역사는 이 부분에 속한다. 지난 5,000년의 역사에 대한 기록과 문헌은 이러한 주제를 이해하는 데 중요한 역할을 한다.

그러나 5,000년 이상 된 역사는 아무런 기록도 남아 있지 않기 때문에, 이 시기를 연구하려면 다른 방법을 모색해야 한다. 〈표 1-1〉의 세 번째 그래프에 나와 있는 선사시대(prehistoric era)는 5,000년 전부터 25만 년 전까지 거슬러 올라간다. 해부학적으로 현대인이라 할 수 있는 인종(요즘 지구에 살고 있는 인간과 육체적으로 동등한 인종)은 지금으로부터 약 20만 년 전에 처음으로 출현했는데, 이 시기는 세 번째 그래프에서 거의 꼭대기 부분에 해당한다. 또한 이 시기에 마지막 빙하기가 지구를 덮쳤으며,

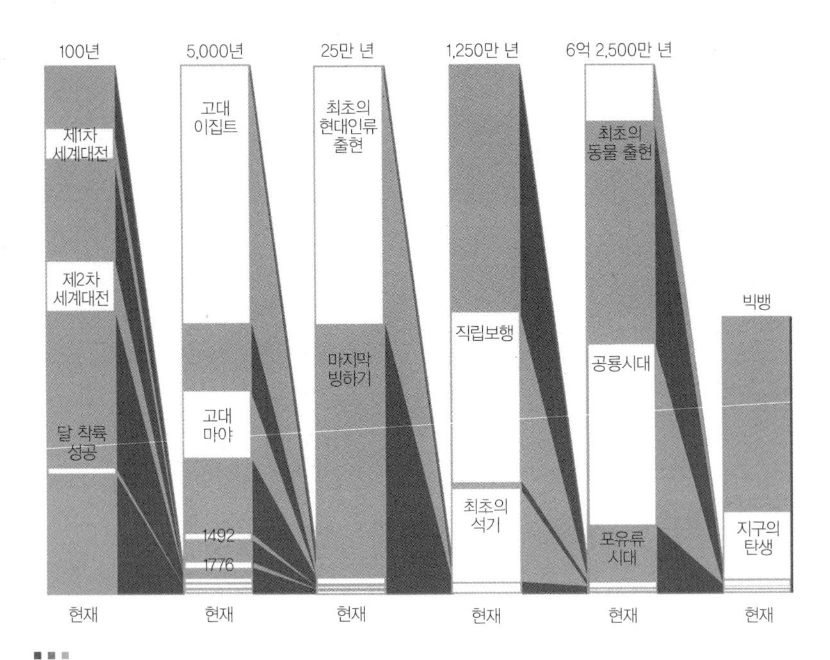

[표 1-1] 우주의 연대기.

아프리카에서 처음 출현한 현대인이 지구 전역으로 흩어졌다. 이 시기에 있었던 각 사건의 구체적인 연대는 탄소 동위원소[탄소-14]의 반감기를 이용하여 측정하고 있다. 이 책에서는 세 장에 걸쳐 과학적인 연대측정법, 태양의 기원, 고대인의 신대륙 이주 등 연대측정법의 응용 분야에 대하여 설명할 예정이다.

지구에 현생인류(호모 사피엔스, Homo sapiens)가 출현하기 전에도 인간과 유사한 종족이 살고 있었다. 그들도 우리처럼 두 발로 걸었으며 돌로 만든 도구를 사용할 줄 알았다. 네 번째 그래프에 해당하는 이 시기는 약 1,250만 년 전까지 거슬러 올라간다. 과학자들은 화석과 DNA 자료를 분석한 끝에 인류의 조상이 처음으로 직립보행을 시작한 시기가 대략 600만 년 전일 것으로 추정하고 있다. 인류의 진화에 중요한 변화가 온 시기는 이 책의 제7장에서 소개할 예정이다.

〈표 1-1〉에서 6억 2,500만 년 전까지 거슬러 올라가는 다섯 번째 그래프는 공룡이 지구를 지배하던 시대와 지능을 가진 포유류가 처음 등장한 시기를 포함하고 있다. 이 시기에 수많은 종들이 환경 적응에 실패하여 멸종했으며, 살아남은 종들도 커다란 변화를 겪었다. 공룡시대가 끝나 갈 무렵에는 뒤쥐를 닮은 작은 동물들이 크게 번성했는데 이들이 바로 포유류의 조상이었다. 앞으로 제8장에서 보게 되겠지만 과학자들은 현생 포유류의 DNA를 분석하여 그들의 진화 과정을 추적하고 있다.

〈표 1-1〉의 마지막 그래프는 짧게 그려져 있는데 이것을 다른 도표와 같은 길이로 그린다면 약 312억 5,000만 년의 기간을 포함하게 된다. 그러나 우주의 나이는 그 정도로 많지 않기 때문에 빅뱅이 일어났던 시기(약 130억 년 전)를 시작점으로 삼아 상대적으로 짧게 그려 넣은 것이다. 이런 규모의 시간 스케일에서는 지구를 비롯한 행성과 별, 은하의 탄생을 논할 수 있다(제9장 참조). 여기서 과거로 한 단계 더 거슬러 올라가면 가장 오래된 별과 우주 자체의 탄생을 논해야 하는데, 이 문제는 마지막 세 장에 걸쳐 다룰 예정이다.

〈표 1-1〉 이외에 다양한 시간 스케일을 비교하는 간단한 방법이 있는데 그중 몇 가지를 여기에 소개한다.

- 문헌으로 기록된 역사는 미국의 역사보다 약 20배 정도 길다.
- 인류의 역사는 문헌으로 기록된 역사보다 40배가량 길다.
- 인류의 조상이 처음으로 직립보행을 했던 시기는 현대인이 처음 출

현했던 시기보다 30배나 오래되었다.

- 거대 공룡이 멸종한 시기는 인류의 조상이 직립보행을 했던 시기보다 10배가량 오래되었다.
- 다세포생물이 최초로 출현했던 시기는 거대 공룡이 처음 출현했던 시기보다 10배가량 오래되었다.
- 태양계와 지구가 형성된 시기는 다세포생물이 출현한 시기보다 8배쯤 오래되었다.
- 우주가 탄생한 시기는 태양계가 형성된 시기보다 3배 정도 오래되었다.

제 2 장

고대 마야의 달력

중앙아메리카의 유카탄 반도 여행부터 시작해 보자. 이 지역은 오늘날 구 과테말라와 벨리즈, 서 니카라과 그리고 멕시코의 동남부 지역으로 분할되어 있다. 그곳에는 사람이나 동식물을 비롯한 다양한 형상과 문자들(〈그림 2-1〉)이 조각된 수백 개의 바위와 건물들이 열대 우림 속에 산재해 있다. 마야 인이 남긴 상형문자는 지난 수백 년 동안 미지의 유물로 남아 있다가 지난 20세기에 비로소 그것이 마야 인만의 독특한 문자였음이 밝혀졌고, 이들 중 상당수가 지난 30년 사이에 해독되었다. 이 분야를 연구하는 학자들에 의하면 대부분의 문자가 거의 1,000년 전에 새겨졌으며(250~900년, 고대 마야 시대) 그 주인공은 마야 어를 사용하는 사람들이었다. 그러나 기념비들 중 일부는 현재 이 지역에 살고 있는 사람들의 손으로 직접 제작된 것도 있다.

지금도 해마다 문자들이 새롭게 해독되면서 고대 마야문명의 종교와 문화, 정치적 상황 등이 새롭게 조명되고 있다. 지난 2001년에는 일단의 고고학자들이 폐허가 된 옛 도시 도스 필라스(Dos Pilas)에서 상형문자가 새겨진 돌계단을 발견했다. 그중 한 계단에는 다음과 같은 내용이 새겨져 있었다.

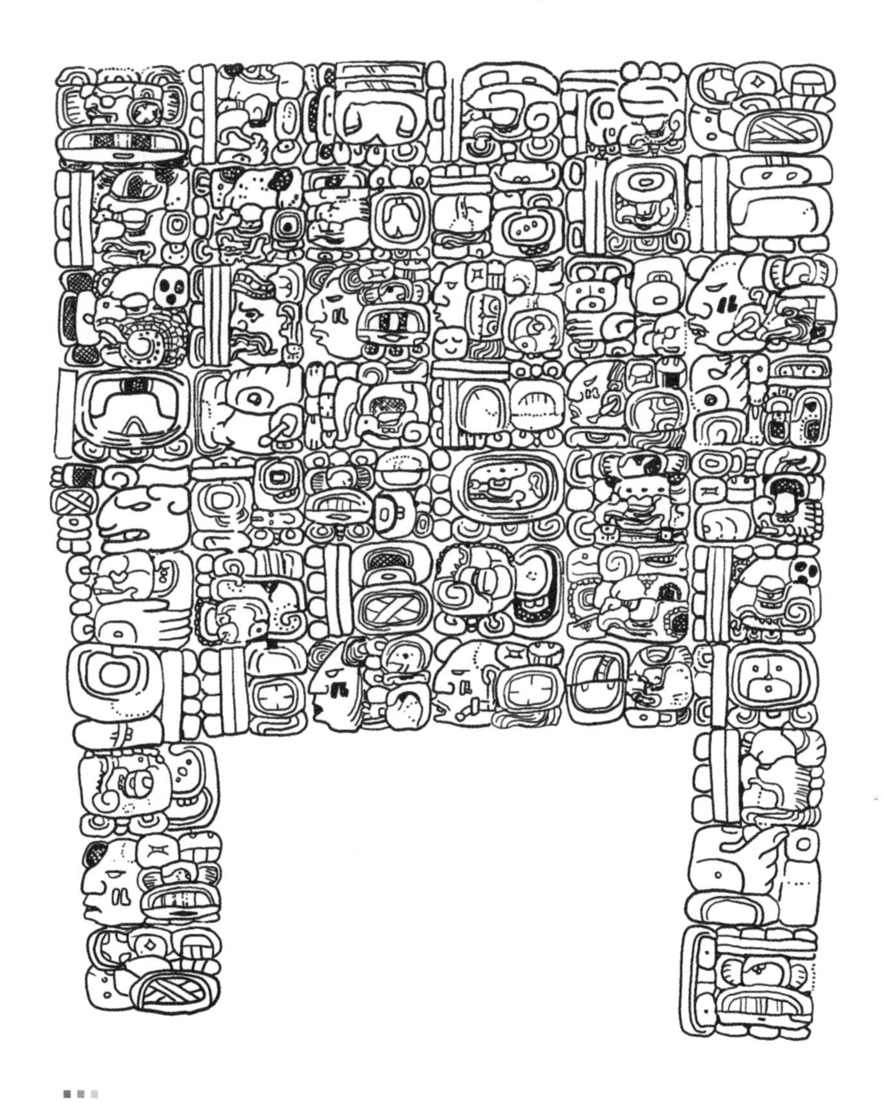

■ ■ ■
[그림 2-1] 피에드라스 네그라스 스텔라 3(Piedras Negras Stela 3)에 기록된 마야의 고대 문헌.
출처 : 중앙아메리카 연구 재단(Foundation of Mesoamerican Studies Inc), 그림 : 린다 셸리(Linda Schele).

(도스 팔리스 근처에서) 칼라크물(Calakmul)의 신성한 왕 유크눔 친(Yuknoom Ch'een)의 지휘 아래 전쟁이 발발하여 도스 필라스의 신성한 왕 발라 찬 카윌(B'alah Chan K'awiil)은 키니츠 파위츠(K'inich Pa'Witz) 성으로 피신했다.

이 문장의 의미는 매우 명백하다. 도스 팔리스가 다른 도시의 침공을 받아서 왕이 피난을 갔다는 뜻이다. 그러나 이것만으로는 전쟁이 갖는 역사적 의미를 파악하기가 쉽지 않다. 유크눔 친과 발라 찬 카윌은 누구인가? 이들은 왜 전쟁을 하게 되었으며, 어느 쪽이 이겼는가? 이러한 간단한 문장만으로는 도저히 해답을 알 수 없다. 두 왕의 행적이 기록된 다른 상형문자를 참고하면 당시의 상황을 어느 정도 파악할 수 있지만, 이 전쟁이 다른 사건들과 어떤 연관이 있는지를 알아내는 것은 또 다른 문제이다. 다행히도 앞에서 언급된 상형문자에는 마야문명 특유의 정교한 달력이 첨부되어 있어서 구체적인 시기를 알 수 있다. 이것은 대부분의 마야 문헌이 가지고 있는 공통적인 특징이다. 이를 통해 정확한 시기가 밝혀지면 유크눔 친과 발라 찬 카윌의 삶을 꽤 구체적으로 알아낼 수 있다. 마야 역사를 연구하는 학자들은 유크눔 친과 발라 찬 카윌을 비롯하여, 콜롬버스가 신대륙을 발견하기 수백 년 전에 마야를 다스렸던 왕과 주요 인사들의 일대기를 복원하고 있다.

마야의 달력

마야 인은 매우 복잡한 달력을 사용했는데, 그 사례가 〈그림 2-2〉에 제시되어 있다. 마야의 상형문자와 마찬가지로 모든 날짜는 사각형 안에 여러 개의 상형문자가 조합된 형태로 기록되어 있다. 사각형 안에 그려진 다양한 기호들은 왼쪽 위에서 출발하여 오른쪽 아래로 향하는 방향

[그림 2-2] 고대 마야 인이 사용했던 달력의 일부이다. 마야 인이 사용한 매우 복잡한 달력의 모든 날짜는 사각형 안에 그려진 다양한 기호들로 이루어져 있다.
출처 : 피에드라스 네그라스 스텔라 3, 그림 : 린다 셸리.

성을 가지고 있는데 이 순서를 따르지 않는 예외적인 경우도 종종 나타난다. 그러나 사각형 자체는 다소 이상한 방식으로 배열되어 있다. 먼저 왼쪽 위에 그려진 두 개의 사각형에서 출발하여 아래로 읽어 내려가다가 바닥에 이르면 그다음 세로줄로 이동하여 이전처럼 두 줄씩 읽어 내려가는 방식이다. 구체적인 예를 들면 다음과 같다.

이	문장은	있다	보다시피
마야의	상형문자를	왼쪽	위에서
읽어	내려가는	출발하여	오른쪽
방식과	동일한	아래로	두 줄씩
순서로	배열되어	읽어	내려간다

따라서 〈그림 2-2〉에 제시된 달력은 제일 왼쪽 위에 그려진 사각형 문자에서 시작된다.

[그림 2-3] 문자블록. 이 문자블록의 중앙에 그려진 기호는 달력에 관한 정보를 담고 있다.

이 문자블록의 중앙에 그려진 기호는 달력에 관한 정보를 담고 있긴 하지만, 그 주된 기능은 "이 다음에 이어지는 문자들은 날짜를 나타낸다."는 사실을 사전에 알리는 것이다.

다음에 이어지는 다섯 개의 문자블록은 소위 말하는 '롱 카운트(Long Count)' 방식을 취하고 있다. 이해를 돕기 위해, 일단 이 다섯 개의 문자블록을 왼쪽에서 오른쪽으로 나열해 보자.

[그림 2-4] 롱 카운트 방식의 문자블록.

각 문자블록의 왼쪽 끝에는 막대나 타원 모양의 기호가 붙어 있고, 그다음에 기괴한 형상을 한 얼굴이 이어진다. 이 얼굴들은 매우 복잡하고 정교하게 그려져 있지만, 정작 중요한 정보는 얼굴이 아닌 막대와 타원 속에 담겨 있다. 막대와 타원은 조합된 상태에 따라 0에서 19 사이의 숫자를 나타내는데, 타원 하나는 1을 의미하고 막대는 5를 나타낸다.

예를 들어 〈그림 2-4〉의 첫 번째 문자를 살펴보자. 왼쪽 끝에 네 개의 타원이 그려져 있고, 그다음에 세로 막대 하나가 붙어 있다. 따라서 이들을 모두 합하면 숫자 '9'가 유추된다. 두 번째 문자의 왼쪽 부분은 두 개의 타원과 두 개의 막대로 이루어져 있고 두 타원 사이에 '옆으로 누운 U자'형 기호가 삽입되어 있는데, 이것은 숫자에 관한 한 아무런 역할도 하지 않는다. 따라서 이 문자는 '12'를 의미한다.

세 번째 문자는 두 개의 U자형 기호 사이에 타원 두 개가 그려져 있으므로 '2'에 해당된다. 네 번째 문자의 왼쪽에는 막대나 타원이 하나도 없고, 꽃잎처럼 생긴 세 개의 기호가 넓적한 원반 모양의 기호를 에워싸고 있는데, 이 원반은 우리가 사용하는 '0'과 동일한 것으로 알려져 있다.

그리고 마지막 다섯 번째 문자는 세 개의 막대와 하나의 타원 그리고 두 개의 (무의미한) U자로 이루어져 있으므로 16에 해당된다. 마야 역사 전문가들은 이러한 숫자 배열을 9.12.2.0.16과 같은 식으로 표기하고 있다.

숫자 다음에 나오는 다양한 얼굴 형상은 각 숫자들을 조합하여 하나의 숫자를 만드는 방식을 표현하고 있는데 사실 이 부분은 중복된 정보를 담고 있다. 각 숫자가 나열된 순서만으로도 전체 숫자를 알아낼 수 있기 때문이다. 이것은 지금 우리가 사용하고 있는 숫자 체계와 매우 비슷하다. 예를 들어 10진수에서 482라는 숫자 배열은 4개의 100과 8개의 10 그리고 2개의 1을 더한다는 뜻이다. 마야의 롱 카운트 방식에서도 숫자의 위치가 하나의 단위를 나타낸다. 그러나 현대의 10진 표기법과 마야의 숫자 표기법 사이에는 중요한 차이점이 있다. 다들 알다시피 10진 표기법의 각 자리는 1, 10, 100, 1,000…… 등 10의 거듭제곱을 따라 증가하지만, 마야의 롱 카운트에서는 1, 20, 360, 7,200, 144,000……으로 증가한다. 왜 하필 이런 단위를 사용했을까?

이 숫자들을 1, 20, 18×20, 20×18×20, 20×20×18×20과 같이 표기하면 그 이유가 분명해진다. 즉 마야의 롱 카운트는 10의 거듭제곱 대신 20의 거듭제곱을 채택한 표기법으로써 그 기본 원리는 현대의 10진수와 완전히 동일하다. 그런데 왜 중간에 '18'이라는 숫자가 끼어 있을까? 그 이유는 롱 카운트 방식이 숫자의 계산보다 날짜를 헤아리는 데 주로 사용되었기 때문이다. 18×20=360인데, 이것은 지구가 태양 주위를 한 바퀴 공전하는 데 걸리는 시간인 365.25일과 거의 비슷하다. 이 원리를 이용하여 9.12.2.0.16을 10진수로 풀어쓰면 다음과 같다(10진법과 마찬가지로 롱 카운트 방식도 왼쪽으로 갈수록 수의 단위가 커진다).

$$(9\times144{,}000)+(12\times7{,}200)+(2\times360)+(0\times20)+16=1{,}383{,}136\text{일}$$

이것은 거의 3,800년에 해당하는 긴 세월이다. 이런 점에서 볼 때 '롱 카운트'라는 용어는 매우 적절하게 붙여진 셈이다. 이 숫자는 고대의 특별한 사건이 발생한 날로부터 '경과한 날짜 수'를 나타내고 있다. 다행히도 스페인이 마야 제국에 진출하여 토착민과 의사소통을 할 때 꽤 오랜 기간 동안 이 표기법을 사용했기 때문에 마야의 달력을 태양력으로 환산하는 데 특별한 어려움은 없다.

학자들의 분석에 따르면 롱 카운트 방식으로 0.0.0.0.1일은 기원전 3114년 8월의 어느 날에 해당된다고 한다. 이 날짜는 서양에서 발견된 가장 오래된 문헌에 기록된 것보다도 거의 1,000년 이상 앞서 있으므로 역사적 해석을 내리기에는 다소 무리가 있다. 그러나 고대 신화가 기록된 문헌에 이 날짜가 여러 번 언급되어 있는 것을 보면, 종교적으로 매우 중요했던 날이었음이 분명하다. 롱 카운트에서는 이 날을 모든 날짜의 기준으로 사용하고 있다. 예를 들어 위에서 언급한 다섯 개의 숫자 9.12.2.0.16은 서기 674년 7월 7일에 해당된다.

원리적으로 롱 카운트를 이용하면 임의의 사건이 일어난 날짜를 정확하게 결정할 수 있다. 그러나 롱 카운트는 마야 인이 사용했던 달력의 일부에 지나지 않는다. 예를 들어 〈그림 2-2〉의 달력에는 롱 카운트 방식 이외에 8개의 문자블록이 추가로 포함되어 있다. 이 상형문자의 대부분은 달의 위상과 음력 날짜를 나타내고 있는데, 지금 당장은 자세한 설명을 생략하기로 한다. 그 대신 롱 카운트 바로 뒤에 등장하는 문자와 제일 끝에 있는 문자에 초점을 맞춰 보자.

[그림 2-5] 촐킨과 하브. '캘린더 라운드'라고 불리는 이 역법은 종종 날짜를 표기하는 속기법으로 사용되었다.

위의 문자는 각각 '촐킨(Tzolk'in)'과 '하브(Haab)'로 알려져 있다. 흔히 '캘린더 라운드(Calendar Round)'라고 불리는 이 역법은 종종 날짜를 표기하는 속기법으로 사용되었다.

촐킨은 숫자를 나타내는 부분과 날짜를 나타내는 기호로 이루어져 있다. 이 중 숫자 부분은 롱 카운트처럼 막대와 타원으로 표현되어 있으나, 1에서 13 사이의 값만을 가질 수 있다는 점이 다르다. 예를 들어 〈그림 2-5〉에 있는 촐킨의 숫자 부분은 5를 의미한다. 촐킨이 표기할 수 있는 날짜 기호는 모두 20종이 있는데, 〈그림 2-6〉을 보면 이해할 수 있다. 이들 각각은 타원 속에 고유 문양으로 새겨져 있다.

〈그림 2-5〉에 새겨진 기호는 '키브(Kib)'에 해당된다. 촐킨의 숫자와 날짜 기호는 흐르는 날짜와 함께 변한다. 날이 바뀌면 숫자는 1씩 증가하고, 이 값이 13에 이르면 다시 1부터 시작한다. 그리고 날짜 기호는 〈그림 2-6〉에 나와 있는 20가지 기호들이 특별한 순서에 따라 순차적으로 나타난다. 예를 들어, 5-키브 다음에 이어지는 촐킨 날짜는 6-카반(Kaban), 7-에츠납(Etz'nab), 8-카와크(Kawak), 9-아하우(Ahaw), 10-이믹스(Imix), 11-이크(Ik') 등이다. 그런데 13과 20은 공약수가 없기 때문에, 다음에 나타나는 숫자 5에는 '키브'가 아닌 '물루크(Muluk)'가 대응된다. 5-키브가 다시 재현되려면 13과 20의 공약수인 260일이 지나야 한

[그림 2-6] 촐킨에 등장하는 20가지 날짜 기호(기호의 순서는 세로로 진행된다. 즉 이믹스 다음은 이크이고, 칸 다음은 치크찬이다).

다(10간 12지로 이루어진 동양의 60갑자와 비슷한 방식이다—옮긴이).

반면에 하브(Haab)는 한 주기가 365일이며 20일짜리 '달(month)' 18개(날짜는 0부터 19까지 매겨진다)와 5일짜리 '짧은 달' 하나로 이루어져 있다(〈그림 2-7〉). 여기 적힌 숫자는 날짜를 나타내고, 기호는 달을 나타낸다. 〈그림 2-5〉의 하브에는 '약킨(Yaxk'in)' 달에 숫자 14가 붙어 있다. 다음 날은 약킨-15일, 그다음 날은 약킨-16일이며, 이 날짜는 19일까지 계속되다가 몰(Mol)-0일로 이어진다.

[그림 2-7] 하브의 달 기호(순서는 세로 방향이다. 즉 포프의 다음 달은 오이고, 소츠의 다음 달은 세크이다).

촐킨과 하브는 매일 한 칸씩 이동하므로, 캘린더 라운드는 끊임없이 변한다. 이 달력을 쉽게 이해할 수 있도록 형상화할 때 흔히 '기어'를 사용하는데 생긴 모습은 〈그림 2-8〉과 같다. 날짜가 하루 지날 때마다 모든 기어를 한 톱니씩 이동시키면 해당 날짜의 캘린더 라운드가 얻어진다.

촐킨과 하브는 주기가 비교적 짧지만, 촐킨의 주기가 260일이고 하브의 주기가 365일이므로 촐킨과 하브의 조합이 일치하는 날은 1만 8,980일마다 한 번씩 찾아온다(260×365=94,900이고, 이들의 공약수가 5이므로 94,900÷5=18,980이고, 이는 약 52년에 해당된다).

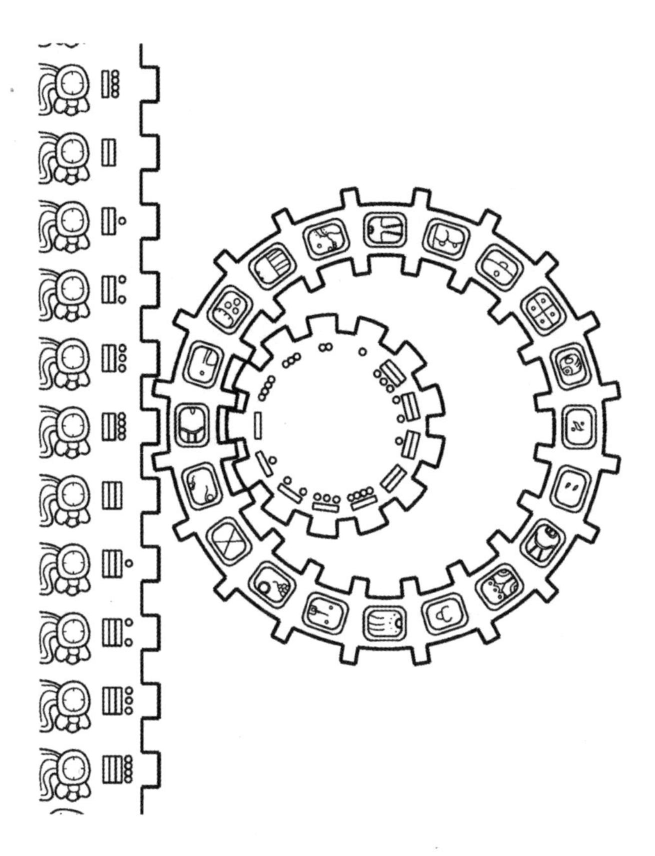

■ ■ ■
[그림 2-8] 마야의 달력 '캘린더 라운드'는 촐킨과 하브가 새겨진 톱니바퀴로 시각화할 수 있다. 기어의 톱니가 서로 맞물린 부분이 현재의 날짜를 나타낸다. 그리고 하루가 지날 때마다 기어는 한 톱니씩 이동한다.

특정 사건이 일어난 날의 캘린더 라운드를 알고 있으면, 그 사건이 52년 주기 중 어느 날에 일어났는지 정확하게 알 수 있다. 따라서 롱 카운트를 부분적으로 알고 있거나 특정 주기에 살았던 왕의 이름을 알고 있으면 역사적인 사건이 일어난 정확한 날짜를 유추해 낼 수 있다. 또는 롱 카운트만 알고 있으면 캘린더 라운드상의 정확한 날짜를 복원할 수 있다. 그러므로 비문의 일부가 훼손되었다고 해도, 롱 카운트의 일부와 캘린더 라운드만으로 거기 적혀 있는 사건의 연대기를 알 수 있는 것이다.

마야 달력과 마야 문자의 특징

마야 인은 거의 모든 사건의 발생일자를 캘린더 라운드나 롱 카운트로 표기했다. 그래서 이들의 정교한 달력은 마야 시대를 연구하는 학자들에게 매우 중요한 정보를 제공해 왔다. 이 달력을 이용하면 기록에 남겨진 거의 모든 사건의 정확한 날짜를 계산할 수 있다. 마야의 연대기는 고대 마야 인의 생활상과 역사를 이해하는 데 없어서는 안 될 보물과도 같다. 고대 마야의 비문을 해석할 때 날짜가 결정적인 역할을 하는 경우도 종종 있다. 1960년대에 타티아나 프로스쿠리아코프(Tatiana Proskouriakoff)는 피에드라스 네그라스[Piedras Negras, 멕시코 북동부의 코아우일라 주(州)에 있는 도시 — 옮긴이]에서 고대 문헌을 탐사하던 중 내용이 다른 여섯 종류의 텍스트를 발견했다. 거기에는 수십 년에 걸쳐 날짜가 기록되어 있고 모든 텍스트에 공통적으로 등장하는 처음 두 사건은 다음과 같은 기호로 표기되어 있었다.

첫 번째 기호는 종종 '뒤집힌 개구리(up-ended frog)'로 불리며(책을

[그림 2-9] '뒤집힌 개구리'와 '치통'. 프로스쿠리아코프가 조사했던 텍스트를 참조할 것.

옆으로 돌려서 보면 개구리의 머리와 비슷하다). 두 번째 기호는 매듭 부분이 붕대로 싼 치아와 비슷해서 '치통(toothache)'으로 알려져 있다. 프로스쿠리아코프가 조사했던 텍스트에는 한결같이 '뒤집힌 개구리' 사건이 일어나고 수십 년이 지난 후에 '치통' 사건이 발생한 것으로 기록되어 있었으며, 각 텍스트에 등장하는 다른 사건들은 '치통' 사건 후에 발생했다. 그리고 하나의 텍스트에 기록된 마지막 사건은 다른 텍스트의 '치통' 사건이 일어나기 전에 발생한 것으로 해석되었다.

프로스쿠리아코프는 이 심상치 않은 전후 시간 관계를 파헤친 끝에, "사람의 수명과 비슷한 기간에 걸쳐 기록된 각 사건들이 피에드라스 네그라스를 통치했던 왕의 일생 동안 발생한 사건으로 간주하면 미지의 기호를 해독할 수 있다."는 사실을 알아냈다. 즉 각 텍스트에 처음으로 등장하는 '뒤집힌 개구리'는 왕의 출생을 의미하고, '치통'은 20~30년 후에 거행된 대관식을 의미한다는 것이다. 따라서 그 후에 발생한 일련의 사건들도 동일한 왕의 통치 기간에 일어난 것으로 해석할 수 있다.

여러 왕들의 통치 기간 중 가장 마지막에 발생한 사건은 다음과 같은 기호로 표기되어 있다.

〈그림 2-10〉의 두 기호가 연달아 나타난 경우, 해골에 해당하는 사건은 항상 후속 사건이 일어나기 며칠 전 또는 몇 주 전에 일어난 것으로

[그림 2-10] 이 두 기호는 각각 왕의 죽음과 왕의 장례를 의미한다.

기록되어 있다. 그런데 그 후속 사건은 차기 왕의 대관식 날짜와 매우 가깝기 때문에, 이 두 기호는 각각 왕의 죽음과 왕의 장례를 의미하는 것으로 해석할 수 있다. 그림상으로도 해골은 누군가의 죽음을 의미할 가능성이 높다.

프로스쿠리아코프는 마야의 문헌이 역사와 관련된 정보를 담고 있다는 사실을 확실하게 입증했다. 그 후로 마야 문헌에 대한 연구는 일대 전환기를 맞이했고, 개개의 상형문자에 특정한 의미를 부여함으로써 대부분의 마야 문헌을 해독할 수 있게 되었다. 물론 이 모든 것은 마야의 역법을 이해했기 때문에 가능한 일이었다.

유크눔 친의 시대

1960년대에 마야의 역법에 기초하여 다양한 문헌과 비문이 해독된 후, 지금도 학자들은 동일한 방법으로 마야의 통치자들과 주요 지식층의 복잡다단했던 정치적 인생 역정을 속속 밝혀내고 있다. 고대 마야에는 하나로 통일된 중앙정부가 없었으며, 각 도시들이 어느 정도 자치권을 가지고 시민들을 다스렸는데, 그중 일부가 〈그림 2-11〉에 표시되어 있다. 지도에 나와 있는 도시와 그 통치자들은 종교의식, 외교, 결혼, 전쟁 등을 통해 서로 복잡하게 얽혀 있었기 때문에 이 시대에 일어난 사건을 추적하는 것은 결코 만만한 작업이 아니다. 그러나 다행히도 전쟁이나 종교의식 등 거의 모든 사건마다 발생 날짜가 자세히 기록되어 있어서 시대별로 정리할 수 있다. 지금도 마야 학자들은 일련의 사건들을 발생한 순

[그림 2-11] 고대 마야 인이 살았던 중앙아메리카 지역. 주요 도시들은 현대식 명칭으로 표기되어 있다.

서대로 나열해 놓고 각 사건의 원인과 결과를 매우 자세하게 밝혀내고 있다.

최근 들어 관심이 대상이 되고 있는 고대 마야 인 중에 유크눔 친이라는 왕이 있다. 제2장의 서두에서 잠시 언급된 바 있는 이 사람은 현재 칼라크물로 불리는 도시를 통치하던 왕이었으나(〈그림 2-12〉) 생전에 마야 전 지역에 걸쳐 커다란 영향을 미쳤으며 그의 업적을 기록한 문헌이 유카탄 전역에서 발견되었다. 그러나 칼라크물의 유적들이 열대우림에 의해 크게 훼손되면서, 유크눔 친의 행적을 기록한 대부분의 문헌들이 읽기 어려울 정도로 망가졌다. 이 와중에 살아남은 몇 개의 문헌에서 알 수 있는 내용은 유크눔 친이 서기 600년에 태어나 서른여섯 살에 칼라크물의 통치자가 되었고 686년경에 죽었다는 정도뿐이다. 유크눔 친에

[그림 2-12] 유크눔 친(Yuknoom Ch'een)의 이름(왼쪽)과 초상화(오른쪽)이다. 마야 시대에는 뱀이라는 뜻의 '찬(Chen)'으로 불렸다. 생전에 마야 전 지역에 걸쳐 큰 영향을 미쳤으며, 그의 업적을 기록한 문헌이 유카탄 전역에서 발견되었다..
출처 : Simon Martin and Nikolai Grube, *Chronicle of the Maya Kings and Queens*, Thames and Hudson, 2000, p.108.

대한 기록은 대부분 칼라크물이 아닌 다른 도시에서 발견되었으며, 출전이 다른 여러 가지 정보들을 종합하면 그의 삶과 행적을 복원할 수 있다.

〈표 2-1〉과 이 장의 끝에 첨부된 부록은 유크눔 친의 긴 생애 동안 일어났던 주요 사건들을 시간순으로 정리한 것이다. 유크눔 친은 또 한 사람의 중요한 왕인 '스크롤 서펀트(Scroll Serpent)'가 칼라크물을 통치하던 시기에 태어났다(이 왕의 진짜 이름은 아직 해독되지 않았다. 스크롤 서펀트는 '똬리를 튼 뱀'이라는 뜻이다). 유크눔 친이 일곱 살 때 스크롤 서펀트는 서쪽으로 300킬로미터나 떨어져 있는 팔렝케(Palenque)를 무력으로 침공하여 큰 승리를 거두었다. 이것은 팔렝케를 향한 두 번째 원정이었으며, 첫 번째 원정은 서기 599년에 행해졌다. 두 번째 전투는 팔렝케에 커다란 상처를 남겼는데 당시의 상황은 전쟁이 끝나고 70년 이상이 지난 후에야 문자로 기록되었다. 이 사건은 칼라크물과 그 왕의 힘을 과시하는 대표적인 사례였으며 승리를 쟁취한 후 칼라크물에서 대대적인 축하연이 벌어졌던 것으로 추정된다.

그로부터 몇 년 후, 그러니까 유크눔 친이 왕위를 물려받기 약 20년

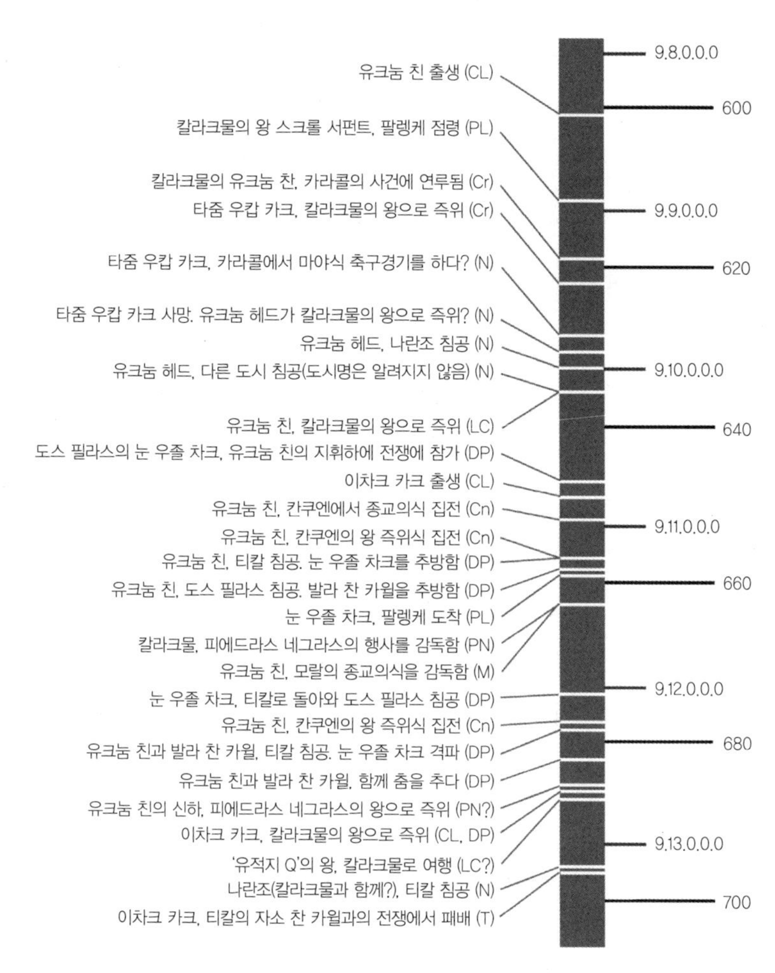

[표 2-1] 유크눔 친의 생존 기간에 발생한 주요 사건 연대기.

쯤 전에 스크롤 서펀트는 세상을 떠났다. 이 과도기 동안 일어났던 사건들은 칼라크물에서 남서쪽으로 200킬로미터쯤 떨어져 있는 카라콜(Caracol) 유적지에서 발견된 문헌에 기록되어 있다. 이 시기에 작성된 카라콜의 문헌에는 세 명의 칼라크물 왕[유크늄 찬(Yuknoom Chan), 타줌 우캅 카크(Tajoom Uk'ab K'ak'), 유크늄 헤드(Yuknoom Head)]이 언급되어 있는데 이들은 각각 10년 안팎의 기간 동안 칼라크물을 다스렸다. 통치 기간이 이렇게 짧은 것은 마야의 역사에서 매우 드문 사례이다. 유크늄 헤드가 모종의 알력에 휩싸여 왕위에서 물러나면서, 그 뒤를 유크늄 친이 물려받게 된다. 왕이 죽기도 전에 무려 서른다섯 살이나 먹은 후계자에게 왕위를 물려줬다는 것은 이 시기에 왕족들 사이에서 무언가 심각한 사건이 있었음을 암시하고 있다.

유크늄 친이 왕위에 즉위했을 때부터 칼라크물에 어떤 문제가 있었다면 10년 안에 해결되었을 것이다. 그는 남쪽에 있는 칸쿠엔이나 도스 필라스와 우호적인 관계를 유지했다. 이 지역에 남아 있는 그의 업적을 조사해 보면, 칼라크물이 멀리 떨어진 도시들과 공조했을 뿐만 아니라 가장 강력한 라이벌이었던 티칼(Tikal, 고대 마야 인은 '무툴(Mutul)'이라고 불렀다)의 큰 간섭 없이 남쪽 지역에 정치적인 영향력을 행사하고 있었음을 알 수 있다.

티칼은 마야 전 지역에 강력한 힘을 행사했던 도시로서 당시에는 칼라크물의 유일한 경쟁 상대였다. 사실 고대 마야의 정치적 상황은 이들 두 도시의 흥망성쇠를 따라 변해 왔다고 해도 과언이 아니다. 유크툼 친의 통치 기간 동안 티칼 시는 두 사람이 왕권을 놓고 싸우는 등 정치적으로 혼란스러운 시기를 겪었다. 그 당사자는 티칼을 다스려 왔던 눈 우졸 차크(Nuun Ujol Chaak)와 오늘날 도스 필라스로 불리는 지역에 '뉴 티칼'을 세웠던 발라 찬 카윌이었다. 유크눔 친은 티칼의 두 실력자들이 싸우는 틈을 타서 칼라크물의 영향력을 남쪽으로 확장하는 등 자신에게 찾아온 기회를 십분 활용했다. 그 혹은 그의 측근들은 근 25년에 걸쳐 남쪽에 있는 칸쿠엔(Cancuen) 시를 여러 차례 방문하여 종교의식과 왕의 즉위식 등을 집전했다. 유크눔 친은 여행을 할 때마다 티칼의 영토를 지나갔으나 아무런 제지도 받지 않은 것으로 알려졌다.

그렇다고 유크눔 친이 티칼에서 벌어지는 권력 다툼을 방관만 한 것은 아니었다. 그는 이 싸움판에 개입하여 상황을 더욱 악화시켰다. 지금까지 발굴된 문헌에 의하면 유크눔 친은 재빨리 발라 찬 카윌과 동맹을 맺고 눈 우졸 차크를 압박했다. 유크눔 친의 재위 12년에 발라 찬 카윌(문헌에는 칼라크물 왕의 신하로 기록되어 있다)은 티칼에서 온 어떤 미지의 인물과 충돌을 빚었는데 그 후에 기록된 문헌에 의하면 유크눔 친은 여러 차례에 걸쳐 발라 찬 카윌과 동맹을 맺고 티칼의 진짜 왕인 눈 우졸 차크에게 대항했다.

칼라크물의 왕과 도스 필라스의 왕 사이에 맺었던 안정적인 동맹 관계는 결국 깨지고 말았다. 제2장의 서두에 인용된 문구가 이 사실을 증명한다. 거기에는 유크눔 친이 도스 필라스를 공격하여 발라 찬 카윌이 피신했다고 적혀 있다. 이것은 유크눔 친이 왕위에 오른 지 22년 만에 일어난 사건으로써 그가 티칼을 함락시키고 눈 우졸 차크를 추방한 지 2년 만의 일이었다. 이 기간 동안 칼라크물은 티칼의 두 왕과 적대적인 관계였다. 그러나 전문가들은 이 상황을 완전히 확신하지 못하고 있다. 발라 찬 카윌과 유크눔 친 사이의 우호적인 관계가 어떤 사건을 계기로 악화되었을 수도 있지만, 발라 찬 카윌과 칼라크물 사이의 관계 자체가 기록상으로만 존재하는 허구일 수도 있다. 칼라크물과 도스 필라스가 초기에 어떤 관계였는지는 새로운 기록이 발견되거나 현재 진행 중인 연구가 더 진척되어야 알 수 있을 것이다.

유크늄 친이 티칼을 정복한 후로 정치적 상황은 크게 달라졌다. 눈 우졸 차크와 발라 찬 카윌이 도시 밖으로 추방된 후에도 유크늄 친의 후계자들이 티칼에서 종교의식을 집전할 때 이들도 참석했다는 기록이 남아 있다. 관련 문헌이 심하게 훼손되어 당시의 정확한 정황은 알 수 없지만 티칼의 왕들이 칼라크물의 왕에게 충성을 맹세한 것 같다. 다만 발라 찬 카윌이 칼라크물과 동맹을 맺었던 것은 분명하며 이 관계는 그 후로 한동안 계속되었다. 그러나 눈 우졸 차크는 다른 생각을 가지고 있었던 것 같다.

눈 우졸 차크는 티칼에서 추방된 지 2년 만에 팔렝케에 도착했다. 시기적으로는 스크롤 서펀트가 팔렝케를 점령하고 50년이 지난 시점이었다. 이와 거의 동일한 시기에 모랄과 피에드라스 네그라스에서 작성된 문헌에는 유크늄 친과 그 측근들이 이 지역에서 거행된 다양한 행사들을 감독한 것으로 기록되어 있다. 아마도 유크늄 친과 눈 우졸 차크가 서로 상대방을 의식하여 이 지역에 관심을 두었던 것으로 짐작된다. 눈 우졸 차크는 팔렝케에서 자신을 지지하는 세력을 규합했다. 당시 팔렝케는 칼라크물의 지배를 받고 있었지만, 두 도시 사이의 거리가 너무 멀어서 안전하게 훗날을 도모할 수 있었을 것이다. 반면에 유크늄 친은 티칼에게 우호적인 펠렝케를 고립시키기 위해, 모랄과 피에드라스 네그라스와 동맹 관계를 유지했다.

눈 우졸 차크는 방랑을 시작한 지 15년 만에 마침내 티칼로 귀환하여 지정학을 활용한 군사작전을 펼친 끝에 발라 찬 카윌을 도스 필라스 밖으로 추방시키는 데 성공했다. 그러나 이 승리는 그리 오래가지 못했다. 5년 후에 발라 찬 카윌이 유크눔 친과 연합하여 눈 우졸 차크를 티칼에서 쫓아낸 것이다. 그리고 얼마 지나지 않아 발라 찬 카윌은 눈 우졸 차크를 처형했을 것으로 짐작된다. 당시 유크눔 친은 여든일곱 살의 고령이었으므로 이 전쟁에 직접 참여하지는 않았을 것이다.

통치 말기에 접어들어서도 유크눔 친은 여전히 막강한 영향력을 행사했다. 그는 재위 50년이 되는 해까지 자신의 후계자와 함께 도스 필라스와 피에드라스 네그라스에서 거행된 각종 의식에 빠지지 않고 참석했다. 칼라크물의 이 위대한 왕은 후계자에게 권력을 물려주고 서기 686년 여든여섯 살의 나이에 세상을 떠났다. 그러나 왕위를 이어받은 이차크 카크(Yich'aak K'ak)는 티칼의 새로운 왕 자소 찬 카윌(Jasaw Chan K'awiil)과의 전쟁에서 패했고 그 후로 두 도시의 정치적 관계는 새로운 국면을 맞이하게 된다.

유크눔 친의 삶이 알려진 후로 학자들은 정확한 달력 표기법이 역사를 재현하는 데 얼마나 유용한 정보인지 새삼 깨닫게 되었다. 마야의 문헌에서 날짜와 관련된 정보를 해독하지 못했다면 유크눔 친이 서른 살이 넘어서 왕위를 계승하게 된 이유나 칼라크물과 도스 필라스의 관계 그리고 서부 지역에 대한 유크눔 친의 정치적 활동 등을 지금처럼 구체적으로 알아내지 못했을 것이다. 유크눔 친의 생애뿐만 아니라 마야의 역사 전체가 그들의 정교한 달력 덕분에 밝혀졌다고 해도 과언이 아니다. 다음 장에서 언급되겠지만 대부분의 고대인들은 마야 인처럼 날짜 관념이 철저하지 않았다. 그래서 마야 이외의 지역을 탐구하는 역사학자들은 사방에 흩어져 있는 간접적인 증거들을 분석하는 등 훨씬 어려운 작업을 수행해야 한다. 유크눔 친의 삶을 기록한 각종 문헌의 출전을 〈표 2-2〉에 소개한다.

롱 카운트	캘린더 라운드	서기	사건	출전
9.8.7.2.17	8 Kaban 5 Yax	600년 9월 11일	유크눔 친 탄생	칼라크물 비문 33
9.8.17.15.14	4 Ix 7 Wo	611년 4월 4일	스크롤 서펀트 팔렝케 침공	팔렝케사원의 문헌
9.9.5.13.8	4 Lamat 6 Pax	619년 1월 6일	칼라크물의 유크눔 친, 카라콜의 행사 감독	카라콜 비문 3
9.9.9.0.5	11 Chikchan 3 Wo	622년 3월 28일	타줌 우캅 카크 칼라크물의 왕으로 즉위	카라콜 비문 22
9.9.15.3.10	13 Ok 18 Sip	628년 4월 30일	타줌 우캅 카크, 종교의식 집전 (카라콜에서?)	나란조의 계단
9.9.17.11.14	13 Ix 12 Sak	630년 10월 1일	타줌 우캅 카크 사망	나란조의 계단
9.9.19.16.3	7 Ak'bal 16 Muwan	631년 12월 24일	칼라크물의 유크눔 헤드, 나란조 침공하여 승리	나란조의 계단
9.10.3.2.12	2 Eb 0 Pohp	636년 3월 4일	유크눔 헤드, 알려지지 않은 도시를 침공하여 승리	나란조의 계단
9.10.3.5.10	8 Ok 18 Sip	636년 4월 28일	유크눔 친, 칼라크물의 왕으로 즉위	라 코로나 알타르 (La Corona Altar)
9.10.15.4.9	4 Muluk 2 Kumk'u	648년 2월 4일	도스 필라스의 발라찬 카윌, 유크눔 친의 신하로 활동	도스 필라스의 계단 4
9.10.19.5.14	3 Ix 7 Kumk'u	652년 2월 8일	유크눔 친, 칸쿠엔에서 행사 집전	칸쿠엔의 패널판 (Panel)
9.11.4.4.0	11 Ahaw 8 Muwan	656년 12월 9일	유크눔 친, 칸쿠엔 왕의 즉위식 집전	칸쿠엔의 패널판

롱 카운트	캘린더 라운드	서기	사건	출전
9.11.4.5.14	6 Ix 2 K'ayab	657년 1월 12일	유크눔 친, 티칼을 공격하여 티칼의 왕 눈 우졸 차크를 추방함	도스 필라스의 계단 2
9.11.6.4.19	9 Kawak 17 Muwan	658년 12월 18일	유크눔 친, 도스 필라스를 공격하여 그곳의 왕 발라 찬 카윌을 추방함	도스 필라스의 계단 2
9.11.6.16.17	13 Kaban 10 Chen	659년 8월 16일	눈 우졸 차크, 팔렝케 도착	팔렝케 사원의 문헌
9.11.9.8.6	12 Kimi 9 Kumk'u	662년 2월 7일	칼라크물, 피에드라스 네그라스의 행사 감독	피에드라스 네그라스 비문 35
9.11.9.11.3	4 Ak'bal 1 Sip	662년 4월 5일	유크눔 친, 모랄의 왕 즉위식 집전	모랄 비문 4
9.12.0.8.3	4 Ak'bal 12 Muwan	672년 12월 8일	눈 우졸 차크, 티칼로 돌아와 도스 필라스 침공	도스 필라스의 계단 2
9.12.4.11.1	7 Imix 4 Pax	677년 1월 14일	유크눔 친, 칸쿠엔의 왕 즉위식 집전	칸쿠엔의 문헌
9.12.5.10.1	9 Imix 4 Pax	677년 12월 20일	유크눔 친과 발라 찬 카윌, 눈 우졸 차크를 공격함	도스 필라스의 계단 4
9.12.12.11.2	2 Ik' 10 Muwan	684년 12월 4일	유크눔 친과 발라 찬 카윌, 공동으로 의식을 거행함	도스 필라스의 계단 2
9.12.13.4.3	2 Ak'bal 6 Mol	685년 7월 13일	유크눔 친의 후계자, 피에드라스 네그라스의 왕에게 훈장 수여	피에드라스 네그라스의 패널판
9.12.13.17.7	6 Manik 5 Sip	686년 4월 3일	이차크 카크, 칼라크물의 왕으로 즉위	칼라크물 비문 9

[표 2-2] 유크눔 친의 일대기 및 출전.

더 읽을 거리

고대 마야 관련 자료

- www.famsi.org(고대 마야와 중앙아메리카의 역사)
- www.mesoweb.com(고대 마야와 중앙아메리카의 역사)

- John F. Harris and Stephen K. Stearns, *Understanding Mayan Inscriptions* 2nd ed, University of Pennsylvania Museum Press, 1997.(마야의 달력 소개)
- John Montgomery, *How to Read Maya Hieroglyphs*, Hippocrene Books, 2002.(마야의 달력 소개)
- Michael D. Coe and John D. Stone, *Reading the Glyphs*, Thames and Hudson, 2001.(마야의 달력 소개)

- Michael D. Coe, *Breaking the Maya Code*, Thames and Hudson, 1992.(프로스쿠리아코프의 업적을 비롯한 고대 마야 탐구사)

- Simon Martin and Nikolai Grube, *Chronicle of the Maya Kings and Queens*, Thames and Hudson, 1992.(마야의 역사에 관한 최신 자료)

〈표 2-2〉 출전 관련 자료

- Karl Ruppert and John H. Denison Jr., *Archaeological Reconnaissance in Campeche, Quintana Roo, and Peten*, Carnegie Institute of Washinton, publication 543, 1943.(칼라크물)
- www.mesoweb.com/features/cancuen/index.html[칸쿠엔 "약탈된 패널판(Looted Panel)" 선으로 그린 그림]

· Carl P. Beetz and Linton Satterwaite, *Monuments and Inscriptions of Caracol*, Belize, University Museum Publication, 1982.(카라콜의 비문 3)

· www.famsi.org/reports/01098/index.html(도스 필라스 계단 2의 상형문자)
· www.mesoweb.com/features/boot/DPLHS2.html(도스 필라스 계단 2의 상형문자)

· Stephen D. Houston, *Hieroglyphs and History of Dos Pilas*, University of Texas Press, 1993.(도스 필라스 계단 4에 새겨진 상형문자)

· www.mesoweb.com/features/boot/DPLHS4.html[에릭 부트(Erik Boot)의 영문 해석본]

· Simon Martin and Nikolai Grube, *Chronicle of the Maya Kings and Queens*, Thames and Hudson, 2000.(라 코로나)
· Simon Martin, *Moral : Reforma y la Continenda por el Oriente de Tabasco, Arqueologia Mexicana* 9, no. 61, 2003, pp.44-47.(모랄의 비문 4)

· Ian Graham, *Corpus of Mayan Hieroglyphic Inscriptions* vol. 1, Peabody Museum, 1975.[나란조(계단에 새겨진 상형문자)]

· Linda Schele and Peter Matthews, *The Code of Kings*, Scribner, 1998.(팔렝케 사원의 비문에 새긴 그림)

· Nikolai Grube, *Palenque in the Maya World*.(피에드라스 네그라스 비문 35)
· www.mesoweb.com/pari/publications/RT10/001grube/text.html(피에드라스 네그라스 비문 35)

제 3 장

피라미드 시대

마야 인이 건물 벽에 상형문자와 현란한 그림을 새겨 넣기 수천 년 전에 이집트 인들은 고대문명의 최고 걸작이라 할 수 있는 '대피라미드(Great Pyramid)'를 건축했다. 50톤이 훌쩍 넘는 초대형 벽돌 수백 만 장을 쌓아서 만든 이 거대한 무덤은 고대 건축공학의 결정체라고 할 만했다. 각 분야의 학자들은 100여 년 전부터 지금까지 피라미드를 연구해오면서 공학적 구조와 건설자, 동원 인력 등 다양한 관련 정보를 알아냈다. 그러나 전 세계 학자들의 피땀 어린 노력에도 불구하고, 피라미드는 여전히 자신만의 비밀을 간직한 채 지금도 하늘을 향해 고고하게 서 있다. 피라미드가 정확히 언제 건설되었는지, 우리는 이 간단한 사실조차 모르고 있다.

고대 마야의 문헌에는 날짜가 하루 단위로 정확하게 기재되어 있지만, 이집트의 상형문자로는 '현재의 왕이 왕좌에 오른 후로 흘러간 연도'밖에 알 수 없다. 예를 들어, 어떤 피라미드의 건축을 기록한 문헌에는 "스노푸(Snofu) 왕 즉위 15년에 거행된 공사"라고만 적혀 있다. 즉 특정한 왕이 즉위한 후로 일련의 사건들이 1년 또는 2년 간격으로 일어났다는 사실밖에 알 수 없는 것이다. 스노푸 왕이 언제 즉위했는지는 알 수가 없기 때문에, 그 후에 기록된 문헌을 해독한다 해도 우리가 알 수 있는 것은 왕이 즉위한 해를 기준으로 한 상대적인 연도뿐이다.

그래서 이집트의 역사를 연구하는 학자들은 고대 문헌과 고고학적 증거들 그리고 심지어는 천문 관측 자료까지 동원하여 피라미드의 건축 시기를 추적하고 있다. 지금까지 수집된 정보에 의하면 파라미드 중 가장 규모가 큰 대피라미드는 4,400~4,600년 전에 건설된 것으로 추정된다. 피라미드의 나이와 비교할 때 이 정도면 제법 정확한 수치라고 할 수 있다. 그런데 문제는 200년이라는 오차가 인간의 수명과 비교할 때 매우 길다는 점이다. 현대인들에게는 피라미드가 4,400년 전에 지어졌건 4,600년 전에 지어졌건 간에 똑같이 경외의 대상이겠지만 피라미드가 한창 공사 중일 때 살았던 이집트 인과 200년 후에 살았던 이집트 인은 피라미드를 전혀 다른 관점에서 바라보았을 것이다. 피라미드의 건설 일자를 좀 더 정확하게 알아낼 수만 있다면, 이 엄청난 프로젝트가 이집트 인에게 어떤 의미였으며 어떤 영향을 미쳤는지 자세하게 알 수 있을 것이다. 최근 들어 고고학과 천문학의 데이터를 결합하여 대피라미드의 건설 시기를 몇 년 이내의 오차로 줄이는 획기적인 방법이 개발되었다.

고대 이집트의 역사

피라미드의 나이를 결정하는 첫 번째 실마리는 그것이 '누구를 위한' 건축물이었는지를 규명하는 데에서 찾을 수 있다. 일단 피라미드는 왕의 무덤이 확실한데 다행히도 건설자들은 내부 곳곳에 무덤의 주인을 명기해 놓았다. 예를 들어 기자(Giza)에 있는 대피라미드는 쿠푸(Khufu) 왕과 카프레(Khafre) 왕 그리고 멘카우레(Menkaure) 왕을 위해 지어졌고, 다른 피라미드들은 스노프루(Snofru)와 사후레(Sahure), 네페리르카레(Neferirkare)의 무덤이다. 더욱 다행스러운 것은 고대 이집트 인들이 수 세기에 걸쳐 수백 명에 달하는 왕들의 일대기를 자세한 기록으로 남겨 놓았다는 사실이다. 이 기록은 고대 이집트의 역사를 복원하는 데 결정적인 역할을 했을 뿐만 아니라 피라미드의 연대를 추정하는 기본적인 수단으로 활용되어 왔다.

왕의 명단 중에서 가장 유명한 것은 기원전 3세기에 이집트의 사제였던 마네토(Manetho)가 작성한 명단이다. 그는 유사 이래 이집트를 다스려 온 200명이 넘는 왕들의 명단을 30개의 왕조로 나누어 정리했다. 그런데 한 왕조에 속한 왕들이 모두 직계나 인척 관계였는지는 분명치 않다. 하나의 가문에서 세습이 유지된 왕조도 있지만, 서로 다른 가문 출신의 왕들이 하나의 왕조로 묶여 있는 경우도 있다. 이러한 불확실성에도 불구하고, 마네토가 작성한 명단은 오늘날 이집트의 왕조와 역사를 재구성하는 표준 지침서가 되었다.

마네토의 연대기를 보면 각 왕조의 지속 기간뿐만 아니라 수천 년에 걸쳐 여러 왕조가 지속된 기간까지 알 수 있다. 물론 기간이 너무 길기 때문에 정확성에는 다소 문제가 있다. 마네토가 죽은 후 수백 년에 걸쳐 몇 권의 복사본이 만들어졌는데 지금 남아 있는 것은 그것들뿐이다. 게다가 이 복사본끼리도 부분적으로 내용이 일치하지 않아서 고고학자들을 당혹스럽게 만들고 있다. 마네토의 연대기는 값진 사료임이 분명하지만, 정확한 연대기를 작성하려면 그 이전의 왕들에 대한 정보도 있어야 한다.

다행히도 오래된 사원의 벽에 마네토의 연대기보다 수천 년이나 앞선 왕들의 명단이 새겨져 있다. 여기에는 사원이 건설되던 무렵에 '중요하다.'고 판단된 왕들만 기록되어 있고, 일찍 죽었거나 다른 문헌에서 이교도로 지목된 왕들은 누락되어 있다. 그런가 하면 처음에 왕의 계보를 거의 완벽하게 기록했으나 오랜 세월이 흐르면서 상당 부분이 유실되고 일부만 살아남은 문헌도 있다. 예를 들어 팔레르모 석(Palermo stone)에는 이집트의 역사가 다섯 번째 왕조까지 1년 단위로 기록되어 있으며, 열아홉 번째 왕조시대에 작성된 것으로 추정되는 투린 파피루스(Turin Papyrus)에는 각 왕들의 명단과 재위 기간이 적혀 있다(여기에는 재위 기간이 1년밖에 안 되는 왕도 포함되어 있다). 이 자료들은 심각하게 훼손되긴 했지만 근 3,000년에 걸친 이집트의 복잡한 역사를 복원하는 데 없어서는 안 될 매우 소중한 자료이다.

이집트의 역사를 연구하는 학자들은 이 모든 자료에 기초하여 고대 이집트의 역사를 〈표 3-1〉과 같이 정리하였다. 지금까지 밝혀진 왕조의 수는 총 31개인데, 이들은 크게 초기왕조시대(Archaic)와 고왕국 시대(Old Kingdom), 중왕국 시대(Middle), 신왕국 시대(New Kingdom) 그리고 후왕국 시대(Late Period)로 나뉜다. '왕국 시대'는 대체로 이집트의 중앙정부가 강력한 권한을 행사했던 시기이며, 파라오의 권한이 상대적으로 약했던 시기는 '과도기(Intermediate)'로 분류된다. 과도기에는 한 시기에 여러 명의 왕이 존재했거나 영토가 분할되어 각 지역마다 외국의 통치를 받은 적도 있었다.

기자의 대피라미드와 관련된 왕들은 비교적 초기라 할 수 있는 고왕

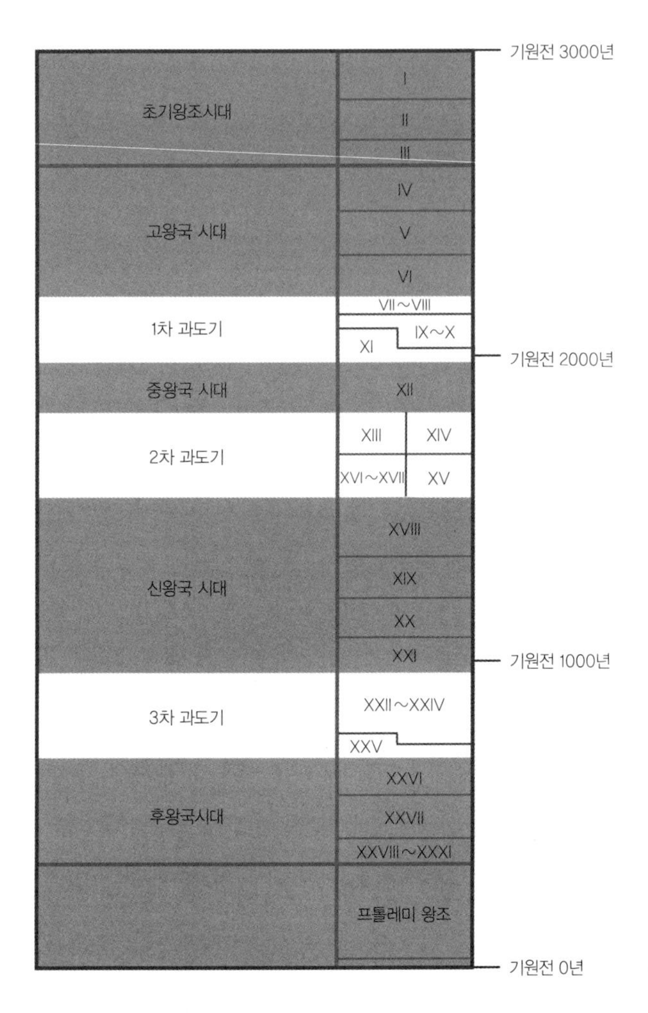

[표 3-1] 고대 이집트의 대략적인 연대기. 왼쪽은 왕국의 통칭이고 오른쪽의 로마 숫자는 왕조의 순서를 의미한다. 오른쪽 끝에 있는 연도는 대략적으로 추정한 것이다.

국 시대의 네 번째 왕조에 속해 있다. 따라서 이들의 피라미드도 가장 오래된 유물에 속한다. 그러나 왕의 연대기만으로는 각 왕들의 생존 연대와 피라미드의 건설 시기를 알 수 없다. 이 기록에는 각 왕들이 이집트를 다스린 기간이 적혀 있는데 중간에 누락된 시기도 있고 일부 왕들은 통치 기간이 겹치기도 한다. 이런 종류의 불확실성은 시대를 거슬러 갈수록 심각해져서 피라미드가 건설된 초기 왕조나 고왕국 시대로 가면 연도를 가늠하기가 매우 어려워진다.

가장 복원하기 어려운 시기는 과도기이다. 중앙정부의 권력이 막강했던 왕국 시대에는 왕의 즉위 순서가 분명하게 기록되어 있다. 이 시기에는 각 왕들의 통치 기간도 왕의 목록이나 동시대의 다른 기록들과 잘 일치한다. 그러나 과도기에는 왕이 몇 명이나 있었는지조차 분명치 않다. 그러므로 각 왕국의 존재 기간은 과도기의 기간에 따라 수백 년 차이가 날 수도 있다.

그런데 놀랍게도 천문학 관련 데이터를 도입하면 이 오차를 크게 줄일 수 있다. 중왕국 시대와 신왕국 시대의 문헌에는 가끔씩 천문 관련 사건들이 기록되어 있어서 이 자료를 분석하면 좀 더 정확한 시기를 알 수 있는 것이다. 고왕국 시대에는 이런 기록이 발견된 사례가 없지만 과거의 천문 관측 자료와 피라미드 내벽에 새겨진 정보를 조합하면 고왕국 시대가 존속했던 시기를 가늠할 수 있다.

큰개자리와 윤년

중왕국 시대와 신왕국 시대가 기록된 자료에서는 초신성 폭발이나 개기일식 등 특이한 천문 현상을 발견할 수 없지만, 매년 나타나는 주기적인 천문 현상들은 비교적 자세하게 적혀 있다. 여기에 이집트식 달력의 특성을 교묘하게 적용하면 관련 현상이 발생한 시기를 거의 정확하게 유추할 수 있다. 고대 이집트 인들이 쓰던 달력은 '홍수기(flood)'와 '성장기(growing)' 그리고 '수확기(harvest)'라는 세 개의 계절로 나뉘어져 있고, 각 계절마다 4개의 달[月]이 할당되어 있으며 각 달은 30일로 이루어져 있다. 그리고 가장 끝에 5일이 추가되어 1년의 총 합계는 365일이었다. 1년을 굳이 계절로 분할한 이유는 날짜를 헤아리는 방식이 천문 현상과 계절의 변화에 기초하고 있었기 때문이다. 홍수기는 나일 강이 범람하는 시기와 일치한다. 해마다 에티오피아 고원에 집중호우가 내리면 물줄기가 계곡을 타고 내려와 나일 강을 범람시켰고 그 결과 이집트 전 지역에 새로운 토양층이 한 꺼풀 덮이곤 했다. 홍수기가 끝나면 곡식을 심었다. 이때부터 성장기가 시작된다. 그리고 다음 홍수가 찾아오기 전에 수확기를 맞이하게 된다. 물론 홍수기는 기상 조건에 따라 시작하는 날이 조금씩 달라질 수 있으므로, 달력과 홍수를 하나로 묶어서 생각하는 것은 현실에 맞지 않는다. 그런데 신기하게도 어떤 특정한 천문 현상이 나타나면 어김없이 홍수가 찾아오곤 했다. 그 현상이란 바로 시리우스(Sirius) 별이 '태양과 동시에 출몰하는(heliacal rising)' 현상이었다.

시리우스는 큰개자리(Canis Major)를 이루는 가장 밝은 별로서, 1년 중 특정 기간에는 태양의 뒤에 가려서 보이지 않다가 70일이 지나면 해가 뜨기 직전에 지평선 근처에서 그 모습을 드러낸다. 이런 현상은 홍수기가 시작될 즈음인 7월에 나타나는데 이집트 인들은 이 날을 새해의 첫날로 간주했다.

그러나 고대 이집트의 공식 달력에는 윤년이 없었기 때문에 그들의 1년은 지구가 태양 주변을 공전하는 데 걸리는 365.25일보다 조금 짧았다. 따라서 시리우스의 나선형 출현이 반복되는 주기는 이집트식 달력의 1년보다 조금 길었으며, 이 주기가 4회 반복되면 시리우스가 보이는 첫날은 달력상의 새해 첫날이 아니라 해당 연도의 마지막 날이었다. 이런 식으로 오차가 누적되다 보면 무려 1,460년이 지나야 비로소 시리우스가 '올바른' 날에 출현하게 된다.

윤년을 사용하지 않아서 생긴 오차는 역사학자들에게 매우 유용한 정보를 제공하고 있다. 로마 시대의 문헌에 의하면 이집트 달력의 새해 첫날과 시리우스의 나선형 출현은 서기 139년에 일치했다고 한다. 그러므로 139에서 1,460을 순차적으로 빼 나가면 기원전 1320년과 기원전 2780년에도 정확하게 새해 첫날 시리우스가 나타났다고 예측할 수 있다. 또한 시리우스가 새해 첫날이 아닌 다른 날에 나타났다면, 날짜 수를 헤아려서 그 해가 몇 연도였는지 계산할 수도 있다.

다행히도 중왕국 시대와 신왕국 시대의 문헌에 이와 같은 기록이 한 번씩 등장하는데, 이 책에서는 중왕국 시대의 문헌만을 다룰 예정이다. 이유는 간단하다. 해독하기가 훨씬 쉽기 때문이다. '베를린 박물관 파피루스 10012호(Berlin Museum papyrus 10012)'라는 다소 딱딱한 명칭으로 불리는 이 문헌에 의하면 세누스렛(Senusret) 왕 즉위 7년 여덟 번째 달 16일에 시리우스가 처음 나타났다고 한다. 이 날은 이집트식 새해 첫날로부터 226일 후이며, 다음 해 첫날을 139일 앞둔 날이기도 하다. 그렇다면 가능한 연도는 기원전 412년이나 기원전 1872년 또는 기원전 3332년 등인데, 412년과 3332년은 다른 곳에서 발굴한 고고학 자료와 일치하지 않기 때문에 결국 세누스렛 왕 즉위 7년은 기원전 1872년이라는 결론을 내릴 수 있다. 물론 기록에 적힌 내용만 가지고는 단 하나의

해를 골라내기 어렵지만 중왕국 시대의 연도를 추정하는 데 큰 도움이 되는 것만은 분명한 사실이다.

고왕국 시대와 피라미드가 건설된 연대를 추정하려면 1차 과도기의 정확한 시기를 알아야 하는데, 이것은 아직도 가장 큰 수수께끼로 남아 있다. 고왕국 시대에는 천문 관련 기록이 없기 때문에 학자들이 추정한 피라미드의 건축 연대는 200년의 오차를 내포하고 있다. 만일 피라미드가 4,500년 전에 건축되었다면, 연대 측정 오차는 피라미드의 실제 나이의 약 5퍼센트에 불과하다. 그러나 세월이 100년만 흘러도 세대가 완전히 바뀌고, 사람들의 기억도 소진된다. 고왕국 시대의 연도를 좀 더 정확하게 알아내지 못하면 1차 과도기나 초기 중왕국 시대의 기록을 해석하기가 매우 어려워진다. 고왕국 시대의 마지막 날이 그 당시에 '고대 역사'였는지, 아니면 바로 어제 있었던 일인지 알 수가 없기 때문이다. 그러나 만일 고왕국 시대의 연도상 오차를 10~20년 정도로 줄일 수만 있다면 이 문제는 완전히 해결된다. 지난 2000년도에 이집트학자 스펜스(K. E. Spence)는 고왕국 시대를 더욱 정확하게 추정하는 방법을 제안했다. 알고 보니 수수께끼의 열쇠를 쥐고 있는 것은 거대한 피라미드, 그 자체였다.

피라미드의 건설 순서

피라미드는 값진 유적인 동시에 거대한 '시간 기록 장치'이기도 하다. 고대 문헌을 이용하여 피라미드가 건설된 순서를 알아낼 수 있기 때문이다. 초기 피라미드와 피라미드의 원형은 세 번째 왕조 때 만들어졌고 네 번째 왕조가 시작될 무렵에는 피라미드 건설이 정기적인 토목공사로 자리 잡았다(〈그림 3-1〉). 네 번째 왕조의 서막을 열었던 스노프루 왕은 3개의 대형 피라미드를 건설했다. 이들 중 메이둠(Meidum) 유적지에 건설된 첫 번째 피라미드는 오늘날 대중들에게 알려진 고전적 피라미드와는 사뭇 다른 모습을 하고 있다. 나머지 2개는 다슈르(Dashur)의 북쪽 외곽에 자리 잡고 있다. 스노프루의 '꺾인(Bent)' 피라미드는 아랫부분에서 가파르게 올라가다가 위쪽에 이르러 갑자기 경사가 완만해지는 특이한 모양을 하고 있는데, 아래쪽 내벽에 금이 가 있는 것으로 보아 아마도 피라미드의 전체 하중을 줄이기 위해 경사도를 줄였을 것으로 짐작된다. 스노프루의 마지막 피라미드는 '붉은(Red)' 피라미드(공사에 사용된 석회암의

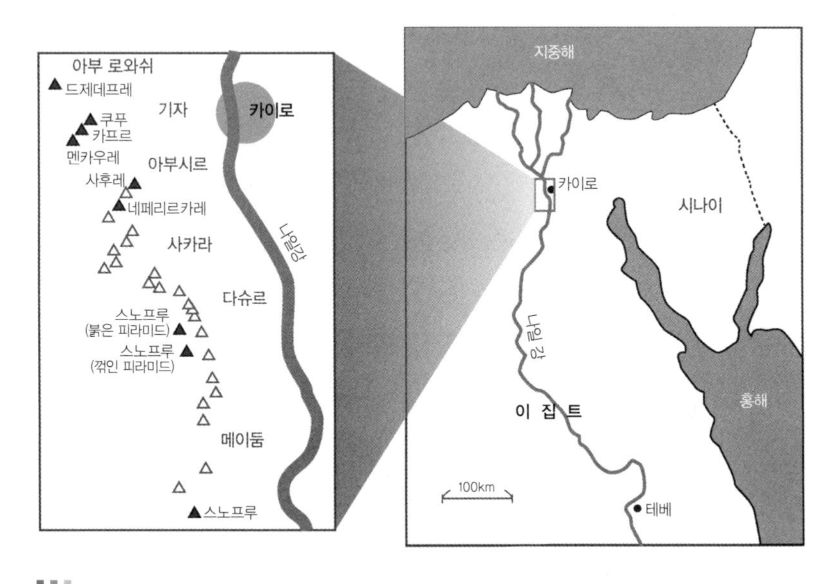

[그림 3-1] 이집트 지도와 피라미드 분포 상세도. 본문에서 언급된 피라미드는 검은 삼각형으로 표기되어 있다. 흰 삼각형은 다른 피라미드의 위치를 나타낸다.

색이 붉어서 이런 이름이 붙었다)로 불리는데 즉위 후 30년경에 지어진 것으로 추정된다. 스노프루 왕 자신도 이곳에 묻혔다.

기자에 세워진 유명한 피라미드의 주인은 스노프루의 후계자인 쿠푸(Khufu) 왕이었다. 스노프루의 아들로 추정되는 그는 즉위 후 첫 사업으로 역사상 가장 큰 대피라미드를 건설했다. 쿠푸 왕의 뒤를 이은 드제데프레(Djedefre) 왕은 8년의 재임 기간 동안 기자에서 북쪽으로 약 10킬로미터 떨어진 아부 로와쉬(Abu Rowash)에 피라미드 공사를 시작했다. 그러나 그는 건설 초기 단계에 사망했다. 이 지역에는 지금도 매장을 위해 파놓은 도랑과 가공된 돌들이 여기저기 흩어져 있다. 드제데프레의 후임인 카프레 왕은 기자에 또 다른 대형 피라미드를 건설했다. 기자에 있는 세 번째 피라미드는 근처에 있는 다른 피라미드보다 규모가 작다. 그 주인인 멘카우레 왕이 카프레 왕의 후임이었는지는 분명치 않다. 멘카우레가 죽은 후 짧은 기간 동안 두세 명의 왕이 이집트를 다스렸고(이들은 피라미드를 건설하지 않은 것으로 알려져 있다), 이것으로 4대 왕조는 막을 내리게 된다.

4대에서 5대 왕조로 넘어가는 과정은 알려진 바가 거의 없다. 사후레와 네페리르카레 등 새로운 왕조의 몇몇 왕들도 기자의 남쪽에 위치한 아부시르(Abusir)에 자신의 피라미드를 세웠는데 기자의 피라미드보다 규모는 작지만 향후 수백 년 동안 가장 인상 깊은 건축물로 회자되었을 것이다.

5~6대 왕조의 왕들도 꾸준히 피라미드를 건설했다. 이 시기부터 건설자들은 피라미드의 내벽에 왕의 사후 세계를 문자로 새기기 시작했다. 이 '피라미드 문자'는 이집트에서 가장 오래된 종교 관련 문헌이다. 중왕국 시대에도 피라미드는 꾸준히 건설되었으나, 돌이 아닌 진흙벽돌을 사용했기 때문에 지금은 원형을 알아보기 어려울 정도로 크게 훼손되었다.

피라미드의 이상한 패턴

고왕국 시대 초기에 건설된 피라미드는 한마디로 '건축공학의 승리'라 할 수 있다. 규모도 웅장하지만 그 구조가 너무도 치밀하고 정확하여 현대의 건축가들도 혀를 내두를 정도이다. 외부를 장식했던 돌은 상당 부분이 벗겨졌지만 토대 위에 새겨진 다양한 기호들은 이 건축물이 얼마나 세심하게 지어졌는지 여실히 보여 주고 있다.

그중에서 특히 우리의 관심을 끄는 것은 피라미드의 방향이다. 피라미드의 밑면은 정사각형인데, 각 변들은 1도(°) 이내의 오차로 정확하게 동서남북을 향하고 있다. 특히 기자에 있는 2개의 초대형 피라미드는 각도의 오차가 10분의 1도도 되지 않는다. 거대한 구조물의 방향을 이 정도로 정확하게 맞추려면 천문 관측을 사용하는 수밖에 없다. 과연 이집트인들은 어떤 천체를 기준으로 삼았을까? 안타깝게도 고대 문헌에는 피라미드의 방위를 맞추는 기술에 대해 아무런 기록도 남아 있지 않지만, 가능한 방법은 여러 가지가 있다. 예를 들어 밤하늘을 가로지르는 별이나 땅 위에 세워 둔 막의 그림자가 움직이는 패턴을 추적하면 태양이나 특정한 별이 최고도에 이르렀을 때 남쪽 또는 북쪽을 정확하게 알아낼 수 있다. 이 정도면 꽤 정확하고도 우아한 방법이지만 고대 이집트 인들은 이런 방법을 사용하지 않았다는 증거가 있다.

피라미드를 건설 순서에 따라 가로 방향으로 늘어놓고 각 피라미드의 방위 오차(진북 방향과 피라미드의 북쪽 변이 향하고 있는 방향의 차이)를 세로축에 표현하면 〈그림 3-2〉와 같은 그래프가 얻어진다. 쿠프 왕과 카프레 왕이 세운 기자의 대형 피라미드들은 오차가 가장 적어서 거의 정확

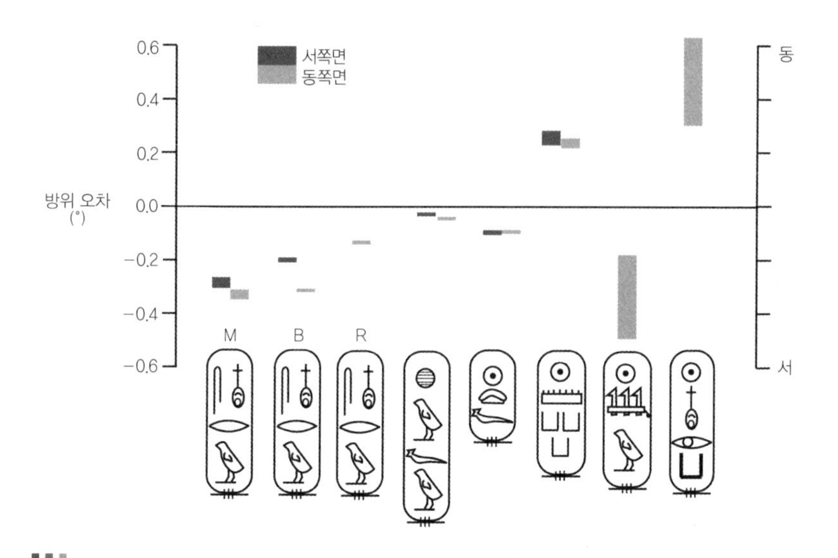

[그림 3-2] 피라미드의 건축 순서에 따른 방위 오차의 변화. 아래쪽에는 각 피라미드를 건설한 왕의 이름이 상형문자로 표기되어 있다(왼쪽에서 오른쪽으로 스노프루, 쿠푸, 카프레, 멘카우레, 사후레, 네페리르카레). 스노프루의 이름 위에 적혀 있는 알파벳은 각각 메이둠(M), 꺾인 피라미드(B), 붉은 피라미드(R)를 의미한다. 각 피라미드에 대응되는 굵은 선들은 동쪽 또는 서쪽으로 치우친 정도, 즉 방위 오차를 나타낸다(굵은 선의 두께는 측정에 수반된 오차의 한계이다). 초기의 피라미드들은 방위가 약간 서쪽으로 치우쳐 있으나 세월이 흐르면서 이 오차가 서서히 동쪽으로 이동하고 있음을 알 수 있다.

출처 : Kate Spence, "Ancient Egyptian Chronology and the Astronomical Oreintation of the Pyramids", *Nature* 408, 2000, pp.320-324.

하게 동서남북을 향하고 있지만, 그 전이나 후에 세워진 피라미드들은 상대적으로 방위 오차가 크다. 그런데 흥미로운 사실은 기자의 피라미드보다 앞서서 스노프루 왕이 세웠던 세 개의 피라미드는 방위가 서쪽으로 약간 치우친 반면, 그 후에 건축된 피라미드의 3분의 2만큼 동쪽으로 치우쳐 있다는 점이다.

각 피라미드들이 세워진 상대적인 시간 간격까지 고려하면 위의 변화 패턴은 더욱 흥미로워진다. 앞서 말한 바와 같이, 이집트의 고대 문헌만으로는 피라미드의 정확한 건축 연대를 알 수 없지만 각 왕들의 통치 기

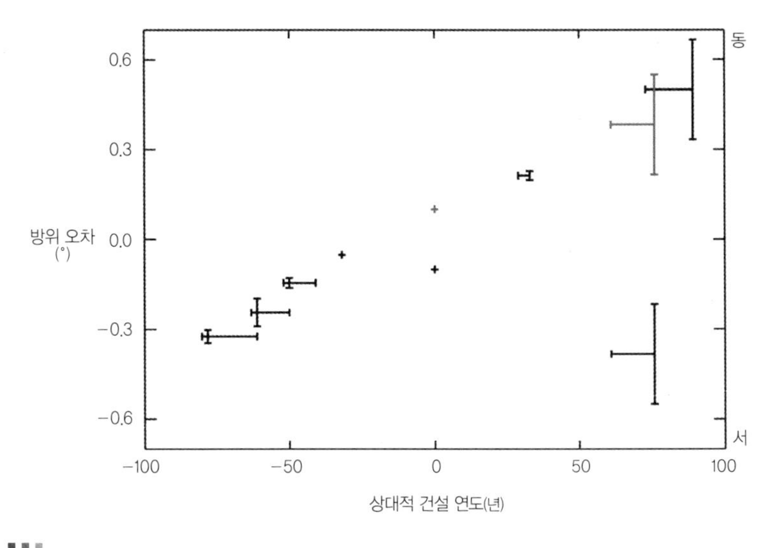

[그림 3-3] 피라미드 방위 오차를 건설 연도의 함수로 나타낸 그래프. 작은 십자가는 측정값이고 수직 방향으로 그린 선은 오차 범위를 나타낸다. 각 피라미드가 건설된 상대적인 연도는 가로축에 표시되어 있다. 대부분의 측정값은 일직선상에 놓여 있고, 단 2개만이 직선에서 벗어나 있다. 이들의 오차 부호를 바꾸면(즉, 서쪽 편향을 동쪽 편향으로 바꾸면) 원래의 직선에 합류하게 된다(회색 데이터 참조).

출처 : Kate Spence, "Ancient Egyptian Chronology and the Astronomical Oreintation of the Pyramids", *Nature* 408, 2000, p.320.

간은 알 수 있다. 예를 들어 투린 파피루스에는 쿠푸 왕이 23년, 드제데프레 왕이 8년 동안 이집트를 통치하여 쿠푸 왕과 카프레 왕의 즉위 년도 사이에는 31년의 시차가 있다고 적혀 있다. 피라미드의 건축은 적어도 10~20년이 소요되는 초대형 공사인 데다가 왕이 죽기 전에 완공되어야 했으므로, 각 왕들은 즉위와 동시에 자신의 피라미드를 짓기 시작했다고 보는 것이 타당하다. 따라서 카프레 왕의 피라미드가 착공된 연도는 쿠푸의 피라미드가 착공된 연도보다 30년쯤 뒤일 것이다. 이런 식으로 연대를 추정하여 연도에 따른 방위 오차의 변화를 함수로 그려 보면 〈그림 3-3〉과 같은 그래프가 얻어진다. 여기서 가로축에 명시된 연도는 카프레(또는 다른 왕)을 기준으로 매긴 것이다. 그래프를 자세히 보면 대부분의 데이터들이 일직선상에 놓여 있고, 두 개의 피라미드(카프레와 사후레)가 이 직선에서 크게 벗어나 있음을 알 수 있다. 그런데 이 2개의 데이터도 각도의 오차를 마이너스(서쪽 편향)에서 플러스(동쪽 편향)로 부호만 바꾸면 원래의 직선에 합류한다. 이제 곧 알게 되겠지만, 오차의 부호를 바꾸는 데에는 그럴 만한 이유가 있다.

주류에서 멀리 떨어진 방위 오차의 부호를 바꿨을 때 모든 데이터가 일직선상에 놓이는 현상은 우리에게 무언가 중요한 사실을 암시하고 있다. 일단 〈그림 3-3〉에서 방위 오차가 기울어진 직선을 따라간다는 것은 역대 피라미드의 방향이 지어진 시기에 따라 꾸준하게 돌아갔음을 의미한다. 그래프에는 100년 동안 약 0.5도 정도 돌아간 것으로 나타나 있다. 이로부터 우리는 중요한 사실을 알 수 있다. 즉 고대 이집트 인들이 사용했던 방향 측량법이 지구의 세차운동(precession)에 영향을 받았다는 것이다.

회전하는 팽이와 피라미드의 방위 오차

세차운동이란 회전하는 물체에 비대칭적인 힘이 작용할 때 나타나는 현상이다. 우리에게 친숙한 사례로는 팽이나 자이로스코프를 들 수 있다. 돌지 않는 팽이는 혼자 서 있을 수 없지만 빠른 속도로 회전하는 팽이는 똑바로 선 자세를 한동안 유지할 수 있다. 물론 팽이의 움직임은 중력의 영향을 받는다. 팽이에 힘이 전혀 작용하지 않거나 중력장하에서 자유낙하할 때에는 중심축에 대하여 회전하며 이 축은 항상 같은 방향을 가리킬 것이다. 그러나 책상과 같은 물건이 팽이의 밑을 떠받치고 있으면 팽이에 비대칭적인 힘이 작용하여 회전축의 방향이 시간에 따라 변하게 된다. 특히 회전축의 끝 부분이 특정한 반지름을 갖는 원을 그리게 되는데 이와 같은 운동을 세차운동이라고 한다.

다들 알다시피 지구는 자전축을 중심으로 하루에 한 바퀴씩 회전하고 있다. 그리고 이 자전축을 길게 연장시켰을 때 만나는 별이 바로 북극성(Polaris)이다. 지구는 태양 주변을 공전하고 있지만, 자전축은 〈그림 3-4〉와 같이 항상 같은 방향을 향하고 있다. 바로 이런 이유 때문에 1년 내내 북극성이 정북 방향에 위치하고 있는 것이다('지구와 태양 사이의 거

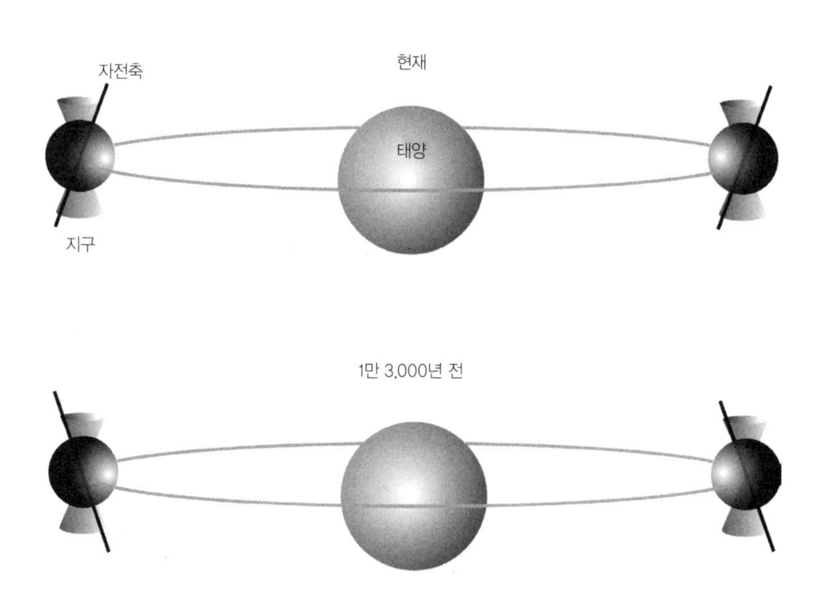

[그림 3-4] 지구의 세차운동. 위쪽 그림은 지구가 공전궤도상의 한 점에 있을 때와 그 대척점에 있을 때의 모습이다(그림의 축척은 사실과 다르다). 지구가 어느 위치에 있건 간에, 자전축은 항상 일정한 방향을 가리킨다. 그러나 지구는 공전과 동시에 세차운동도 하고 있기 때문에 자전축의 방향이 원을 그리며 서서히 변하고 있다. 지금으로부터 1만 3,000년 전에 자전축은 지금과 정반대 방향을 향하고 있었다(아래쪽 그림).

리'보다 '지구와 다른 별 사이의 거리'가 압도적으로 멀기 때문에, 지구의 이동에 따른 오차는 무시할 수 있다—옮긴이). 그러나 약간 찌그러진 지구에 태양과 달의 중력이 작용하고 있기 때문에 지구의 자전축은 세차운동을 하게 된다. 팽이의 회전축 끝이 원을 그리는 것처럼 지구의 자전축도 공전하는 면과 나란한 평면 위에서 원을 그리고 있다.

지구에 사는 우리의 입장에서 볼 때, 세차운동의 결과는 밤하늘에서 별자리의 이동으로 나타난다. 자전축을 똑바로 연장했을 때 하늘과 만나는 지점을 '천구의 극(celestial pole)'이라고 하는데, 이 지점과 일치하는 별이 시대에 따라 달라지는 것이다. 오늘날 이 별은 북극성이라고 불리며 지구의 북반구에서 북쪽 방향을 안내하는 확실한 길잡이로 알려져 있다. 그러나 지구가 세차운동을 하면서 천구의 극이 커다란 원을 그리며 이동하고 있으므로[이 원의 중심에는 용자리(Draco)가 자리 잡고 있다.

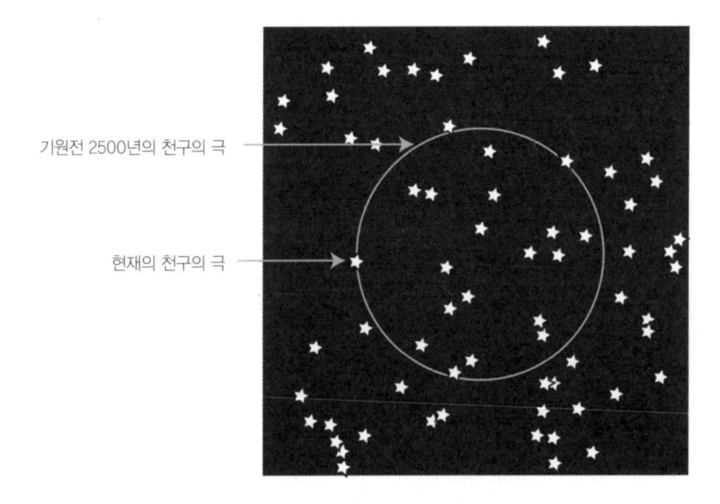

[그림 3-5] 천구의 극이 하늘에 그리는 원형 궤적. 지구의 자전축이 세차운동을 하고 있기 때문에 천구의 극은 약 2만 6,000년을 주기로 원운동을 하고 있다. 그림의 스케일을 짐작하기 위해 왼쪽 위에 북두칠성(Big Dipper)을 그려 넣었다.

〈그림 3-5〉], 지금으로부터 1만 3,000년 전에는 북극성이 아닌 다른 별이 천구의 극과 일치했을 것이다. 그리고 밤하늘에 나타나는 별의 전체적인 위치도 지금과는 사뭇 달랐을 것이다(〈그림 3-6〉). 천구의 극이 이동하는 양상은 지구의 모양과 자전 속도 그리고 태양, 지구, 달의 궤적에 의해 결정된다. 따라서 관련 정보를 모두 알고 있으면 과거나 미래의 어느 임의의 시간에 천구의 극이 어느 별과 일치하는지 계산할 수 있다.

1980년대 중반에 일부 학자들은 시대에 따른 피라미드의 방위 변화가 지구의 세차운동과 관련되어 있다는 가설을 내세웠다. 만일 이 가설이 사실이라면 고대 이집트 인들이 어떤 방법으로 피라미드의 방향을 맞췄는지 짐작할 수 있다. 과거에도 학자들은 피라미드의 방위 측량법을 다양하게 제안해 왔으나, 대부분은 세차운동과 무관한 것들이다. 그중 하나가 지평선에서 별이 뜨는 지점과 지는 지점을 측량하여 정북향을 결정

[그림 3-6] 시간의 흐름에 따른 밤하늘의 변화. 왼쪽 그림은 오늘날 관측되는 밤하늘의 모습으로 모든 별들이 북극성(그림의 중앙 부분)을 중심으로 회전하고 있다. 오른쪽은 피라미드가 건설될 무렵의 밤하늘인데 모든 별의 위치가 지금과 다르고 북극점에 정확하게 대응하는 별이 없다.

하는 방법이었다. 이 두 지점을 연결한 선의 중심은 관측자가 바라볼 때 정북향(또는 정남향)에 놓이게 되는데, 어떤 별을 관측 대상으로 삼아도 결과는 마찬가지이다. 그러나 고대 이집트 인들이 이 방법을 사용했다면 피라미드의 방위가 세월에 따라 변한 이유를 설명할 수 없다.

스펜스의 논문이 발표되기 전에 일부 학자들이 고대 피라미드의 방위 측량법으로 "특정한 별을 천구의 극점으로 간주했다."는 가설을 제안했다. 이 가설을 따른다면 천구의 극점이 이동함에 따라 피라미드의 방위가 서서히 돌아갔다는 설명이 가능해진다. 그러나 스펜스는 여기서 한 걸음 더 나아가 다음과 같이 주장했다.

> 피라미드의 방위가 시대에 따라 돌아간 것은 고대 이집트 인들이 특정한 별을 북쪽의 기준으로 삼았다는 증거이다. 또한 피라미드의 방위가 돌아간 정도로부터 그들이 어떤 별을 기준으로 삼았는지 알 수 있으며, 여기에 지구의 세차운동을 고려하면 피라미드가 건설된 시기까지 알아낼 수 있다.

기발한 방위 결정법

피라미드가 한창 건설되던 시기에 천구의 북극점 근처에는 눈에 띄게 밝은 별이 없었다. 오늘날에는 북극성이 천구의 북극과 거의 일치하여 어디서나 길잡이별로 사용되고 있지만, 피라미드 시대에는 딱히 정북향으로 간주할 만한 별이 없었던 것이다. 그래서 고대 이집트 인들은 피라미드의 방향을 맞추기 위해 독특한 방법을 사용했다. 이 방법은 이집트 인들이 기준으로 삼았던 별과 천구의 북극 사이의 거리에 영향을 받기 때문에 시대에 따라 피라미드의 방위가 달라졌던 것이다.

스펜스는 고대 이집트 인들이 천구의 북극을 찾고 북향을 정확하게 결정하기 위해 2개의 별을 사용했다고 제안했다. 그녀는 피라미드가 건설되던 무렵에 북쪽 하늘에 떠 있는 특정한 별 2개를 골라서 일직선으로 이으면 이 선이 천구의 북극과 거의 정확하게 만났을 것이라고 추측했다. 이 조건을 만족하는 한 쌍의 별이 존재한다면, 이들이 밤하늘에서 수직 방향으로 나열되었을 때 둘 사이를 잇는 수직선이 지평선과 만나는

[그림 3-7] 2개의 별을 이용한 피라미드 방위 결정법. 적절한 별 2개를 골라서(그림에는 사각형과 원으로 표시되었다) 이들이 수직 방향으로 배열되었을 때 둘 사이를 수직선으로 연결한다. 이 수직선의 연장선이 지평선과 만나는 지점이 정북 방향이다(예를 들어 실에 돌을 매단 추를 사용하면 쉽게 찾을 수 있다).

지점을 찾으면 된다. 이 점이 바로 정북 방향이다(〈그림 3-7〉).

이것은 매우 그럴듯한 추측이다. 고대 이집트 인들이 정말로 이런 방법을 사용했다면 두 별을 잇는 수직선에 대하여 천구의 북극이 이동하면서 피라미드의 방향은 시대에 따라 조금씩 돌아갈 수밖에 없었을 것이다. 뿐만 아니라 스펜스의 이론은 두 피라미드의 방위 오차값의 부호가 반대로 나타난 이유(동쪽이 아닌 서쪽으로 치우친 이유)까지 설명해 주고 있다. 방위 오차의 부호는 관측이 행해지던 순간에 두 개의 별 중 어떤 것이 위쪽에 있었는가에 따라 달라진다(〈그림 3-8〉). 즉 6개의 피라미드는 두 개의 별들 중 하나(〈그림 3-8〉에서 사각형으로 표현된 별)가 위에 있을 때 건축되었고 나머지 2개는 이들의 상하 관계가 바뀌었을 때 건축

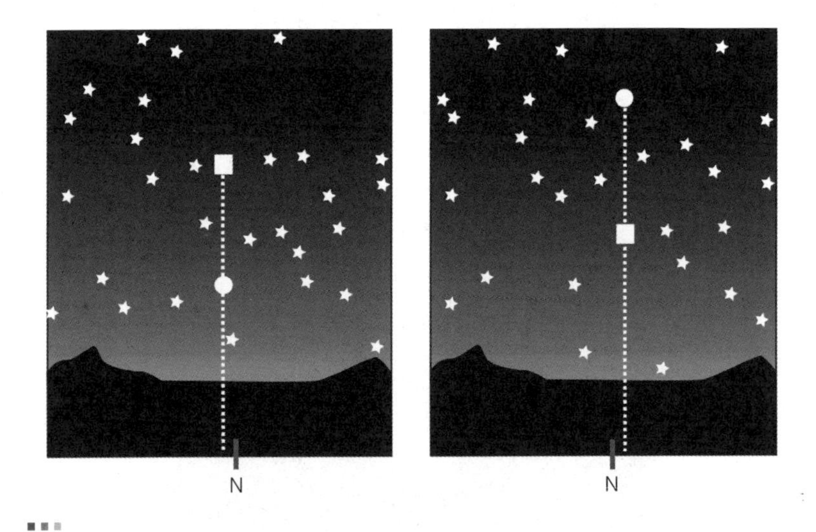

[그림 3-8] 동일한 별로 방위를 측량했을 때 나타나는 오차. 동일한 한 쌍의 별을 기준으로 삼는다고 해도(그림에는 사각형과 원으로 표기되었음) 어느 별이 위에 있는가에 따라 결과는 달라진다. 이 방법에 의하면 두 별을 잇는 수직선과 지평선의 교차점이 정북 방향으로 간주된다(진짜 북쪽은 그림의 하단부에 'N'으로 표기되어 있다). 두 경우 모두 오차가 발생하는데 왼쪽 그림에서는 서쪽으로 편향되고 오른쪽 그림에서는 동쪽으로 편향된다.

되었다는 뜻이다. 아마도 이것은 피라미드를 건설했던 계절이 서로 달랐기 때문일 것이다.

이 방법에서 또 한 가지 흥미로운 사실은 고대 이집트 인들이 북쪽 하늘의 별을 사용했다는 점이다. 고왕국 시대에 작성된 피라미드 관련 문헌에는 '불멸의 별'이라고 적혀 있는데, 이는 지평선 아래로 내려가지 않고 하루 종일 떠 있는 별을 의미한다(물론 낮에는 햇빛에 가려서 보이지 않는다—옮긴이). 또한 이 문헌에는 이집트의 통치자들이 불멸의 별을 자신과 동일시했다고 적혀 있다. 따라서 피라미드를 축조할 때 이런 별을 이용하여 방위를 맞췄다는 것은 상당히 설득력 있는 추론이다.

이집트 인들은 정말로 이 방법을 사용했을까

고대 이집트 인들이 스펜스의 추론대로 피라미드의 방위를 맞췄다면, 지구의 세차운동에 따른 천구의 북극점의 이동과 피라미드의 방위 오차를 비교하여 피라미드가 축조된 시기를 알아낼 수 있다. 물론 이를 위해서는 이집트 인들이 어떤 별을 기준으로 삼았는지 알아야 하며, 무엇보다도 이집트 인들이 실제로 이런 방법을 사용했다는 증거가 있어야 한다. 그런데 스펜스가 제시한 피라미드의 방위 변화 그래프를 자세히 들여다보면, 이집트 인들이 이와 같은 방법을 사용했다는 증거가 데이터 안에 이미 들어 있음을 알 수 있다. 뿐만 아니라 당시 이집트 인들이 북쪽 하늘의 별에 어떤 종교적 의미를 부여했는지 모른다고 해도 그들이 어떤 한 쌍의 별을 기준으로 삼았는지 알아낼 수 있다.

임의의 시간에 천구의 극은 특정한 방향으로 움직이고 있다. 방위 측정 오차 시간에 따른 변화율은 두 개의 별을 연결한 직선이 그 특정 방향에 대하여 돌아간 정도에 따라 달라진다. 천구의 극이 그리는 경로가 두 별을 연결한 선과 거의 수직을 이루는 시기에는 천구의 극이 빠르게 움직여서 시간이 흐를수록 측정 오차가 빠르게 증가할 것이고 반대로 천구의 극과 두 별의 연결선이 작은 각도로 만나는 시기에는 천구의 극의 이동속도가 느려지면서 방위 측정 오차가 상대적으로 천천히 변할 것이다. 그러므로 여러 개의 후보 별을 쌍으로 묶어서 방위 변화율을 계산한 후 이 값들을 피라미드의 방위 변화율과 비교하면 고대 이집트 인들이 어떤 한 쌍의 별을 기준으로 삼았는지 알 수 있다.

만일 피라미드의 방위 변화율과 일치하는 쌍이 없다면, 이집트 인들은 다른 방법으로 방위를 맞췄을 가능성이 높다. 이 방법은 고대인의 관측 기술이나 주요 관심 분야 등 간접적인 자료로부터 추정하는 것보다 훨씬 정확하다. 지구의 세차운동은 고대나 지금이나 꾸준하게 계속되고 있기 때문이다.

스펜스는 모든 별들을 철저하게 조사하지 않았지만, 사실은 그다지 어려운 작업이 아니다. 우선 대피라미드가 세워진 기원전 2500년경에 천구의 북극점으로부터 25도 이내에 있었던 밝은 별들을 추려 낸다. 이 조건을 만족하는 별은 모두 17개가 있으며, 이들로부터 136가지의 쌍을 만들 수 있다. 이제 모든 가능한 쌍들을 직선으로 연결하여 그 연장선이 천구의 북극과 언제 만나는지 그리고 이들로부터 추정한 북향과 진정한 북향의 차이가 시간에 대하여 얼마나 빠르게 변하는지를 계산하면 된다(자세한 계산 결과는 이 장의 끝에 있는 '방위 변화율의 계산 결과'를 참조할

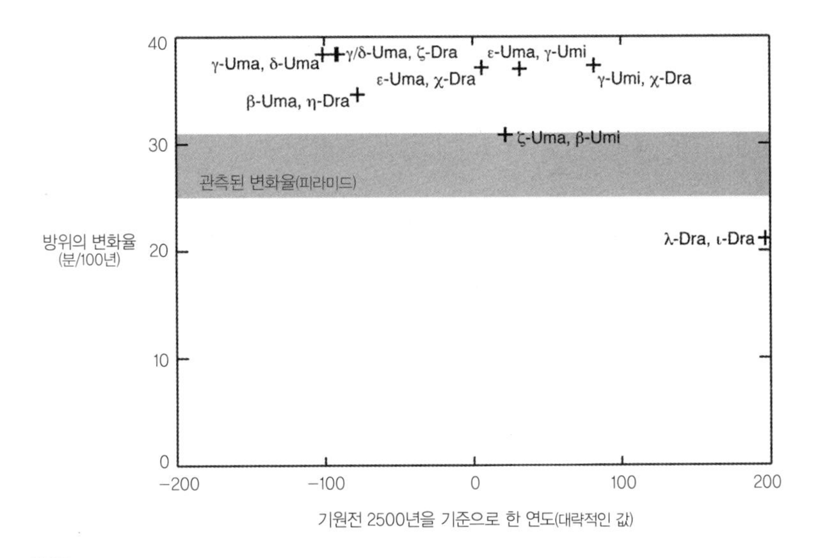

[그림 3-9] 북쪽 하늘의 밝은 별들로 이루어진 모든 가능한 쌍들을 기준으로 정북향을 결정했을 때 나타나는 오차는 시대에 따라 달라진다. 그림에서 수직축은 100년당 나타나는 회전 각도를 분(1분=1/60)단위로 나타낸 값이고, 수평축은 기원전 2500년을 기준으로 한 연도이다. 이 그림에는 후보로 선정된 9개의 쌍들이 표시되어 있는데, 이들 중 단 한 쌍만이 실제 피라미드의 방위 변화와 일치한다(회색 부분). 이집트 인들이 정말로 이 방법을 사용했다면 바로 이 한 쌍의 별을 기준으로 삼았을 것이다(Uma : 큰곰자리, Umi : 작은곰자리, Dra : 용자리).

것). 기원전 2500년경에는 두 별의 연결선이 천구의 북극 근처를 지나는 경우가 약 200년에 걸쳐 모두 9쌍이 있었다. 따라서 이들이 가장 유력한 후보인 셈이다. 이들에 관한 데이터는 〈그림 3-9〉에 제시되어 있는데 보다시피 대부분의 쌍들은 방위의 변화율이 100년당 35~40분(약 2/3°)이고, 단 하나의 쌍이 100년당 약 20분(1/3°)으로 나타나 있다.

이들 중 피라미드의 방위 변화율과 일치하는 쌍이 있을까? 각 피라미드의 방위와 건설 연대를 분석해 보면 100년 동안 약 28분가량 돌아갔음을 알 수 있다(오차는 ±3분 정도이다. 자세한 계산은 '방위 변화율의 계산 결과'를 참조할 것). 그런데 놀랍게도 이 변화율과 일치하는 별의 쌍은 미자르(Mizar, 북두칠성 중 하나)와 코차브(Kochab, 작은곰자리 중 하나)뿐이다. 이들은 각각 큰곰자리 제타성(ζ)과 작은곰자리 베타성(β)로 알려진 별로서, 〈그림 3-9〉의 회색 영역에 속하는 유일한 쌍이다. 고대 이집트인들이 스펜스의 추정대로 방위를 측량했다면, 그들이 기준으로 삼을 만한 별은 이것밖에 없다.

방위 변화율이 피라미드와 일치하는 별의 쌍은 단 하나뿐이고, 이 별들을 이은 직선이 피라미드와 동일한 방위 오차를 나타내는 시기도 알고 있으므로 이제 우리는 피라미드가 건설된 연대를 짐작할 수 있다(단 고대 이집트 인들이 이 방법을 사용했다는 전제가 필요하다). 예를 들어 기자에 있는 쿠푸 왕의 대피라미드는 기원전 2480년에 축조된 것으로 계산되며, 오차의 한계는 단 몇 년 정도이다. 이것은 현재 가장 믿음직한 문헌에서 유추한 연도보다 50년 정도 늦은 시기이다.

드제데프레의 피라미드

지금까지 서술한 고왕국의 연대측정법은 분명히 흥미롭긴 하지만, 스펜스의 제안에 따라 피라미드의 방위가 결정되었음을 입증하려면 추가 자료가 필요하다. 피라미드의 정확한 방위와 상대적인 건설 시기도 알아야 하고, 비슷한 시기에 미완성으로 남은 다양한 피라미드들의 방위도 고려해야 한다. 드제데프레의 미완성 피라미드가 그 대표적인 사례이다.

앞서 말한 대로 드제데프레는 쿠푸와 카프레 사이의 짧은 기간 동안 이집트를 통치했던 왕이었다. 그는 기자의 북쪽에 있는 아부 로와쉬에 피라미드를 건설할 계획을 세웠으나 착공 후 얼마 지나지 않아 공사 전체가 중단되었다. 아마도 그가 갑작스런 죽음을 맞이했기 때문일 것이다. 그런데 드제데프레의 피라미드가 착공된 시기는 때마침 미자르와 코차브를 연결한 직선이 거의 정확하게 천극의 북극을 통과하던 시기였다. 따라서 당시 사람들이 스펜스의 이론대로 방위를 결정했다면 드제데프레 피라미드의 방위는 실제의 동서남북과 거의 정확하게 일치해야 한다. 2003년에 프랑스 연구팀이 발표한 논문에 따르면 드제데프레 피라미드의 방위는 서쪽으로 0.8도 돌아가 있다. 이것은 동시대에 지어진 다른 피라미드와 비교할 때 정확성이 한참 떨어진다.

이 점만 놓고 보면 스펜스의 추론이 틀린 것 같지만, 사실은 전혀 그렇지 않다. 드제데프레는 기자에서 멀리 떨어진 곳에 혼자 묻히기를 원했던 반면 그의 후임자들은 선왕의 방침을 따르지 않았다. 따라서 드제데프레의 피라미드는 여타의 피라미드와 다른 방법으로 방위를 결정했을 가능성이 높다.

스펜스의 아이디어를 정확하게 검증하려면 기존 피라미드들의 방위를 좀 더 정확하게 측정해야 한다. 기자에 있는 대피라미드의 방위는 분단위 이내의 오차로 비교적 정확하게 측정되어 있지만, 다른 피라미드들은 측정값의 오차범위가 ±10분을 넘나든다(부록 참조). 기자의 대피라미드와 비교가 가능할 정도로 오차의 범위를 줄인다면 다섯 번째 왕조인 사후레와 네페리르카레의 피라미드가 기자의 대피라미드와 동일한 방식을 따랐는지 확인할 수 있을 것이다. 만일 동일하지 않다고 판명된다면 스펜스의 이론은 설득력을 잃게 된다. 그러나 세밀한 관측을 한 후에도 다양한 피라미드들의 방위 오차가 일직선상에 놓인다면 방위 변화율의 불확정성은 크게 줄어들 것이다. 게다가 이 변화율이 미자르와 코차브의 이동과 일치한다면 스펜스의 이론은 맞을 가능성이 높아진다. 반면에 일치하지 않는다면 고대 이집트 인들이 피라미드의 방위를 측량할 때 다른 방법을 사용했다고 결론지을 수밖에 없다.

만일 이 방법으로 계산한 피라미드의 건설 연대가 틀린 것으로 판명된다고 해도, 핵심 아이디어 자체는 '기록에 의존하지 않고 과학적 분석으로 연대를 추정하는' 모범적인 사례로 남을 것이다. 사실 역사학과 고고학에 천문 관련 데이터까지 동원하면 과거의 특정 사건이 일어난 연대를 불과 몇 년의 오차 범위 안에서 거의 정확하게 유추할 수 있다. 그러나 이것은 피라미드와 같이 거대한 유적이 특정 방향을 향하고 있다는 전제하에서만 가능한 이야기다. 다른 유적들의 건설 시기를 알아내려면 다양한 자료들을 종합적으로 고려해야 한다.

방위 변화율의 계산 결과

〈그림 3-9〉에 제시된 방위 변화율 그래프는 어떤 출판물에서도 찾을 수 없을 것이다. 그래서 독자들의 편의를 위해 자세한 계산 결과를 여기에 수록한다.

일단은 (1)밝기가 4등성 이상이고 (2)기원전 2500년 무렵에 천구의 북극으로부터 25도 이내에 있었던 별들을 후보군으로 삼았다. 이 조건을 만족하는 별은 모두 17개로서 α, β, γ, δ, ε, ζ, η-큰곰자리와 α, β, γ-작은곰자리 그리고 α, η, ι, κ, λ, x-용자리이다. 이 별들의 위치는 표준 밝은

별 목록(standard bright star catalog)에 수록된 값이며, 계산상 편의를 위해 각 별들의 고유한 움직임은 고려하지 않았다.

기원전 2500년의 시점에서 천구의 북극에 대한 각 별들의 상대적 위치를 계산한 후 별들을 두 개씩 짝지어서 직선으로 연결하되 기원전 2500년경에 천구의 북극이 그린 궤적 근처를 지나가도록 길게 연장시킨다(지금은 세차운동의 주기와 비교할 때 매우 짧은 기간을 고려하고 있으므로 그사이에 천구의 북극이 그리는 궤적의 곡률은 무시한다). 이 두 직선의 교점을 알면 천구의 북극과 두 별의 연결선이 일치하는 시기를 알 수 있으며 두 직선이 만나는 각도로부터 방위 변화율을 알 수 있다.

연대에 따른 피라미드의 방위 변화율을 스펜스의 논문에 거론된 순서로 나열하면 〈표 3-2〉와 같다. 마지막 세로줄에 있는 유효 방위 오차는 동서 방향 두 면의 오차를 평균 낸 값인데, 앞에서 지적했던 대로 카프레와 사후레의 피라미드는 오차의 부호가 반대이다. 유효 오차 범위는 '측정에 수반된 오차 범위'와 '두 면의 방위 오차의 차이의 절반' 중 큰 값을 택했다. 스노프루의 붉은(Red) 피라미드는 한쪽 면의 방위만 측정되었기 때문에, 유효 오차의 범위는 임의로 '1'로 간주했다(이 값은 계산 결과에 큰 영향을 주지 않는다).

이 데이터를 기초로 하여 두 피라미드 사이의 방위 차이를 계산한 결과는 〈표 3-3〉과 같다.

두 피라미드 사이의 연도 차이는 고대 문헌에서 유추할 수 있다(〈표 3-2〉). 오차의 범위를 각 연도 차이의 반으로 간주하면 각 피라미드 쌍에 대한 방위 변화율을 계산할 수 있다(〈표 3-3〉).

이상의 모든 자료를 종합하면 최종적으로 얻어지는 방위 변화율은

100년당 28분(′)이며 오차의 범위는 2-σ영역에서 100년 당 3분인데, 오차의 범위에 관해서는 아직 문제의 여지가 남아 있다. 더욱 정확한 값을 구하려면 수학적으로 엄밀한 통계분석법을 거쳐야 하는데, 이 과정은 너무 복잡하므로 생략한다.

피라미드	방위 오차(서쪽 면)	방위 오차(동쪽 면)	유효 방위 오차
(메이둠) 스노프루	-18.1′ ±1.0′	-20.6′ ±1.0′	-19.4′ ±1.3′
(꺾인) 스노프루	-11.8′ ±0.2′	-17.3′ ±0.2′	-14.6′ ±2.8′
(붉은) 스노프루	—	-8.7′ ±0.2′	-8.7′ ±1.0′
쿠푸	-2.8′ ±0.2′	-3.4′ ±0.2′	-3.1′ ±0.3′
카프레	-6.0′ ±0.2′	-6.0′ ±0.2′	+6.0′ ±0.3′
멘카우레	+14.1′ ±1.8′	+12.4′ ±1.0′	+12.8′ ±0.9′
사후레	—	-23′ ±10′	+23′ ±10′
네페리르카레	—	+30′ ±10′	+30′ ±10′

[표 3-2] 피라미드의 방위 오차 [1′=1/60°].

피라미드 짝	방위 차이
(메이둠) 스노프루 - (꺾인) 스노프루	4.8′ ±3.1′
(꺾인) 스노프루 - (붉은) 스노프루	5.9′ ±3.0′
(붉은) 스노프루 - 쿠푸	5.6′ ±1.0′
쿠푸 - 카프레	9.1′ ±0.4′
카프레 - 멘카우레	6.8′ ±1.0′
멘카우레 - 사후레	10′ ±10′
사후레 - 네페리르카레	7′ ±14′

[표 3-3] 건설 연대순으로 나열한 두 피라미드 사이의 방위 차이.

피라미드 짝	연도 차이
(메이둠) 스노프루 - (꺾인) 스노프루	12 ~ 17
(꺾인) 스노프루 - (붉은) 스노프루	9 ~ 11
(붉은) 스노프루 - 쿠푸	9 ~ 20
쿠푸 - 카프레	31 ~ 32
카프레 - 멘카우레	30 ~ 33
멘카우레 - 사후레	32 ~ 43
사후레 - 네페리르카레	12 ~ 13

[표 3-4] 고대 문헌에서 유추한 두 피라미드 사이의 연대 차이.
출처 : Kate Spence, "Ancient Egyptian Chronology and the Astronomical Oreintation of the Pyramids", *Nature* 408, 2000, pp.320-324.

피라미드 짝	방위 변화율
(메이둠) 스노프루 - (꺾인) 스노프루	33 ±22
(꺾인) 스노프루 - (붉은) 스노프루	59 ±30
(붉은) 스노프루 - 쿠푸	39 ±16
쿠푸 - 카프레	29 ±1.5
카프레 - 멘카우레	22 ±3
멘카우레 - 사후레	27 ±17
사후레 - 네페리르카레	56 ±113

[표 3-5] 건설 연대순으로 나열한 두 피라미드 사이의 방위 변화율(분/100년).

더 읽을 거리

· www.gizapyramids.org(고대 이집트의 역사와 피라미드)
· www.egyptology.com(고대 이집트의 역사와 피라미드)

· www.etana.org/abzu(고대 이집트와 근동 지역에 관한 학술 문헌)

· Barbara Mertz, *Temples, Tombs, and Hieroglyph*, Bedrick, 1990.(이집트 역사 입문서)

· Ian Shaw, *The Oxford History of Ancient Egypt*, Oxford University Press, 2000.(이집트 역사에 대한 자세한 정보)
· Peter A. Clayton, *Chronicle of the Pharaohs*, Thames and Hudson, 1994.(이집트 역사에 대한 자세한 정보)

· Dieter Arnold, *Building in Egypt*, Oxford University Press, 1991.(피라미드를 집중적으로 다룬 책)
· Miroslav Verner, *The Pyramids*, Grove Press, 2001.(피라미드를 집중적으로 다룬 책)
· Martin Isler, *Sticks, Stones, and Shadows*, University of Oklahoma Press, 2001.(피라미드를 집중적으로 다룬 책)

· Larry Gonick and Art Huffman, *Cartoon Guide to Physics*, Harper Perennial, 1991.(세차운동과 관련된 기본적 역학 원리)
· Richard Parker, *The Calendar of Ancient Egypt*, University of Chicago Press, 1950.(고대 이집트의 역법)

· Leo depuydt, "Sothic Chronology of Middle Kingdom", *Journal of the American Research Center in Egypt* 37, 2000, pp.167-186.(중왕국 시대의 달력)

· Kate Spence, "Ancient Egyptian Chronology and the Astronomical Orientation of Pyramids", *Nature* 408, 2000, pp.320-324.(지구의 세차운동으로 피라미드의 건축 시기 추정)

· Steven C. Haack, "The Astronomical Orientation of the Pyramids", *Archeoastronomy* no.7, 1984, pp.S119-S125.(스펜스보다 앞서서 세차운동과 피라미드 방위의 관련성 지적)

제 4 장

원자핵의 신비

피라미드나 고대 사원 등의 인공물은 외벽이나 방향에 제작 연대를 가늠할 수 있는 실마리가 반드시 존재한다는 보장이 없다. 그러나 이런 구조물에서 샘플을 채취하여 원소의 성분을 분석하면 생성 연대를 알아낼 수 있다. 예를 들어 나무나 뼛속에 함유되어 있는 탄소 동위원소[^{14}C, 탄소-14]의 개수를 측정하면 해당 유적지의 연대를 판정할 수 있다. 탄소-14를 이용한 연대측정법은 역사적 문헌을 필요로 하지 않기 때문에 사료가 전혀 없는 선사시대의 유적에도 적용할 수 있다. 그래서 고고학자들은 이 방법을 이용하여 농사의 기원이나 신대륙에 인류가 처음 살기 시작한 연대 등을 추적하고 있다. 또한 탄소-14 관련 데이터를 이용하면 지난 수백만 년 동안 지구에서 일어났던 기상 변화와 매우 긴 주기로 발생하는 태양 표면의 변화까지 알아낼 수 있다.

탄소-14와 같은 원소를 이용하여 연대를 추적하는 데 필요한 도구와 관련 기술을 적용하는 과정은 1940년대에 처음 개발되었으며, 그 후로 지금까지 꾸준하게 개선되어 왔다. 다음 장에서 알게 되겠지만 고고학자를 비롯한 여러 분야의 학자들은 탄소-14의 데이터를 분석하는 방법을 놓고 지금도 열띤 공방을 벌이고 있다. 그러나 오랜 논쟁에도 불구하고 탄소-14에 담겨 있는 물리학의 기본 원리는 지난 수십 년 동안 조금도 달라지지 않았다. 탄소-14와 관련된 물리학이 세간에 자주 회자되지 않는 것은 바로 이런 이유 때문일 것이다. 핵분열에 관한 이야기는 사방에서 피상적으로나마 자주 거론되지만, 탄소-14를 이용한 연대측정법의 자세한 내용을 알고 있는 사람은 그리 많지 않다. 내가 보기에 이것은 별로 바람직한 상황은 아닌 것 같다. 탄소-14에는 현대물리학의 기본 원리가 고스란히 담겨 있기 때문이다. 이 방법을 자주 사용하는 사람들은 고고학자들이지만, 그 저변에는 양자역학(quantum mechanics)의 기이한 세계와 아인슈타인의 유명한 방정식($E=mc^2$)이 자리 잡고 있다.

원자핵의 반감기

탄소-14를 이용한 연대측정법이 막강한 위력을 발휘하는 이유는 개개의 원자 안에서 일어나는 물리적 과정이 반영되어 있기 때문이다. 모든 원자의 중심에는 양전하를 띤 양성자(proton)와 전하가 없는 중성자(neutron)로 이루어진 원자핵(atomic nucleus)이 자리 잡고 있으며 그 주변에는 음전하를 띤 전자(electron)가 구름처럼 넓게 퍼져 있다. 원자는 자신이 소유한 전자를 다른 원자와 쉽게 교환하거나 공유할 수 있기 때문에 원자의 화학적 성질은 전자의 개수에 의해 거의 전적으로 좌우된다. 그러나 원자핵은 원자 속에 숨어 있어서 아주 극단적인 상황이 아니면 원자끼리 나누는 상호작용에 직접적으로 관여하지 않는다. 즉 원자핵의 상태는 화학적 환경에 영향을 받지 않으며 원자의 궁극적인 특성은 그 안에 함유된 양성자와 중성자의 개수에 의해 결정된다.

원자핵의 양전하는 주변의 전자에 전기력을 발휘하여 전자를 원자 내부에 잡아 두는 역할을 하고 있다. 따라서 양성자의 개수는 전자의 배열 상태를 결정하는 중요한 요인이다. 양성자의 개수가 같은 원자들은 화학적 성질이 동일하기 때문에 같은 원자로 분류된다. 양성자가 6개인 원자는(중성자의 개수에 상관없이) 모두 '탄소(carbon, C)'이고, 양성자가 7개인 원자는 '질소(nitrogen, N)'이다.

양성자의 수가 같은 원자들끼리도 중성자의 수는 다를 수 있다. 중성자는 전기 전하가 없기 때문에 중성자의 개수가 달라도 원자핵의 총 전하량에는 변함이 없고, 원자의 화학적 성질도 크게 달라지지 않는다. 양성자의 수는 같고 중성자의 수가 다른 원자들을 '동위원소(isotope)'라 한다. 예를 들어 대부분의 탄소원자는 6개의 양성자와 6개의 중성자를 가지고 있어서 탄소-12로 표기하며(뒤의 작은 숫자는 양성자의 수와 중성자의 수를 더한 값이다—옮긴이). 양성자 6개와 중성자 8개로 이루어진 탄소원자는 탄소의 동위원소로 탄소-14로 표기한다. 동일한 원소의 동위원소끼리는 중성자의 수가 다르기 때문에 질량이 달라서 쉽게 구별할 수 있다. 예를 들어 탄소-14는 탄소-12보다 무겁다.

원자핵의 안정성은 양성자와 중성자의 배열 상태에 의해 결정된다. 예를 들어 탄소-12는 완전히 안정적인 원소이다. 즉 탄소-12는 자발적으로 탄소-13이나 탄소-14와 같은 동위원소로 변환되지 않는다. 그러나 탄소-14는 자발적으로 붕괴하여 다른 형태의 원자로 변형되는 성질을 가지고 있다. 이 변화 과정은 핵자(양성자와 중성자)들을 서로 단단하게 결합시키는 핵력(nuclear force)에 의해 매개되는데 다양한 실험을 거친 결과 핵력은 매우 짧은 거리에서만 작용하는 것으로 알려졌다. 즉 핵자들끼리 핵력을 주고받으려면 거의 닿을 정도로 가까이 접근해야 한다는 뜻이다. 그러나 원자핵은 전체적으로 양전하를 띠고 있기 때문에, 두 개의 원자핵이 가까이 접근하는 것은 불가능하다. 이들 사이에 전기적인 척력이 작용하기 때문이다. 따라서 불안정한 원자핵이 붕괴되는 시기와 붕괴되는 방식은 환경조건과 완전히 무관하다. 바로 이러한 특성 덕분에 원자핵의 붕괴가 과거의 연대를 측정하는 수단으로 사용될 수 있는 것이다.

원자핵의 안정성과 수명이 양성자 및 중성자의 개수에만 관련된다고는 하지만, 주어진 원자핵의 변형 여부는 매우 복잡한 법칙을 통해 결정된다. 일반적으로는 중성자가 많을수록 원자핵을 단단하게 결합시키는 힘이 강해지는 반면, 탄소-14에 포함되어 있는 여분의 중성자 2개는 원자핵의 안정성을 크게 떨어뜨리기 때문에 탄소-12보다 불안정하다. 원자핵을 구성하는 입자들 사이의 상호작용을 서술하는 이론이 바로 핵물리학인데, 탄소-14가 탄소-12보다 불안정한 이유를 이해하기 위해 이런 골치 아픈 내용까지 다 알 필요는 없다. 지금 당장 우리에게 필요한 것은 아인슈타인의 그 유명한 방정식 $E=mc^2$이다.

이 방정식 속에는 현대물리학의 가장 중요한 개념이 함축되어 있다. 질량이 있는 물체는 정지해 있건 움직이건 간에 무조건 에너지를 가지고 있으며 그 양은 질량에 광속(c)의 제곱을 곱한 값과 같다는 것이다. 아인슈타인이 천명한 질량 에너지의 상관관계는 그야말로 혁명적인 아이디어였다. 뉴턴의 역학으로 대변되는 고전물리학에서는 질량과 에너지를 완전히 다른 물리량으로 취급했기 때문이다. 질량이란 물체의 고유한 성질로 외부에서 힘이 가해졌을 때 물체의 반응 양식을 결정하는 요인이다.

동일한 힘이 가해졌을 때, 질량이 작은 물체는 질량이 큰 물체보다 빠르게 움직인다(좀 더 정확하게 말하면 '가속도가 크다'—옮긴이). 반면에 에너지는 물체 고유의 성질이 아니며, 한 계에서 다른 계로 이전될 수 있다. 에너지의 가장 큰 특징은 '보존된다'는 것이다. 즉 에너지는 새로 생성되지 않고 소멸되지도 않는다. 에너지의 기본적인 형태 중 하나가 운동에너지(kinetic energy)인데, 이동속도가 빠른 물체일수록 운동에너지가 크다. 한 형태의 에너지는 다른 형태로 쉽게 변형되기 때문에, 모든 에너지는 '운동을 유발시키는 잠재적 능력'으로 해석될 수 있다. 방정식 $E=mc^2$은 질량을 가진 모든 물체들에 '질량 에너지'가 저장되어 있음을 뜻한다. 어떻게든 물체의 질량이 감소하면 감소한 질량만큼의 에너지($E=mc^2$)가 다른 형태로 방출된다.

질량의 변화는 원자핵물리학에서 핵심적인 역할을 한다. 예를 들어 일상적인 탄소원자 탄소-12의 핵은 6개의 양성자와 6개의 중성자가 단단하게 결합된 형태인데, 그 질량은 중성자 6개와 양성자 6개의 질량을 일일이 더한 값보다 약 1퍼센트 정도 작다. 고전물리학에서는 질량을 물체의 고유한 특성으로 간주했기 때문에 이와 같은 차이를 설명할 수 없다.

그러나 아인슈타인의 상대성이론에 의하면 핵자들이 결합된 원자핵의 질량 에너지는 낱개로 분해된 핵자들의 질량 에너지를 산술적으로 더한 값보다 작다. 따라서 원자핵을 낱개의 양성자와 중성자로 분해하려면 외부에서 에너지를 투여해야 한다. 그렇지 않으면 원자핵은 결코 분해되지 않는다. 핵자끼리의 상호작용이나 원자핵과 전자의 상호작용 또는 다른 원자들 간에 상호작용으로는 원자핵을 분해할 만한 에너지를 얻을 수 없다. 사실 지구에서는 원자핵이 자연적으로 분해되는 현상을 결코 볼 수 없다. 앞에서 말한 바와 같이 탄소-12 핵의 질량은 '(양성자의 질량×6)+(중성자의 질량×6)'보다 작기 때문에, 외부에서 에너지가 공급되지 않는 한 탄소의 원자핵은 결코 분해되지 않는다.

현실에서 원자핵은 낱개의 입자로 완전히 분해되지 않지만 부분적으로 붕괴가 일어날 수는 있다. 원자핵이 붕괴되는 방법은 3가지가 있는데 개략적인 과정은 〈그림 4-1〉과 같다. 이들 중 가장 단순 명료한 것은 알파붕괴(α-decay)이다. 이것은 하나의 원자핵이 2개의 덩어리로 분리되는 현상이다. 원자핵에 알파붕괴가 일어나면 양성자 2개와 중성자 2개로 이루어진 헬륨(^4He) 원자핵이 방출되고, 원래의 원자핵은 다른 종류의 원자핵으로 변형된다. 그다음으로 베타붕괴(β-decay)는 원자핵에 속해 있는 중성자가 양성자로 변하는 현상인데, 이 붕괴 과정에서는 전자와 뉴트리노(neutrino, 중성미자)가 방출된다. 뉴트리노는 전기적으로 중성이며 질량이 거의 없는 입자이다. 베타붕괴는 양성자가 중성자로 변하는 쪽으로 진행되기도 하는데, 이 과정에 적용되는 핵물리학은 중성자가 양성자로 변하는 경우와 거의 동일하다. 마지막으로 감마붕괴(γ-decay)에서는 원자핵으로부터 광자(photon, 빛을 구성하는 입자)가 방출된다. 이 세 가지 이외에 다른 변형(원자핵에서 중성자 하나가 그냥 사라지는 변형 등)은 지금까지 단 한 번도 관측된 적이 없으며, 원자핵 속의 양성자나 중성자의 개수가 바뀌는 변화는 알파붕괴와 베타붕괴뿐이다. 이런 붕괴가 일어나면 기존의 원자핵은 다른 종류의 원자핵으로 바뀌게 된다.

탄소-12는 자발적으로 알파붕괴나 베타붕괴를 일으키지 않기 때문에 매우 안정한 상태의 원자라 할 수 있다. 탄소-12의 원자핵은 6개의 양성자와 6개의 중성자로 만들 수 있는 모든 가능한 배열들 중 질량이 가장

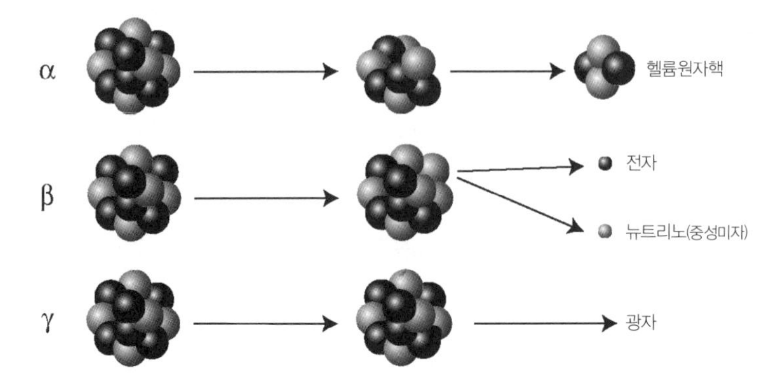

■ ■ ■
[그림 4-1] 원자핵의 3가지 붕괴 과정. 붕괴가 일어나기 전의 원자(왼쪽 그림)는 특정한 개수의 양성자(회색 구)와 중성자(검은색 구)로 이루어져 있었다. 제일 위에 있는 그림은 알파붕괴로, 붕괴가 일어나면 이전보다 가벼워진 원자핵과 헬륨원자핵(양성자 2개와 중성자 2개로 구성)으로 분리된다. 가운데 그림은 베타붕괴인데 중성자 하나가 양성자로 변환되면서 전자와 뉴트리노가 방출된다. 제일 아래쪽에 그려진 감마붕괴에서는 빛의 입자인 광자가 방출된다.

작으므로 이것이 알파붕괴를 일으킨다면 붕괴 후 생성된 두 핵의 질량 에너지 합은 붕괴 전보다 커질 것이다. 이와 마찬가지로 탄소-12가 베타붕괴를 일으켜도 핵의 질량 에너지는 증가한다(양성자 7개와 중성자 5개로 이루어진 핵은 탄소-12의 원자핵보다 질량이 조금 크다). 따라서 탄소-12의 경우에 이 두 가지 붕괴는 외부에서 에너지가 공급되어야 일어날 수 있으며, 자발적으로는 결코 일어나지 않는다.

그러나 탄소-12의 동위원소인 탄소-14는 불안정한 상태에 있기 때문에 자발적으로 붕괴될 수 있다. 단, 탄소-14 원자핵의 질량은 (탄소-12의 경우와 마찬가지로) 알파붕괴로 생성된 두 핵의 질량을 산술적으로 더한 값보다 작기 때문에 알파붕괴는 자발적으로 일어나지 않는다. 탄소-14에서 일어나는 붕괴는 베타붕괴인데, 8개의 중성자 중에 하나가 양성자로 변환되면 양성자 7개와 중성자 7개로 이루어진 질소원자, 질소-14가 된다. 질소-14 원자핵의 질량은 탄소-14보다 0.001퍼센트가량 작기 때문에 외부에서 에너지를 투입하지 않아도 자발적으로 붕괴가 일어날 수 있다. 이 과정에서 남는 여분의 질량 에너지는 붕괴와 함께 방출되는 전자와 뉴트리노의 운동에너지로 전환된다.

탄소-14의 붕괴 과정은 원자핵 안에서 진행되므로 원자핵이 질소-14로 변하는 데 걸리는 시간은 주변 환경과 무관하다. 그래서 불안정한 탄소-14가 연대 측정의 수단으로 사용될 수 있는 것이다. 양성자 및 중성자의 개수가 붕괴에 소요되는 시간에 영향을 주긴 하지만, 그렇다고 해서 핵자의 구성 성분이 같은 모든 원자핵들의 수명이 동일한 것은 아니다. 예를 들어, 탄소-14 원자핵이 여러 개 모여 있으면 6,000년이 지나도 100퍼센트 붕괴되지 않는다. 개중에는 몇 년 안에 붕괴되는 것이 있는가 하면 수십만 년 동안 붕괴되지 않는 것도 있다.

개개의 원자핵은 이처럼 수명이 제각각이지만 이들이 집단으로 모여 있으면 전체적인 붕괴 양상을 이론적으로 예측할 수 있다. 이것을 나타내는 지표가 바로 '반감기(half-life period)'이다. 탄소-14의 반감기는 약 5,700년인데, 이는 한 무더기의 탄소-14 샘플이 주어져 있을 때 5,700년이 지나면 초기 샘플의 절반이 질소-14로 변한다는 뜻이다. 그 후 또다시 5,700년이 지나면 남은 절반의 절반(1/4)이 질소-14로 붕괴되고, 이런 식으로 매번 5,700년이 지날 때마다 '남아 있는 양의 절반'이 붕괴되어 사라진다. 이 패턴을 그래프로 나타내면 〈그림 4-2〉와 같다. 보다시피 임의의 시간에 '붕괴되지 않고 남아 있는' 원자핵의 수는 뚜렷한 수학적 법칙을 따르기 때문에 이로부터 연대를 측정할 수 있는 것이다. 그래프만 보면 패턴이 너무 단순하여 당연하게 생각할 수도 있으나, 사실 이것은

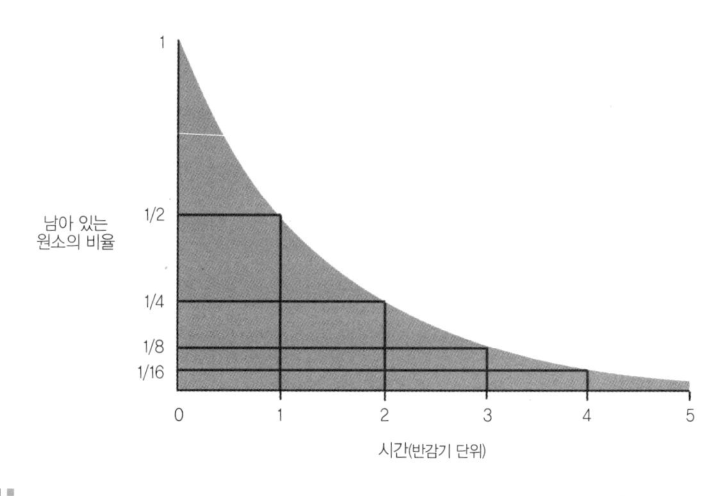

[그림 4-2] 붕괴되지 않고 남아 있는 원소의 비율을 시간의 함수로 표현하면 그림과 같이 단순한 붕괴곡선이 얻어진다. 반감기가 지나면 초기에 주어진 원소들 중 절반이 붕괴되고 또다시 반감기가 지나면 남아 있는 양의 절반(1/4)이 붕괴된다. 이런 식으로 매번 반감기가 지날 때마다 '남아 있는 양의 절반'이 붕괴되어 사라진다.

매우 신기한 현상이다.

원자핵 안에서 양성자와 중성자를 결합시키는 힘은 매우 강력하지만 지극히 짧은 거리에서만 작용하기 때문에 원자핵의 붕괴는 주변 환경과 무관하게 진행된다. 다시 말해서, 원자가 아무리 많이 모여 있다고 해도 붕괴 자체는 개개의 원자 안에서 주변과 무관하게 진행되는 독립적인 사건인 것이다. 이들을 종합하면 어떤 규칙성이 발견되긴 하지만 그 이유를 설명하기란 결코 쉽지 않다. 독립적으로 일어나는 일련의 사건들이 단순한 최종 결과를 낳는 상황은 여러 가지가 있다.

예를 들어, 동전을 던지는 것도 독립적인 사건인데 시행 횟수가 많아지면 뚜렷한 패턴이 나타난다. 단 한 번의 시도에서 동전의 어떤 면이 나올지는 알기 어렵지만 수백, 수천 번 시도하면 앞면이 나오는 경우가 전

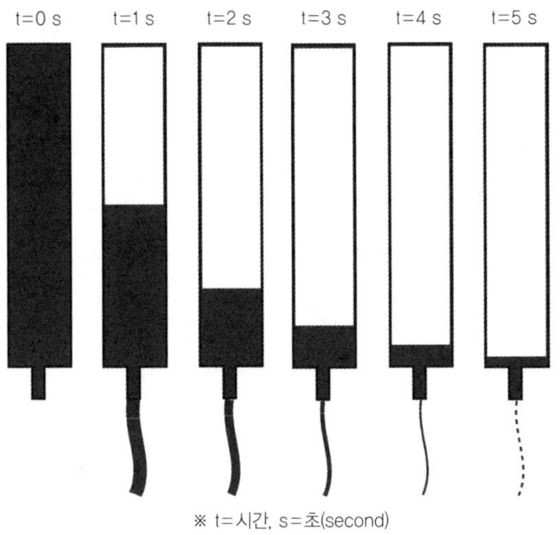

[그림 4-3] 고전물리학적 반감기의 예. 주사기에 물을 가득 담고 거꾸로 세우면(주사기의 바늘은 뺀 상태이다) 물의 자체 무게 때문에 압력이 발생하여 아래쪽 노즐을 통해 물이 빠져나온다. 처음에는 압력이 커서 주사기 속의 물이 빠르게 줄어들지만 시간이 흐를수록 압력이 작아지면서 빠져나가는 속도도 느려진다. 따라서 임의의 시간에 남아 있는 물의 양은 반감기의 규칙을 따라 줄어든다(〈그림 4-2〉의 그래프와 비교해 볼 것. 이 그림에서 물의 반감기는 1초이다).

체의 절반에 접근한다는 사실을 알 수 있다. 그런데 〈그림 4-2〉를 보면 탄소-14의 붕괴에는 무작위 선택 이상의 무언가가 결과에 영향을 주고 있음이 분명하다. 그림과 같은 변화 패턴은 원자핵 붕괴가 아닌 다른 물리계에서도 쉽게 찾아볼 수 있다.

〈그림 4-2〉에 나타난 곡선의 의미를 좀 더 일상적인 사례로 해석해 보자. 여기 물이 가득 찬 주사기가 있다(〈그림 4-3〉). 이 상태에서 주사기를 거꾸로 세우면 물의 자체 무게로 인해 아래쪽으로 압력이 발생하여 노즐을 통해 물이 밖으로 새어 나갈 것이다. 그리고 시간이 흘러 수위가 낮아질수록 압력도 작아져서 물이 분출되는 속도는 점차 느려질 것이다. 처음에 주사기 안에는 물이 1리터 들어 있었고, 1초가 지난 후에 물의 양

이 반(1/2리터)으로 줄었다고 가정해 보자. 그러면 1초 후에는 물을 아래쪽으로 누르는 압력도 반으로 줄어들고 따라서 단위시간당 분출량도 처음보다 반으로 줄어들 것이다. 그러므로 그다음 1초(1초~2초) 동안 노즐을 통해 새어 나가는 물의 양은 이전 1초 동안 새어 나간 양의 절반(즉 전체의 1/4)에 불과하며 이것은 1초가 지났을 때 남아 있던 물의 양의 절반에 해당된다(따라서 2초 후에 주사기에 남아 있는 물의 양도 1/4리터이다). 그 후 시간이 계속 흐르면 이와 같은 과정이 되풀이되면서 매 1초마다 '현재 남아 있는 양의 절반'이 밖으로 새어 나갈 것이다.

물이 채워진 주사기가 반감기의 특성을 그대로 반영하는 이유는 '단위시간에 빠져나가는 물의 양'이 현재 남아 있는 양에 비례하기 때문이다. 일반적으로 반감기는 어떤 변수의 변화율이 변수 자체의 값에 비례하는 경우에 나타난다. 불안정한 원자핵의 붕괴도 반감기라는 특성을 가지고 있으므로 원자핵이 변형되는 비율은 남아 있는 원자핵의 개수에 비례해야 한다.

원자핵의 붕괴가 집단적으로 일어나는 현상이라면 핵의 개수가 많을 때 더 빨리 붕괴될 것이므로, 붕괴율이 현재 개수에 비례한다는 것은 그런대로 타당한 추론이라 할 수 있다. 그러나 안타깝게도 원자핵의 붕괴는 이런 식으로 일어나지 않는다. 핵력이 극히 짧은 거리에서만 작용한다는 사실을 고려하지 않더라도 탄소-14의 반감기는 어떠한 환경에서도 항상 5,700년이므로 원자핵들 사이의 상호작용이 붕괴에 영향을 줄 가능성은 거의 없다.

원자핵들 사이의 상호작용이 정말로 존재한다면 여러 개의 원자핵들을 가까이 접근시키거나 다른 종류의 불안정한 원자핵을 섞어 넣어서 붕괴율이나 반감기가 달라지게 만들 수 있어야 한다. 그러나 이런 방법으로 탄소-14의 반감기를 바꾼 사례는 지금까지 단 한 번도 없었다. 따라서 원자핵의 붕괴는 주변 환경이나 근처에 있는 원자핵과 무관하게 독립적으로 일어나는 사건이라고 봐야 한다.

개개의 원자핵들이 독립적으로 붕괴된다면 반감기는 원자핵의 고유 변수여야 한다. 그러나 하나의 탄소-14 원자핵이 서서히 붕괴되어 질소-14로 변하지는 않는다. 일단 붕괴가 일어나면 순식간에 질소-14로 변한다. 즉 원자핵 하나만 놓고 보면 반감기라는 개념이 들어설 자리가 없다. 여러 개의 원자핵들을 관측했을 때 반감기가 나타나는 이유는 각 원자핵마다 서로 다른 시간에 붕괴되어 임의의 원자핵이 붕괴될 확률이 〈그림 4-2〉와 같은 곡선을 그리기 때문이다. 개개의 탄소-14 원자핵들은 5,700년이 지났을 때 붕괴될 확률이 2분의 1이며 만일 이 기간 동안 붕괴되지 않고 살아남았다면 그다음 5,700년 사이에 붕괴될 확률도 또다시 2분의 1이다. 그러므로 반감기란 원자핵 개개의 특성이 아니라 집단으로 모여 있을 때 나타나는 확률적 특성이다.

만일 이것이 사실이라면 '붕괴가 일어나지 않을 확률'은 앞의 사례에서 주사기에 남아 있는 물과 같은 역할을 한다. 주사기의 경우에 단위시간당 분출되는 물의 양(감소율)이 남아 있는 물의 양에 비례했던 것처럼 '원자핵이 붕괴될 확률'의 변화율은 '아직 붕괴되지 않을 확률'에 비례한다. 다시 말해서 임의의 주어진 시간에 탄소-14로 남아 있을 확률이 높은 원자는 확률이 낮은 원자보다 향후 100년 사이에 붕괴될 가능성이 더 높다. 그러므로 확률은 붕괴가 일어날 가능성을 가늠할 뿐만 아니라 붕괴가 일어나는 시점을 결정하는 데에도 중요한 역할을 한다. 이 신기한 상황은 양자역학의 특성을 보여 주는 대표적인 사례이다.

양자역학은 직관적으로 이해할 수 없는 기이한 이론으로 유명하지만 다양한 자연현상을 가장 정확하게 설명하는 이론이기도 하다. 예를 들어 어떤 초기 시간에 위치가 정확하게 결정된 입자가 주어져 있는데 10초 후에 이 입자의 위치를 예측한다고 생각해 보자. 가장 명백한 해결책은 입자의 초기 위치와 초기 속도를 알아낸 후 입자에 작용하는 모든 힘을 고려하여 향후 10초 동안 쓸고 지나갈 궤적을 계산하는 것이다. 경로와 최종 위치의 불확정성이 작다면 이 방법으로 매우 정확한 답을 얻을 수 있다. 그러나 원자 규모의 세계로 가면 이와 같은 방법이 전혀 먹혀들지 않는다. 동일한 환경과 동일한 위치에서 출발한 입자들도 약간의 시간이 흐르면 전혀 다른 곳에서 발견될 수 있기 때문이다. 그렇다면 작은 입자의 위치는 어떻게 알 수 있을까? 그 해답을 제시하는 것이 바로 양자역학이다.

양자역학적 해결법의 첫 단계는 입자의 초기 위치 및 초기 속도에 관한 정보로부터 파동함수(wavefunction)를 계산하는 것이다. 파동함수는 임의의 위치에서 해당 입자가 발견될 확률을 말해 준다(좀 더 정확하게 말하면 '파동함수의 절대값의 제곱'이 확률에 해당된다—옮긴이). 또한, 양자역학의 근간을 이루는 파동방정식을 풀면 시간의 흐름에 따라 (예를 들면 10초 후에) 파동함수가 어떻게 변하는지 알 수 있다. 이렇게 구한 최종 상태 파동함수는 (10초 후에) 입자가 '특정위치에서 발견될 확률'이나 '특정 속도로 움직일 확률'을 말해 준다(〈그림 4-4〉).

지금까지 양자역학이 예견한 내용들은 실험 결과와 단 한 번도 어긋난 적이 없었다. 그러므로 양자역학은 의심의 여지가 없는 과학적 진리이다. 그런데 여기에는 개념적으로 다소 난해한 부분이 있다. 처음에 주어

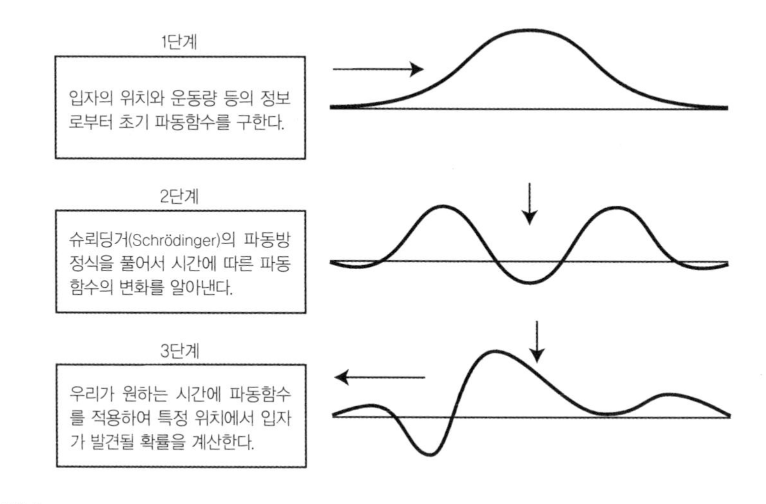

[그림 4-4] 양자역학적 문제 풀이의 대표적인 사례. 특정한 시간이 지났을 때 탄소-14 원자핵이 붕괴될 확률도 이와 비슷한 과정을 거쳐 계산할 수 있다.

진 파동함수가 시간의 흐름에 따라 변해 가는 양상은 파동방정식을 풀어서 정확하게 계산할 수 있지만, 최종적으로 얻어진 파동함수는 우리에게 입자의 위치를 정확하게 알려 주는 것이 아니라 이곳 또는 저곳에서 입자가 발견될 '확률'만을 알려 준다는 것이다. 그러다가 누군가가 입자를 관측하면 여러 가지 가능성 중에서 특정한 하나가 선택되는데 이 과정은 아직도 분명하게 밝혀지지 않고 있다.

이 책은 전문 물리학 서적이 아니므로 양자역학의 미묘한 문제들을 다루기에 적절치 않다. 그러나 앞에서 잠시 언급한 내용만으로도 원자핵 붕괴의 물리학을 조금이나마 이해할 수 있을 것이다. 파동함수를 구하여 10초 후의 입자가 이쪽 또는 저쪽으로 움직일 확률을 계산했던 것처럼 탄소-14 원자를 서술하는 파동함수를 구하여 그 원자핵이 1년 후, 100년 후, 1,000년 후 또는 100만 년 후에 붕괴될 확률을 계산할 수 있다. 파동함수가 시간을 따라 진행할수록 탄소-14 원자핵이 그대로 남아 있을 확률은 줄어들고 질소-14로 붕괴될 확률은 점차 증가한다. 시간이 흐름에 따라 주사기에서 물이 빠져나가듯이 처음 상태로부터 나중 상태로 진행하는 파동함수도 반감기를 가지며 그 기간은 원자핵의 세계를 지배하는 역학을 통해 결정된다. 파동함수가 이런 식으로 변하기 때문에 주어진 시간 동안 원자핵이 붕괴되지 않고 살아남을 확률도 수학적으로 분명하게 정의되는 '반감기'를 갖게 되고, 그 값은 원자핵을 구성하는 양성자와 중성자의 개수에 의해 결정된다. 따라서 탄소-14 원자가 여러 개 모여 있으면 개개의 붕괴 확률이 전체적인 특성으로 전이되어 특정 기간 동안 반씩 붕괴되는 것이다.

가이거 계수기와 질량분석기

탄소-14와 같이 불안정한 원자핵은 경과된 시간을 측정하는 강력한 도구이다. 원자핵이 붕괴되는 시점은 원자의 깊숙한 내부에서 일어나는 양자역학적 현상에 의해 결정되기 때문에, 우리는 고립된 물체에 함유되어 있는 탄소-14의 양이 5,700년마다 남은 잔량의 반씩 줄어든다고 믿을 수 있다. 단 이 원리를 현실에 적용하여 연대를 추정하려면 탄소-14의 양을 서로 다른 두 시간대에서 결정해야 한다. 이 작업이 수행되어야만 탄소-14가 붕괴를 겪어 온 시간과 그것을 함유하고 있는 고대 유물이 만들어진 시기를 계산할 수 있다. 그런데 물체에 함유된 탄소-14의 양을 '지금 당장' 측정하는 것은 항상 가능하므로 이 분야의 학자들은 두 가지 시간대 중에 하나를 현재로 잡고 있다.

그러나 고대 유물에 함유된 탄소-14의 양을 측정하는 것은 결코 만만한 작업이 아니다. 연대 측정의 대상이 되는 물체들은 대충 1조 개의 탄소-12당 단 한 개의 탄소-14를 함유하고 있다. 게다가 탄소-14는 다른 탄소 동위원소들과 화학적 성질이 똑같기 때문에 기존의 화학적 기술로는 추출할 수 없다. 이 희귀한 원자를 골라내서 개수까지 헤아리려면 특유의 질량과 방사능을 이용해야 한다.

1940년대에 윌라드 리비(Willard Libby)와 그의 연구 동료들은 불안정한 탄소-14 원자핵의 방사능을 이용한 연대측정법을 최초로 제안했다. 탄소-14 원자의 붕괴 과정에서 방출되는 전자는 가이거 계수기(Geiger counter)로 감지할 수 있다. 이 전자가 샘플 속의 다른 방사성 원자가 아닌 탄소-14 원자핵에서 방출된 전자임을 보장하려면 샘플을 정제하여 탄소 성분을 추출해야 한다. 그리고 정확한 위치에 예민한 감지기를 설치하여 다른 곳에서 방출된 입자들을 배제시켜야 한다.

리비를 비롯한 과학자들은 탄소-14를 함유한 다양한 샘플에 방사능 붕괴법을 적용하여 여러 차례 실험을 거친 끝에 연대 측정이 가능하다는 결론을 내렸다. 그러나 이 방법은 심각한 한계점을 가지고 있다. 주어진 샘플에 함유된 탄소-14의 양을 정확하게 측정하려면 대략 1,000번의 붕괴가 관측되어야 하는데 탄소-14의 반감기가 수천 년이나 되기 때문에 꼬박 1년을 기다려도 붕괴되는 양의 0.01퍼센트 정도밖에 관측할 수 없다는 것이다. 샘플 안에 탄소-14가 함유되어 있음을 확인하려면 적어도 1,000만 개 이상 있어야 하며 이런 경우에도 확실한 결론을 내리려면 거의 1년을 기다려야 한다는 뜻이다. 리비가 제안했던 방법은 당시로서는 매우 획기적이었으나 필요한 탄소의 양이 너무 많아서(1그램 이상) 그다지 효율적인 방법은 아니었다.

오늘날의 과학자들은 질량분석기(mass spectrometer)를 이용하여 이 문제를 해결했다. 질량분석기란 전기장과 자기장을 이용하여 원자를 질량이 큰 순서로 골라내는 장치이다(〈그림 4-5〉). 연대를 추정하기 위해 채취한 샘플에서 원자를 방출시킨 후 개개의 원자에 전자를 추가하거나 제거하여 이온화시킨다. 그러면 원자들이 전기 전하를 띠게 되어 반대 전하로 대전된 금속판을 향해 끌려가게 된다. 이때 원자는 금속판에 가까워질수록 속도가 빨라지고 금속판을 통과한 후에는 자기장 속으로 들어가게 된다.

전자기학 이론에 의하면 움직이는 하전입자는 스스로 자기장을 형성

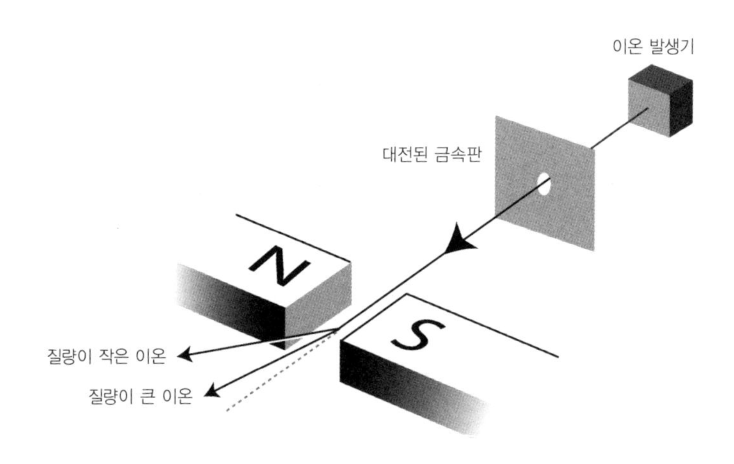

[그림 4-5] 질량분석기의 원리. 샘플에서 방출된 이온은 반대 전하로 대전된 금속판을 향해 가속된다. 금속판에 나 있는 구멍을 통과한 후 자기장(그림에서는 자석으로 표현했다) 속으로 진입하면 자기력에 의해 이온의 궤적이 휘어지는데 이때 휘어지는 정도는 질량에 따라 다르게 나타난다. 따라서 이 과정을 거치면 질량이 다른 이온을 구별해 낼 수 있다.

하면서 (이것이 바로 전자석의 원리이다) 외부 자기장에 반응한다. 이온이 자기장을 통과하면서 받는 힘의 세기는 이온의 전하와 속도에 의해 결정되며 이 힘에 반응하여 궤적이 휘어지는 정도는 이온의 질량에 의해 좌우된다. 따라서 질량이 다른 원자(이온)들은 자기장을 통과하면서 각기 다른 궤적으로 휘어지게 되고, 각 위치에 최종 감지기를 설치해 놓으면 원자를 질량별로 구분할 수 있다.

표준 질량분석기는 탁상용 장비로서 다양한 물질의 주성분을 추출할 때 사용된다. 그러나 실험 대상이 고대 유적인 경우에는 함유량이 지극히 작은 탄소-14를 골라내는 것이 목적이므로 가속 질량분석기(accelerator mass spectrometer, AMS)라는 특별한 장비를 사용한다. 이것은 이온화-가속 과정 및 자기장 통과 과정을 여러 번 반복하여 다른 원자나 분자로부터 탄소-14를 좀 더 확실하게 골라내도록 설계되어 있다. 그런데 덩치가 웬만한 건물보다 크기 때문에 미국에 6개, 그 밖의 나라에 20여 개 정도가 가동되고 있다.

가속 질량분석기의 가장 큰 장점은 측정을 시도했을 때 때마침 붕괴되는 탄소-14뿐만 아니라 샘플에 존재하는 모든 탄소-14를 계량할 수 있다는 점이다. 이 장비를 사용하려면 단 1,000분의 1그램의 샘플만 있으면 된다. 따라서 고대유적을 크게 손상시키지 않고서도 건립 연대를 추정할 수 있으며, 탄소 함유량이 지극히 적은 경우(금속제 도구 등)에도 사용 가능하다.

탄소-14의 기원과 생명체의 탄소-14 함유량

어떤 물체의 탄소-14 함유량을 안다고 해서 당장 연대를 추정할 수 있는 것은 아니다. 앞에서 언급한 대로 이것은 필요한 정보의 절반에 지나지 않는다. 예를 들어, 원시인들이 모닥불을 피웠던 자리에서 타고 남은 나뭇조각이 발견되었다고 해 보자. 그리고 이 조각의 탄소-14 함유량이 10마이크로그램(1/10만그램)이라고 가정하자. 이로부터 우리가 알 수 있는 것은 "지금으로부터 5,700년 전 이 나뭇조각에는 탄소-14가 20마이크로그램 함유되어 있었다."는 사실뿐이다. 물론 1만 1,400년 전에는 탄소-14가 40마이크로그램 들어 있었을 것이다. 그러나 이런 정보만으로는 모닥불을 피웠던 시기를 알 수 없다. 정확한 시기를 알려면 그 옛날 원시인이 모닥불을 피웠던 무렵 나뭇조각에 탄소-14가 얼마나 함유되어 있었는지 알아야 하는데 타임머신이 없는 한 이것은 불가능하다. 이 세상 어떤 장비를 동원한다 해도, 탄소-14의 과거 함유량을 직접적으로 알아낼 방법은 없다. 그러나 그 나뭇조각이 나무의 일부분으로 살아 있던 무렵에 탄소-14가 얼마나 들어 있었는지 간접적으로 추정할 수는 있다.

나무, 목초, 얼룩말, 사자, 인간 등 모든 생명체들은 예나 지금이나 살아 있는 동안 자신의 탄소원자를 다른 생명체(또는 대기 중의 탄소)와 꾸준히 교환하고 있다. 대기 중의 이산화탄소가 식물에게 흡수되어 광합성을 거치면 당분, 나뭇잎, 뿌리, 줄기 등으로 변환된다. 그리고 동물은 식물이나 다른 동물을 먹으면서 탄소를 섭취하게 되고 이것이 에너지로 전환되면서 호흡을 통해 이산화탄소의 형태로 다시 배출된다. 이런 식으로 탄소는 식물과 동물 대기 사이를 순환하고 있으며 이 과정에서 모든 생

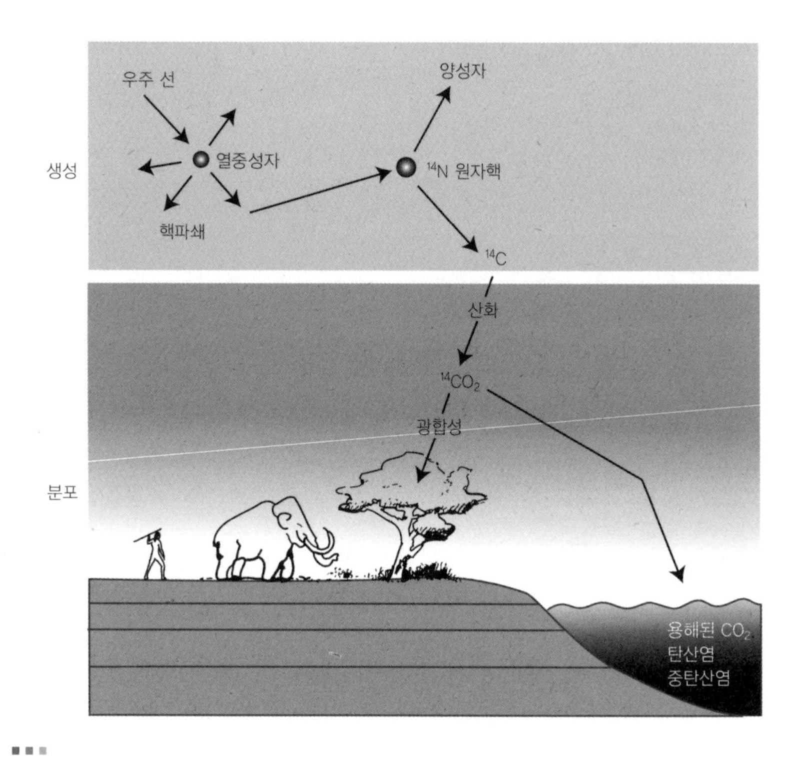

[그림 4-6] 탄소-14의 생성 과정과 대기 및 생명체로 이동 과정. 교환이 거듭되면서 탄소-14는 생태계 전역에 걸쳐 골고루 퍼지게 된다.
출처 : R. E. Taylor, *Radiocarbon Dating*, Academic Press, 1987.

명체는 탄소-14를 끊임없이 교환하고 있다.

탄소-14의 화학적 특성은 다른 탄소원자들과 거의 동일하기 때문에 교환이 거듭되면서 탄소-14는 생태계 전역에 걸쳐 골고루 퍼지게 된다(〈그림 4-6〉). 그러므로 동시대에 살고 있는 모든 동물과 식물들은 대기 중의 탄소에 섞여 있는 탄소-14의 비율과 거의 동일한 비율로 자신의 몸속에 탄소-14를 간직하고 있을 것이다. 만일 대기 중의 탄소-14 함유량이 짧은 시간 안에 크게 변하지 않는다면 동시대에 살았던 모든 생명체의 '탄소 동위원소 함유율(탄소-12에 대한 탄소-14의 비율)'은 거의 동일할 것이다. 물론 현대를 살고 있는 생명체들의 사정도 마찬가지이다.

방금 앞에서 대기 중의 탄소-14 함유량이 시간에 따라 크게 변하지 않는다고 가정했는데 여기에는 그럴 만한 이유가 있다. 지구에 존재하는 대부분의 탄소-14는 우주 선(cosmic ray)을 타고 유입된 것이다(1950년대부터 핵폭탄 실험이 곳곳에서 실행되었으므로 엄밀하게 따지면 여기서 생성된 탄소-14도 고려해야겠지만 그다지 많은 양이 아니기에 이 책에서는 무시하기로 한다).

우주 선이란 우주 공간에서 지구를 향해 거의 광속으로 쏟아지는 원자핵(전자가 제거된 원자)들로 발생원은 아직 알려지지 않고 있다. 우주 선 중에는 태양에서 오는 것도 있지만, 대부분은 태양계 밖에서 날아오고 있다. 별들 사이의 우주 공간에는 자기장이 존재하기 때문에 전기 전하를 띠고 있는 우주 선 입자들은 질량분석기의 이온들처럼 직선 경로에 변형이 생긴다. 이처럼 우주 선은 복잡한 궤적을 따라 진행하기 때문에 발생지를 추적하기가 어려운 것이다. 개중에는 거대한 별이 죽으면서 생성된 것도 있고 어떤 천체가 초대형 블랙홀로 빨려 들어가면서 방출된 것도 있다.

어쨌거나 우주 선은 한곳에서 생성된 것이 아니라 우주의 다양한 지역에서 생성된 입자들이 모여 만들어진 것으로 추정된다. 수많은 별에서 방출된 가시광선의 양이 지난 수천 년 동안 크게 변하지 않았을 것으로 추정되는 것처럼 우주 선에 포함된 입자의 개수도 짧은 기간 동안에는 크게 변하지 않을 것이다.

탄소-14는 우주 선이 지구의 대기와 충돌할 때 생성된다. 우주 선 입자들은 운동에너지가 엄청나게 크기 때문에 원자핵들이 충돌을 겪으면서 다른 종류로 변할 수 있다. 심지어 이 과정에서 진기한 소립자들이 새로 만들어지기도 한다. 우주 선의 이동속도가 충분히 빠르면 충돌과 동시에 튀어나온 파편들도 운동에너지가 충분히 커서 격렬한 2차 충돌을 일으키게 되는데 이때 원자핵과 소립자들 그리고 원자핵에 속박되지 않은 자유 중성자가 생성되어 지표면을 향해 소나기처럼 쏟아진다.

이 중성자들은 한동안 대기 속을 방랑하다가 보통 대기 중의 질소 원자핵에 달라붙으면서 여행을 마치게 되는데 그 이유는 중성자에 전기 전하가 없어서 다른 원자핵에 접근하기가 비교적 쉽기 때문이다. 만일 중성자가 아니라 양성자였다면 원자핵에 있는 다른 양성자로부터 전기적 척력이 발휘되어 핵의 일원으로 수용되지 못할 것이다. 중성자가 질소 원자핵에 달라붙으면 양성자는 7개, 중성자는 8개가 되는데 이런 원자핵은 몹시 불안정하다. 그래서 곧바로 양성자 하나를 토해 내면서 탄소-14로 전환된다.

끊임없이 쏟아지는 우주 선이 대기 상층부에 탄소-14를 계속 보충하고 있으므로 지구 대기와 생명체의 탄소-14 함유량은 일정한 수준을 유지할 수 있다. 대기 중의 탄소-14 함유량이 일정하게 유지되는 한 생명체의 몸속에 함유된 탄소-14의 양도 예나 지금이나 비슷한 수준을 유지할 것이다. 그러나 생명체가 죽으면 더 이상 대기에서 탄소를 흡수하지 못하기 때문에 탄소-14의 순환도 끊긴다.

예를 들어, 현재 살아 있는 나무에서 채취한 조각에 탄소-14가 20마이크로그램 함유되어 있다면, 이것과 크기와 모양이 동일한 고대의 나뭇조각에는 탄소-14가 10마이크로그램 정도 들어 있다. 즉 현대를 사는 생명체들이 고대 생명체보다 탄소 동위원소를 2배나 많이 함유하고 있다. 이는 곧 고대에 살았던 나무가 죽어서 대기로부터 탄소 유입이 끊긴 후 지금까지 그 속에 들어 있는 탄소-14의 절반이 붕괴되었음을 의미한다. 따라서 이 나뭇조각이 살아 있던 시기는 탄소-14의 반감기에 해당되는 5,700년 전이라는 결론을 내릴 수 있는 것이다. 물론 이것만으로는 고대인이 나무를 태웠던 정확한 시기를 알 수 없지만, 나무가 죽은 시기와 불쏘시개로 사용된 시기는 거의 비슷할 것이므로 같은 시기로 간주해도 무방하다.

고대 이집트의 유물과 실험적 검증

지금까지 설명한 탄소-14 연대측정법에서 가장 의심스러운 부분은 대기 중의 탄소-14 함유량이 항상 같은 값으로 유지된다는 가정일 것이다. 현재 탄소-14의 붕괴율과 분포 상태는 관측을 통해 알아낼 수 있지만, 지난 수천 년 동안 우주 선의 대기 유입량에 커다란 변화가 없었다는 가정은 입증하기가 쉽지 않다. 대기 중의 탄소-14 함유량이 과거나 지금이나 거의 변화가 없다는 것을 증명하려면 이미 다른 방법으로 생성 연대가 알려져 있는 유기물 샘플에 탄소-14 연대측정법을 적용하여 두 결과가 일치하는지 확인해야 한다.

리비와 그의 연구 동료들이 1940~1950년대에 걸쳐 탄소-14 연대측정법을 처음 개발할 때에는 역사적 기록을 통해 생성 연대가 알려져 있는 몇 가지 샘플에 대하여 탄소-14의 함유량을 측정했다. 이때 선택된 샘플들은 주로 이집트에서 발굴된 유물이었는데, 그 이유는 이집트 유물은 비교적 보존 상태가 좋고 문헌을 통해 생성된 시기를 확인할 수 있었기 때문이다. 일례로, 중왕국 시대에 이집트를 다스렸던 세누스렛 3세(Senusret III)의 무덤 유적지에서 나무로 만든 배가 발견되었는데 천문 관련 기록과 대조한 결과 기원전 1840년경에 묻힌 것으로 판명되었다.

고왕국 시대의 피라미드도 중요한 단서를 제공하고 있다. 스노프루 왕 시대에 건설된 꺾인 피라미드의 내부에서는 붕괴 방지용 버팀목이 여러 개 발견되었는데 당시에는 건설 연대에 100~200년의 오차가 있었으나 리비의 탄소-14 연대측정법을 적용한 결과 반감기와 거의 비슷한 5,000년 전의 유물로 판명되었다.

〈그림 4-7〉의 점들은 여러 가지 유물에서 측정된 탄소-14의 함유량

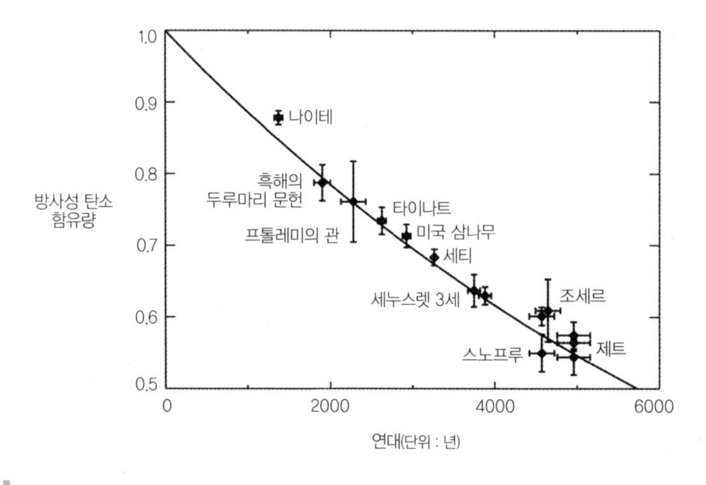

[그림 4-7] 다양한 유물에서 측정된 탄소-14 함유량의 시대에 따른 변화. 고대로 갈수록 탄소-14 함유량이 감소하고 있다. 세로축은 현재 대기 속의 방사성 탄소 함유량을 1로 잡았을 때 상대적인 값을 나타낸다.
출처 : 윌라드 리비(Willard F. Libby)의 1960년 노벨 화학상 수상 기념 강연, http://nobelprize.org/chemistry/laureates/1960/libby-lecture.html의 그림 3.

을 시간의 함수로 나타낸 것이고, 대각선을 가로지르는 곡선은 대기 중의 탄소-14 함유량이 시간에 관계없이 일정하다고 했을 때 시간에 대한 변화를 나타낸 것이다. 보다시피 관측 결과는 곡선과 제대로 일치하고 있다. 5,000년쯤 전으로 추정되는 피라미드 시대 유물의 탄소-14 함유량은 현재 살아 있는 생명체가 가지고 있는 양의 절반이 조금 넘고 세누스렛 3세로 오면 탄소-14의 양이 조금 증가한다. 이상의 결과로 볼 때 탄소-14의 잔량으로부터 생성 연대를 추정하는 것은 논리적으로 타당하다. 대기 중의 탄소-14 함유량이 지난 5,000년 사이에 크게 변하지 않았다는 결론을 내릴 수 있다. 그런데 이 그래프에는 또 다른 정보가 담겨 있다. 자세히 들여다보면 오래된 데이터일수록 탄소-14의 함유량이 곡선의 위쪽으로 벗어나고 있는 것이다.

관측 결과와 이론상 예측이 대체로 잘 맞는 것 같지만 과거로 갈수록 오차가 증가하고 있다. 이는 곧 탄소-14 연대측정법이 논리적으로 타당하긴 하지만 선사시대로 갈수록 좀 더 정교하게 다듬을 필요가 있음을 암시하고 있다. 과연 어떻게 다듬어야 할까? 이것이 바로 제5장의 주제이다. 생물학, 고고학, 지질학 그리고 천문학까지 동원하면 탄소-14 연대측정법의 정확도를 크게 향상시킬 수 있다.

더 읽을 거리

· R. E. Taylor, *Radiometric Dating*, Academic Press, 1987.(탄소-14 연대측정법의 개요와 윌라드 리비의 업적)

· http://nobelprize.org/chemistry/laureates/1960/libby-lecture.html(윌라드 리비가 1960년에 노벨상을 받으면서 한 강연)

· G. I. Brown, *Invisible Rays*, Sutton Publishing, 2002.(핵물리학의 역사)

· John Gribbin, *In Search of Schrödinger's Cat*, Bantam, 1984.(양자역학의 기이한 특성을 쉽게 설명한 입문서)

· John Gribbin, *Schrödinger's Kittens and the Search for Reality*, Back Bay Books, 1996.(양자역학의 기이한 특성을 쉽게 설명한 입문서)

· R. P. Feynman, *QED : The Strange Theory of Light and Matter*, Princeton University Press, 1988.(양자역학의 기이한 특성을 쉽게 설명한 입문서)

· D. J. Griffiths, *Introduction to Quantum Mechanics*, Prentice Hall, 1995.(대학 수준의 양자역학 이론서)

· H. E. Gove, *From Hiroshima to Iceman*, Institute of Physics, 1999.(가속질량분석기의 개발 역사)

· Claudio Tuniz et al, *Accelerator Mass Spectrometry*, CRC Dress, 1998.(질량분석기와 관련된 자세한 내용)

제 5 장

나이테 연대기

탄소-14 연대측정법은 핵물리학을 현실에 응용한 고전적인 사례에 속한다. 그러나 탄소-14의 데이터로부터 정확한 연대를 알아내는 것은 교과서에 실린 연습 문제와는 차원이 다르다. 물론 일부 교과서에서는 연습 문제에서 연대측정법을 다루기도 하지만 그것은 상황을 극도로 단순화시킨 경우에 한한다. 내가 그리넬 대학교 2학년 시절 현대물리학 강좌에서 풀었던 문제를 예로 들어 보자[방사성 탄소=^{13}C, ^{14}C].

> 고대 유적지에서 발견된 목탄 조각의 방사성 탄소 함유량을 측정해 보니, 현재 살아 있는 나무(같은 크기의 조각)의 방사성 탄소 함유량의 18퍼센트였다. 그렇다면 이 목탄 조각이 불쏘시개로 사용된 시기는 언제인가?

나는 이 문제를 어떻게 풀어야 할지 잘 알고 있었다. 대기 중의 탄소-14 함유량이 예나 지금이나 동일하게 유지된다고 가정하면 유적지에서 발견된 목탄도 당시에는 지금과 같은 양의 탄소-14를 함유하고 있었을 것이다. 독자들도 알다시피 탄소-14의 반감기는 5,700년이다. 즉 목탄 조각에 들어 있는 탄소-14의 양은 5,700년이 지날 때마다 반으로 줄어든다. 문제에서 주어진 0.18은 4분의 1과 8분의 1 사이에 있으므로 목탄의 생성 연대는 지금으로부터 '반감기의 2~3배 전' 사이일 것이다. 다시 말해서 목탄 조각의 나이는 1만 1,400세에서 1만 7,100세 사이라는 뜻이다.

그런데 이런 식으로 계산을 하여 답을 적고 나니 무언가 찜찜한 느낌이 들었다. 그 무렵에 나는 고고학과 관련된 강좌 몇 개를 같이 수강하고 있었는데 거기에서 배운 바에 의하면 나의 계산 결과는 결코 완벽한 답이 아니었다. 그래서 나는 답안지에 다음과 같은 장문의 글을 추가로 적어 놓았다. 철자와 문법은 엉망이었다(그러나 번역을 거치면서 다시 매끄러워졌다—옮긴이).

> 표준적인 계산법에 따르면 목탄 조각의 생성 연대는 대략 1만 4,000년 전이라는 답이 얻어진다. 그러나 전후 상황을 고려하지 않고서는 결코 맞는 답이라 할 수 없다. 같은 유적지에서 발견된 다른 유물들도 동일한 결과를 줄 것인가? 단 하나의 샘플만으로 내려진 결론을 무턱 대고 믿을 수는 없다. 유물 샘플이 오염되었을 수도 있고, 오차를 유발시키는 다른 요인이 존재할 수도 있지 않은가? 뿐만 아니라 위에서 얻은 답은 방사성 탄소 함유량을 변화시키는 요인을 고려하여 좀 더 정확하게 수정되어야 한다. 그리고 이 모든 요인들을 고려한다 해도 우리가 알 수 있는 것은 나무가 죽은 시기뿐이다(이 시점부터 CO_2를 흡수하지 못했으므로). 그 후 고대인의 불쏘시개로 사용되기 전까지 얼마나 긴 세월동안 단순한 목재로 방치되어 있었는지 알 길이 없

다. 그러므로 (유감스럽게도) 문제에서 주어진 제한된 데이터만으로는 고대인이 불을 피운 시기를 알 수 없다.

그때 담당 교수는 좋은 점수를 주긴 했지만 다소 건방졌던 나의 의견에 대해서는 아무런 언급도 하지 않았다. 이제 와서 당시를 회고해 보니 담당 교수의 심정이 이해가 가고도 남는다. 하지만 내가 휘갈겼던 글에는 옳은 부분도 있었다.

목탄 조각의 연대를 정확하게 계산하기 위해서는 더 많은 정보가 필요하다. 특히 목탄 조각이 속해 있었던 나무의 원래 탄소-14 함유량을 알아야 한다.

원자핵붕괴를 설명하는 물리학 이론에 의하면 임의의 물체에 들어 있는 탄소-14 원자는 예측 가능한 방식으로 꾸준히 붕괴되지만 살아 있는 생명체의 탄소-14 함유량을 예측하는 이론은 아직 없다. 다행히도 다양한 시대, 다양한 물질들의 탄소-14 함유량을 지금까지 꾸준히 관측해 오면서 여러 가지 물체의 원래 탄소-14 함유량을 판정하는 방법이 개발되어 탄소-14 연대측정법의 신뢰도가 크게 향상되었다. 또한 이 방법은 기후학자들과 천체물리학자들에게 의외의 선물을 안겨 주기도 했다.

지난 수십 년간 탄소-14 연대측정법을 개량해 오면서 얻은 부차적 소득 중 하나는 과거 1만 5,000년 동안 대기 중의 탄소-14 함유량에 대한 구체적인 기록을 확보했다는 점이다. 언뜻 보기에는 사소할 수도 있지만, 탄소-14 함유량이 1~2퍼센트만 증가해도 바닷물의 흐름과 태양의 활동이 달라질 수 있다. 그러므로 대기 중 탄소-14 함유량을 정확하게 알고 있으면 태양의 표면과 지구의 기후를 좌우하는 복잡다단한 요인들을 추적할 수 있다. 예를 들어 1만 3,000년 전 대기 중의 탄소-14 함유량은 마지막 빙하기에 발생했던 일련의 극적인 변화들을 설명하는 중요한 단서가 된다.

규약 연대에서 보정된 연대로

탄소-14로부터 정확한 연대를 알아내는 과정은 두 단계로 나눌 수 있다. 주어진 샘플이 살아 있는 생명체의 일부분이었을 때 탄소-14의 함유량을 알아낸 후, 현재 샘플에 남아 있는 탄소-14의 양을 측정하면 된다. 탄소-14의 현재 잔존량은 쉽게 측정할 수 있으므로, 탄소-14 연대측정법은 항상 주어진 샘플에서 탄소-14의 양을 측정하는 것으로 시작된다. 원리적으로는 샘플에 들어 있는 탄소-14 원자의 개수까지 계산할 수 있지만, 실제로 얻어지는 것은 '무가공 연대(raw date)' 또는 '규약 연대(conventional date)'이다. 이 연대는 과거 한동안 'cal BP(Before Present)'로 표기했으나, 현재(Present)의 기준이 1950년이었으므로 요즘은 'Before Physics(물리학 이전)'의 약자로 통하고 있다.

내가 대학 시절에 풀었던 시험 문제처럼 탄소-14 규약 연대는 고대 유물의 초기 탄소-14 함유량이 현재의 기준 샘플과 동일하다는 가정하에 계산된 것이다. 특히 1950년 프랑스산 사탕무에서 채취한 옥살산(oxalic acid)을 기준으로 삼는다. 그러나 이 방법으로 구한 연대는 신뢰도가 떨어지기 때문에 요즘은 탄소-14 연대 측정의 기준 값 정도로 활용되고 있다. 그래서 탄소-14로 규약 연대를 구할 때에는 항상 동일한(가끔은 이상해 보이는) 과정을 거친다. 예를 들어, 수십 년 전에 리비는 탄소의 반감기를 5,570년으로 계산했는데, 이런 규약은 다소 임의적이긴 하지만 그 덕분에 탄소-14 연대 측정의 정확도를 좀 더 높일 수 있었다.

또한 연대 측정 기술이 향상되면서 서로 다른 물질이라도 같은 시대에 존재했다면 탄소-14 규약 연대가 동일하다는 사실도 알게 되었다. 이것은 "서로 다른 생명체들은 살아 있는 동안 탄소 동위원소의 성분 비율도 다르다."는 질량 분리(mass fractionation) 효과에 기초하고 있다. 탄소의 여러 동위원소들은 양성자의 수가 같고 전자의 배열도 같으므로 화학적 특성은 완전히 동일하다. 그러나 동위원소끼리는 질량이 서로 다르기 때문에 이들을 움직이는데 필요한 힘도 각기 다르다.

따라서 탄소원자가 한 장소에서 다른 장소로 이동하는 과정에서 어떤 동위원소는 좀 더 효율적으로 움직일 것이고, 그 결과 지역에 따라 무거운 동위원소가 집중되어 있거나 매우 드물게 분포하는 경우도 있을 것이다. 다시 말해서 어떤 생명체들은 다른 생명체보다 탄소-14 함유량이 많을 수도 있다는 이야기이다. 예를 들어, 옥수수 같은 식물은 다소 특이한 방식의 광합성으로 대기 중의 탄소를 흡수하기 때문에 동시대에 살고 있는 나뭇잎이나 사탕무보다 탄소-14 함유량이 2~3퍼센트 정도 많다. 이런 요인을 무시한 채 옥수수 샘플에 탄소-14 연대측정법을 적용한다면 결과가 실제보다 '젊게' 나올 것이다.

과학자들은 주어진 샘플에서 안정한 상태에 있는 탄소 동위원소의 상대적인 양을 측정하여 질량 분리 효과를 확인한다. 안정한 탄소원자는 대부분 탄소-12이며 6개의 양성자와 6개의 중성자가 모여 원자핵을 이루고 있다. 그러나 안정한 탄소의 약 1퍼센트는 중성자가 7개인 탄소-13이다. 이 두 가지 동위원소는 질량이 조금 다르기 때문에, 질량을 기준으로 탄소 동위원소를 구별한다면 이 과정에서 탄소-14의 구성 비율이 달라질 뿐만 아니라 탄소-12와 탄소-13의 혼합비도 달라지게 된다. 따라서 탄소-12와 탄소-13의 상대적인 양으로부터 질량 분리 효과가 탄소-14에 미친 영향을 제거할 수 있다.

예를 들어 프랑스산 표준 사탕무의 탄소 동위원소 혼합비가 탄소-12는 99퍼센트, 탄소-13은 1퍼센트 그리고 탄소-14는 0.0000000001퍼센트라고 하자. 그리고 고대 유적지에서 발굴된 바구니 샘플을 분석한 결과 탄소 성분 비율이 탄소-12는 98.9퍼센트, 탄소-13은 1.1퍼센트 그리고 탄소-14는 0.00000000006퍼센트로 나왔다고 가정해 보자.

바구니에서 검출된 탄소-14의 양은 사탕무에 함유된 탄소-14의 10분의 6, 즉 반이 조금 넘는 수준이다. 여기서 질량 분리 효과를 무시하면 바구니의 나이는 탄소 반감기보다 조금 짧은 5,500년 정도가 된다. 그러나 사탕무와 바구니는 탄소-12와 탄소-13의 성분비가 다르다는 것은 그사이에 질량 분리가 일어났음을 의미한다. 바구니에는 무겁고 안정적인 탄소 동위원소 탄소-13가 사탕무보다 10퍼센트 많으므로, 탄소-14도 표준량보다 많이 함유되어 있을 것이다. 또한 탄소-12와 탄소-13의 질량 차이는 탄소-12와 탄소-14의 질량 차이의 절반이므로, 탄소-14의 질량 분리 효과는 탄소-13보다 2배 강하게 일어났을 것이다. 따라서 생성 초기 바구니의 탄소-14 함유량은 동시대에 살았던 사탕무보다 20퍼센트 많아야 한다. 사탕무의 탄소-14 함유량이 예나 지금이나 달라지지 않았다고 가정하면 초기 바구니의 탄소-14 함유량은 0.00000000012퍼센트로 현재 남아 있는 양의 2배나 된다. 그러므로 바구니의 나이는 5,500년이 아니라 탄소 반감기에 해당하는 5,700년이 되는 것이다.

질량 분리 효과를 고려하면 같은 시기, 같은 지역에 살았던 서로 다른 생명체들에 대하여 탄소-14-질량 분석을 시도했을 때 동일한 결과를 얻을 수 있지만 규약 연대와 실제 연대는 정확하게 들어맞지 않기 때문에 또 한 차례의 보정을 거쳐야 하며 이를 위해서는 과거 대기 속의 탄소-14 함유량을 정확하게 알아야 한다. 제4장에서 언급한 바와 같이 살아 있는 생명체의 몸속에 들어 있는 탄소-14는 예외 없이 대기 중에서 흡수된 것이다. 지난 수천 년 동안 대기 중 탄소-14 함유량이 일정하게 유지되었다면 과거에 살았던 생명체는 현재 살아 있는 동종의 생명체와 동일한 양의 탄소-14를 가지고 있었을 것이고 여기에 규약 연대를 적용하면 생명체가 살았던 시기를 알아낼 수 있다(물론 탄소의 반감기를 제대로 알고 있어야 한다). 리비가 고대 이집트 유물에서 얻은 데이터에 의하면 대기 중의 탄소-14 함유량은 지난 수천 년간 거의 변하지 않은 것으로 나타났다. 그러나 탄소-14로 측정한 유물의 나이를 역사적 기록과 비교해 보면 많은 경우에 실제보다 '젊게' 나오고 있기 때문에 지난 세월동안 대기 중의 탄소-14 함유량이 변했다고 생각할 수도 있다. 만일 이것이 사실이라면 탄소-14로 측정한 규약 연대는 더 이상 믿을 수 없게 되며 무엇보다도 과거 대기의 탄소-14 함유량이 어떻게 변해 왔는지부터 알아야 한다.

다행히도 대기 중의 탄소-14 함유량 변천사는 나무줄기를 잘랐을 때 보이는 나이테에 기록되어 있다. 나이테는 뿌리에서 잎으로 수분을 빨아

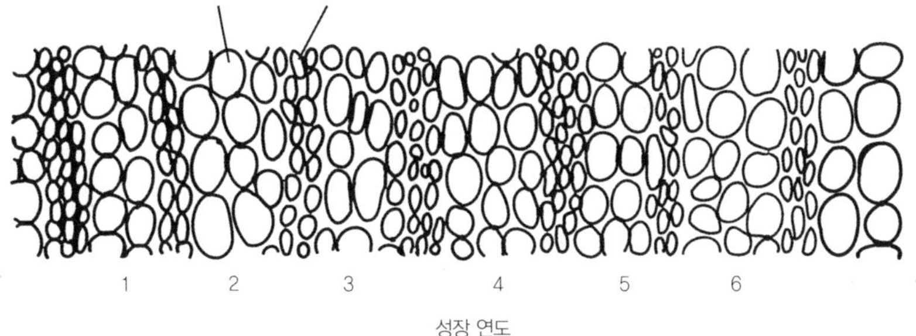

[그림 5-1] 나무의 나이테. 외부 껍질의 바로 안쪽에서는 매년 새로운 조직이 자라고 있다. 나뭇잎이 한창 자라는 계절에는 수분이 많이 필요하기 때문에 열린 조직으로 성장하고 필요한 수분의 양이 감소할수록 새로 자란 조직은 치밀해진다. 이러한 성장 패턴은 매년 동일한 형태로 반복된다.

올리는 관다발계의 일부로서 생긴 모습은 〈그림 5-1〉과 같다. 이중에서 활발하게 수분을 나르는 부분은 각 나이테의 바깥층이다. 외피의 바로 안쪽에는 매년 새로운 나이테가 생성되고 있다. 봄에는 새로운 잎이 자라면서 수분이 많이 필요하기 때문에 이 시기의 나무줄기는 열린 구조로 자라난다. 그 후 계절이 바뀜에 따라 필요한 수분의 양이 점차 줄어들면서 물이 통과하는 열린 공간이 작아진다. 즉 나무의 조직이 좀 더 치밀해지는 것이다. 늦가을까지는 이런 식의 성장을 계속하다가 추운 겨울에는 휴면 상태에 들어가고 다음 해 봄이 오면 이전과 동일한 생명 활동을 반복한다. 그러므로 나무의 각 나이테에는 해당 연도의 성장 패턴이 기록되어 있으며 나이테의 개수는 나무의 나이와 일치한다.

사실 나이테에는 나무의 나이뿐만 아니라 그것을 훨씬 능가하는 고급 정보가 담겨 있다. 나이테의 두께는 매해 성장한 정도에 따라 두께가 다르다(여기서 말하는 두께란 연속되는 2개의 진한 부분 사이의 간격을 말한다—옮긴이). 나무의 성장 환경은 날씨와 관련되어 있으므로 같은 지역에서 자란 나무들은 나이테의 두께가 모두 같다. 따라서 성장 시기가 조금씩 다른 나무의 나이테를 시대순으로 나열하면 〈그림 5-2〉와 같이 나이테로 이루어진 연대기를 만들 수 있다.

지금 자라고 있는 나무를 잘라서 나이테를 관찰한다고 해 보자. 가장 바깥에 있는 나이테가 금년에 자란 부분이므로 각 나이테가 생성된 연도도 알 수 있다. 이제 같은 지역에서 예전에 죽은 통나무를 구하여 첫 번째 나무와 나이테가 일치하는 부분이 있는지 확인한다. 만일 일치하는 부분이 있다면 두 번째 통나무의 나이테가 생성된 연대도 모두 알 수 있다. 물론 여기에는 첫 번째 나무가 생겨나기 전에 형성된 부분도 있을

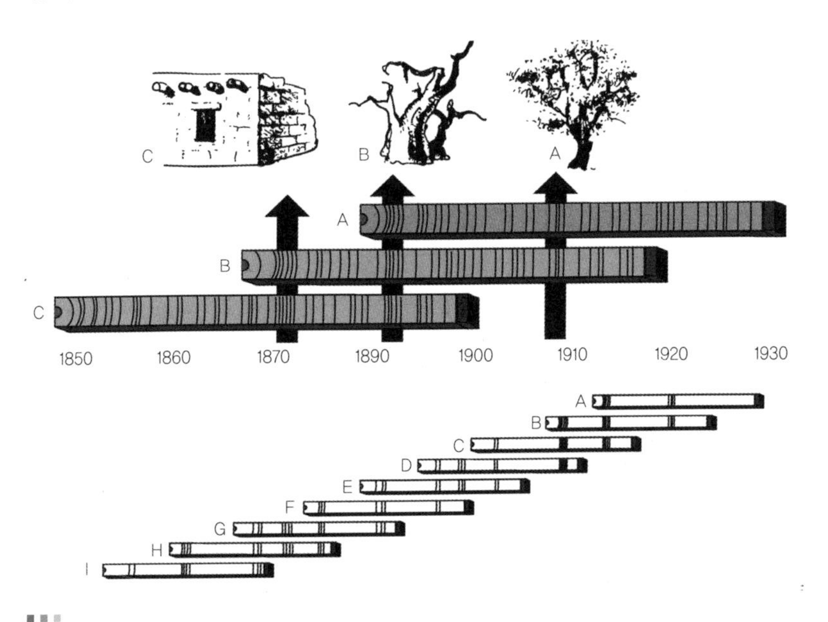

[그림 5-2] 연륜연대학(dendrochronology)의 기본 원리. A는 살아 있는 나무이고 B는 죽은 나무 그리고 C는 과거에 같은 지역에서 벌목되어 건축자재로 쓰인 나무이다. 이들의 나이테를 겹쳤을 때 나이테의 간격이 일치하는 공통된 부분이 존재한다면 이 기간 동안 나무들이 동시에 살아 있었음을 알 수 있다. 여러 개의 통나무를 이런 식으로 연결하면 나이테로 이루어진 긴 연대기를 만들 수 있다.
출처 : R. E. Taylor and M. J. Aitken, *Chronometric Dating in Archaeology*, Plenum Press, 1997.

것이다. 이런 과정을 계속 반복하면 오직 나이테만으로 수천 년에 걸친 '나무 성장 연대기'를 만들 수 있다.

과학자들은 독일과 아일랜드 그리고 미국 서해안에서 통나무 샘플을 수거하여 기원전 1만 년까지 이르는 길고 긴 나이테 연대기를 만드는 데 성공했다. 강바닥에 쌓인 퇴적물도 주기적으로 층을 쌓고 있으므로 각 퇴적층의 성분을 분석하면 나이테를 능가하는 긴 연대기를 만들 수 있다. 이런 물질 속에서 탄소-14의 함유량을 측정하면 규약 연대와 실제 연대의 직접비교가 가능해진다. 지금도 국제 학회에서는 정기적으로 데이터를 수집·분석하여 방사성 탄소 연대의 표준 교정값을 발표하고 있다. 〈그림 5-3〉이 그중 하나이며 탄소-14로 측정한 규약 연대와 실제 연

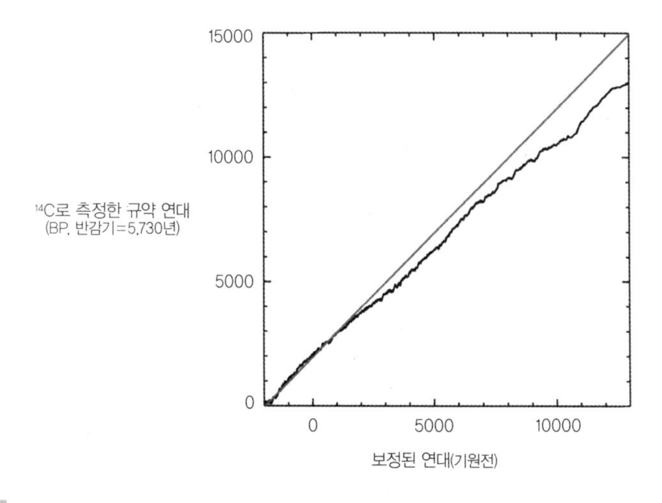

[그림 5-3] 2004년에 발표된 탄소-14 규약 연대의 보정된 값. 탄소-14 연대와 실제 연대의 함수 관계가 곡선으로 표현되어 있다. 실제 연대는 나이테 및 기타 데이터를 이용하여 연륜 연대학적으로 계산한 것이다. 만일 규약 연대가 정확하다면 그래프는 직선이 될 것이다. 그러나 기원전 2000년 이전으로 가면 탄소-14 규약 연대는 실제 연대보다 많이 짧아진다.
출처 : www.radiocarbon.org/IntCal04.html

대 사이의 함수관계를 그래프로 나타낸 것이다. 이 곡선은 규약 연대의 부정확함을 보여 줄 뿐만 아니라 정확한 연대를 구하기 위해 필요한 정보까지 제공하고 있다.

예를 들어 탄소-14 함유량이 현재 살아 있는 나무의 절반인 나이테 샘플이 주어졌다고 가정해 보자. 여기에 탄소-14를 이용한 규약 연대를 적용한 결과 5,700년 전의 나무로 판명되었다고 하자. 그런데 〈그림 5-3〉에 의하면 탄소-14 규약 연대로 5,700년은 실제로 기원전 4500년에 대응된다. 따라서 샘플의 정확한 나이는 6,500년임을 알 수 있다.

모든 생명체들은 궁극적으로 대기에서 탄소-14를 취하고 있으므로

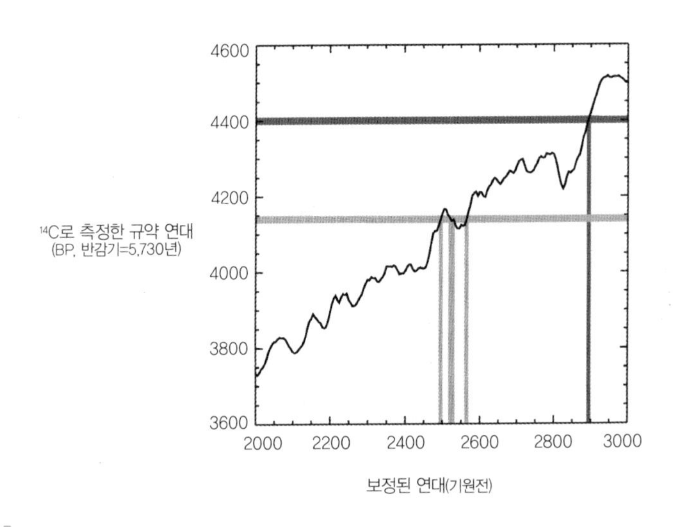

[그림 5-4] 나이테를 이용한 탄소-14의 연대 보정. 그림 5-3의 일부분을 확대한 그림이다. 예를 들어 어떤 샘플의 탄소-14의 규약 연대가 4,400BP라고 해 보자. 그러면 세로축 4,400에서 출발하는 수평선(진한 회색선)을 그려서 그래프와 만나는 점을 찾는다. 이 점에서 수직으로 내려와 보정된 연대를 읽으면 이 값이 바로 실제 연대가 된다. 지금의 사례에서는 기원전 2900년이다. 그러나 보정용 그래프가 심하게 구불구불하기 때문에 값을 정하는 과정이 조금 복잡하다. 만일 탄소-14 규약연대가 4,140BP였다면(흐린 회색선) 실제 연대는 3가지가 가능하다. 규약 연대의 오차가 20년인 경우에도 실제 연대의 오차는 100년이 넘는다.

6,500년 전에 살았던 생명체의 샘플을 구하여 (질량 분리 효과 등이 감안된) 탄소-14 규약 연대를 추정하면 앞에서 예로 들었던 나이테의 규약 연대와 같을 것이다. 따라서 〈그림 5-3〉의 보정곡선은 '모든' 샘플의 탄소-14 규약 연대에 적용될 수 있다. 일단 주어진 샘플의 탄소-14 규약 연대를 측정한 후, 〈그림 5-3〉의 세로축의 해당 연대에서 출발하는 수평선을 그린다. 이 직선이 중앙의 곡선과 만나는 지점에서 가로축 눈금을 읽으면 그 값이 실제 연대가 되는 것이다(〈그림 5-4〉). 이렇게 구한 연대가 바로 '보정된 탄소-14 연대(calibrated ^{14}C date)'로 연대를 나타내는 숫자 뒤에 'BP'를 붙이거나 우리에게 친숙한 기원전이나 서기(BC, AD 또는 BCE, CE)를 붙여 표기한다.[1)]

보정곡선은 굴곡이 심하기 때문에 하나의 탄소-14 규약 연대에 대하여 실제 연대가 여러 개 대응될 수도 있다. 이런 경우에는 연대의 오차가 더 커지기도 한다. 예를 들어 〈그림 5-4〉에서 탄소-14로 측정한 연대의 오차가 20년이라 해도 실제 연대의 오차범위는 100년이 넘는다. 그래서 어떤 특정 기간에 생성된 유물들은 정확한 연대를 추정하기가 쉽지 않다.

역사가 기록되어 있는 보정곡선

〈그림 5-3〉의 교정곡선은 고고학자에게만 유용한 정보가 아니다. 이 그래프는 대기 중의 탄소-14 함유량의 변천사까지 고스란히 담고 있다. 예를 들어 6,500년 전에 살았던 나무의 규약 연대는 약 5,700년이다. 즉

1) 다른 표기법을 사용하는 학자도 있다.

이 나무에서 채취된 탄소-14 함유량이 현재 살아 있는 나무의 절반이라는 뜻이다. 그런데 이 나무의 나이는 탄소 반감기보다 800년가량 많다. 그래서 나무가 살아 있던 무렵에 탄소-14 함유량은 현재 살아 있는 나무보다 2배 이상 많았다. 따라서 6,500년 전 이 나무의 나이테에는 현재 살아 있는 비슷한 나무보다 많은 양의 탄소-14가 함유되어 있었을 것이다. 다른 생명체들과 마찬가지로 나무 역시 대기로부터 탄소-14를 취하고 있으므로, 결국 6,500년 전의 대기에는 지금보다 많은 양의 탄소-14가 존재했다는 결론을 내릴 수 있다(〈그림 5-5〉). 그 이유는 무엇일까? 6,500년 전에 우주 선의 양이 지금보다 많았을 수도 있고, 탄소의 거시적 순환 사이클에 약간의 변화가 생겨서 오늘날의 탄소-14가 6,500년 전보다 더 빠르게 대기에서 사라지고 있기 때문일 수도 있다. 최근 발표된 연구에 의하면 대기 중의 탄소-14 함유량은 지구에서 일어나는 사건뿐만 아니라 우주에서 일어나는 사건을 추정하는 데에도 영향을 받고 있다. 따라서 보정곡선은 지난 1만 5,000년 동안 지구의 환경과 천체물리학적 환경이 어떻게 변해 왔는지를 말해 주는 귀중한 자료인 셈이다.

지구에 존재하는 탄소-14의 원천은 우주 공간에서 날아온 우주 선이므로 태양계 바깥에서 일어난 사건이 지구 대기의 탄소-14 함유량에 영향을 준다는 직접적인 증거는 없다. 그러나 지금까지 얻어진 관측 자료에 의하면 대기 중의 탄소-14 함유량은 지구 주변을 에워싸고 있는 자기장에 영향을 받는 것으로 알려져 있다. 우주 선은 전지 전하를 띤 입자들로 구성되어 있으므로 자기장을 통과할 때 경로가 휘어진다. 따라서 지구를 에워싸고 있는 자기장의 세기가 변하면 대기로 유입되는 우주 선의 양이 달라질 수도 있을 것이다.

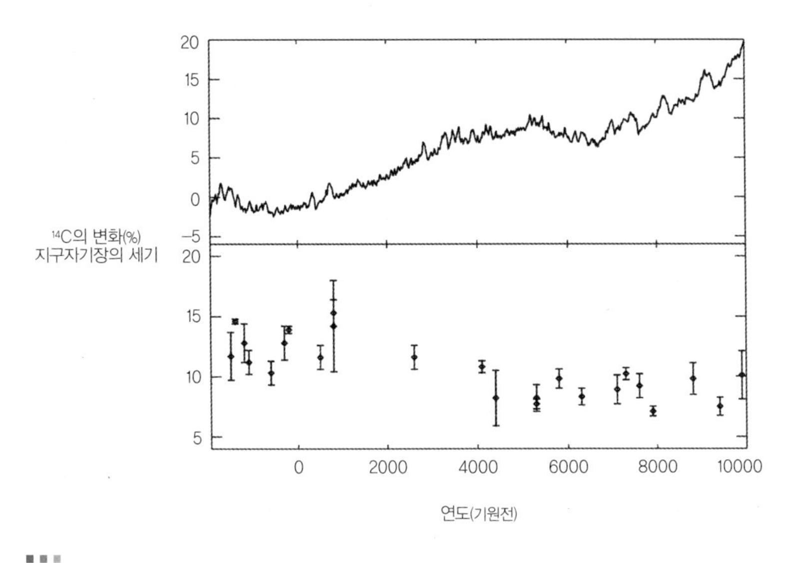

[그림 5-5] (위) 기원전 1만 년~1000년 사이의 대기 중 탄소-14 함유량의 변화(보정된 곡선). 그래프를 보면 지금보다 과거의 대기에 탄소-14가 더 많았음을 알 수 있다. (아래) 하와이의 용암을 관측하여 알아낸 지구자기장 세기의 시간에 따른 변화(단위=1022Am2). 기원전 2000년 이전에는 지구자기장이 지금보다 약했으며, 이 사실은 그 무렵에 탄소-14의 양이 지금보다 많았던 이유를 설명해 주고 있다.
출처 : Carlos Laj et al, "Geomagnetic Intensity and Inclination Variations at Hawaii for the Past 98kyr from Core SOH-4(Big Island) : A New Study and Comparison with Existing Contemporary Data", *Earth and Planetary Science* 200, 2002, pp.177-190.

지구 스스로 만드는 지구자기장부터 고려해 보자. 지구자기장의 변천사는 화산암 속에 보존되어 있다. 먼 옛날에 화산이 폭발하면서 흘러내린 용암에는 자화된 물질이 소량 함유되어 있는데 자화의 강도는 당시에 걸려 있던 자기장의 세기에 비례한다. 특히 하와이에는 여러 시대에 걸쳐 흘러내린 용암이 산재해 있다.[2] 그래서 이 부근의 자성 물질을 분석하면 지구자기장이 변해 온 과정을 알아낼 수 있다. 그 데이터 중 일부가 〈그림 5-5〉에 제시되어 있는데, 그래프를 자세히 보면 기원전 2000년경에

2) 지질학자들이 바위의 연대를 추정하는 방법은 제7장에서 소개할 예정이다.

지구자기장의 세기가 크게 증가했음을 알 수 있다. 그리고 이와 거의 비슷한 시기에 탄소-14의 대기 중 함유량은 감소했는데 이것은 예상할 수 있는 결과이다. 자기장이 강해지면 지구 대기로 유입되는 우주 선의 양이 감소할 것이기 때문이다.

화산암과는 달리 탄소-14는 지구자기장의 과거에 대하여 간접적인 단서밖에 제공하지 않지만, 대기 중의 탄소-14는 지구자기장에 영향을 받을 뿐만 아니라 태양의 변화에도 민감하게 반응한다. 〈그림 5-6〉은 지난 1,000년 동안 대기 중의 탄소-14 함유량이 변해온 과정(보정된 값)과 태양 흑점의 변화를 나타낸 것인데 자세히 보면 1050년과 1350년, 1500년, 1700년 그리고 1850년에 탄소-14의 양이 국소적 최대값에 달했음을 알

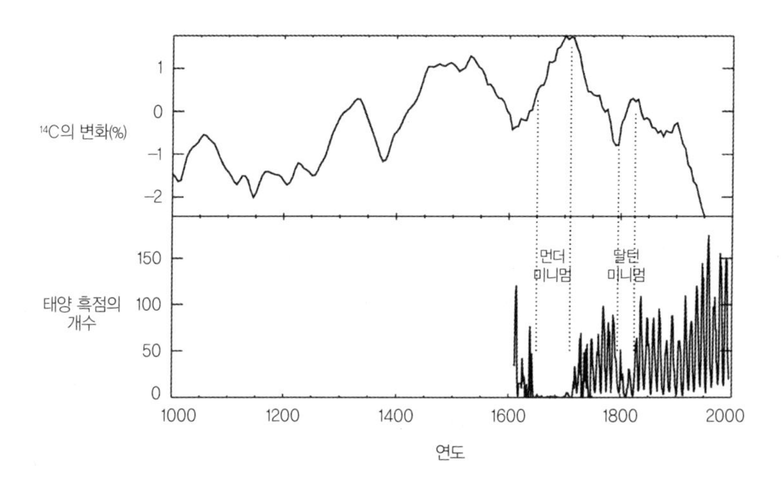

[그림 5-6] (위) 지난 1,000년간 대기 중의 탄소-14 함유량의 변화. (아래) 1,600년부터 관측해 온 태양 흑점 개수의 변화. 흑점은 대략 11년을 주기로 증감을 반복하며, 이 기간을 태양주기(solar cycle)라 한다. 그리고 흑점의 수가 갑자기 줄어들었던 1690년 무렵과 1820년 무렵을 각각 먼더 미니멈, 돌턴 미니멈이라고 한다. 이 시기는 대기 중의 탄소-14 함유량이 갑자기 증가했던 시기와 거의 일치하며, 태양 자기장의 변화가 그 원인으로 지목되고 있다.

수 있다. 이들 중 1700년과 1850년은 태양에서도 이례적인 활동이 일어난 시기였다.

서기 1600년경에 사람들은 태양의 표면에 검은 반점이 나 있는 것을 발견하여 이때부터 흑점의 변화를 기록으로 남기기 시작했다. 이 기록을 보면 태양의 흑점은 11년을 주기로 변해 왔다는 사실을 알 수 있다. 그러나 각 주기마다 흑점의 개수는 일정하지 않다. 특히 1600년대 후반부에는 흑점이 거의 관측되지 않았는데 이 시기를 '먼더 미니멈(Maunder minimum)'이라고 한다. 1820년대에도 흑점의 수가 갑자기 감소한 기간이 있었는데 이 시기는 '돌턴 미니멈(Dalton minimum)'이라고 한다. 흥미로운 것은 두 미니멈이 대기 중의 탄소-14 함유량이 최대치에 달하기 직전에 나타났다는 점이다.

지난 세기에 얻어진 데이터를 보면 태양 흑점의 활동과 대기 중의 탄소-14 함유량 사이에는 모종의 관계가 있음이 분명하다. 흑점이 있는 부분을 자세히 관찰한 결과 그 부근에서 매우 강한 자기장이 발견되었다. 뿐만 아니라 흑점의 개수가 증가하거나 감소할 때마다 태양의 전체적인 자기장 분포가 크게 변하는 것으로 확인되었다. 따라서 먼더 미니멈이나 돌턴 미니멈 기간 중에 태양의 자기장은 현재와 크게 달랐을 것으로 추정되며 이때 우주 선의 대기 유입량이 증가하여 탄소-14도 그만큼 많아졌을 것이다. 그로부터 수십 년 후 태양의 흑점이 다시 나타나면서 태양의 자기장은 원래의 상태로 되돌아갔고 우주 선의 대기 유입량이 감소하여 탄소-14의 양도 함께 줄어들었다.

태양의 자기장 분포가 11년을 주기로 달라지는 이유는 아직 알려지지 않았다. 그리고 과거 먼더 미니멈과 돌턴 미니멈 때 태양에 어떤 사건이 일어났는지도 분명치 않다. 태양의 표면은 원자핵과 전자가 분리된 플라즈마(plasma) 상태이기 때문에 그곳에서 진행되는 물리적 과정을 이해하기란 결코 쉬운 일이 아니다. 이 하전입자들은 그곳에 이미 존재하는 자기장의 영향을 받지만 그와 동시에 스스로 새로운 자기장을 만들어 내기도 한다. 이 복잡한 자기장과 플라즈마 입자들이 복잡하게 얽혀서 격렬하게 움직이고 있기 때문에 무언가를 예측하기가 매우 어렵다. 최근 들어 더욱 정교한 관측이 이루어지고 강력한 컴퓨터가 동원되면서 태양 표면의 역학적 구조가 조금씩 밝혀지기 시작했는데 여기에는 탄소-14와 관련된 데이터도 큰 몫을 하고 있다.

태양의 흑점을 관측한 자료에는 미니멈이 단 두 차례에 걸쳐 나타난 반면 탄소-14 데이터는 매우 긴 세월 동안 여러 차례의 피크(맥시멈, 국소적 최대값)를 기록하고 있다. 대부분의 피크는 태양의 활동과 관련되어 있을 것으로 추정된다. 최근 들어 일부 과학자들은 보정된 탄소-14 데이터를 이용하여 지난 1만 년 동안 있었던 태양의 활동을 복원하고 있다. 대기 중의 탄소-14 함유량 그래프에서 기원전 800년에 한 번 그리고 기원전 3000년과 4000년경에 몇 차례 나타났던 날카로운 피크는(《그림 5-5》) 흑점의 개수가 갑자기 감소하는 등 태양에 비정상적인 변화가 일어났다는 증거일 수도 있다. 현재로서는 확인할 길이 없지만 연구가 더 진행되면 먼더 미니멈과 돌턴 미니멈과 같은 변화가 어떤 기준의 주기로 얼마나 자주 일어나는지 알 수 있을 것으로 기대된다.

또한 천체물리학자들도 태양을 연구하는 데 탄소-14 데이터를 이용하고 있으며 지구의 대기 변화를 연구하는 기상학자들도 탄소-14에 큰 관심을 가지고 있다. 임의의 시간에 지구 대기 속에 존재하는 탄소-14의 전체 양은 우주 선으로부터 생성되는 속도에 따라 달라지지만 그와 동시에 대기에서 사라지는 속도에 따라서도 달라진다.

대기 중의 탄소-14 함유량은 생명체가 죽을 때마다 조금씩 줄어들고 탄소-14 원자가 바닷속으로 들어가면서 줄어들 수도 있다. 그러므로 지구 생명체의 변화와 바다의 상태 변화는 탄소-14의 대기 중 함유량에 영향을 미친다. 나무의 나이테를 연결하여 과거의 기후를 알아내려면 태양의 활동이나 지구자기장에 인한 탄소-14의 변화와 기후변화에 의한 탄소-14의 변화를 구별할 수 있어야 한다. 다행히도 빙하에서 추출한 데이터를 이용하면 이 두 가지 변화를 구별할 수 있다.

그린란드나 남극 대륙에는 오랜 세월동안 내린 눈이 쌓여서 여러 층의 빙하가 형성되어 있다. 즉 빙하의 아래층으로 들어갈수록 오래된 눈이 쌓여 있는 것이다. 따라서 빙하의 내부 성분을 분석하면 지난 수천 년에 걸친 '얼음의 역사'를 재현할 수 있다. 나이테에 함유된 탄소-14처럼 각 층에서 채취한 얼음 속에는 얼음이 형성되던 무렵의 우주 선 유입량과 기후에 관한 정보가 담겨 있다. 특히 산소 동위원소의 혼합비와 베릴륨(베릴륨-10)의 함유량이 중요한 정보를 제공한다.

베릴륨-10은 탄소-14처럼 불안정한 동위원소로서 대기의 최상층에서 우주 선에 의해 생성된다. 그러나 화학적 성질이 탄소-14와 크게 달라서 생화학적 과정이나 기후 현상에 관여하지는 않는다. 나이테에서 과거 대기의 탄소-14 함유량을 유추해 내듯이 베릴륨-10의 대기 함유량은 얼음 속에 기록되어 있다.

〈그림 5-7〉에서 보는 바와 같이 탄소-14와 베릴륨-10의 대기 중 함유량은 지난 세월 동안 비슷한 패턴으로 변해 왔다. 탄소-14의 그래프에

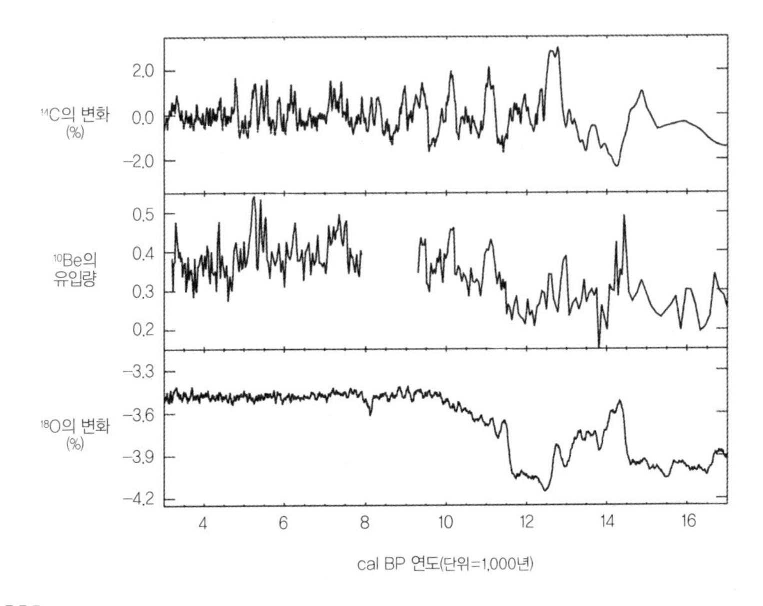

[그림 5-7] (위) 대기 중의 탄소-14 함유량의 변화. (중간) 베릴륨-10 유입량의 변화. (아래) 산소-18 함유량의 변화. 베릴륨-10과 산소-18의 데이터는 빙하의 내부를 분석하여 얻은 것이다. 탄소-14의 피크와 베릴륨-10의 피크가 비슷한 시기에 나타나는 것은 그 시기에 우주 선의 유입량이 갑자기 달라졌음을 의미한다. 그러나 1만 2,700년 전에 나타난 탄소-14의 피크는 같은 시기에 베릴륨-10의 피크와 큰 차이를 보이고 있다. 산소-18의 곡선으로 미루어 볼 때, 이 시기에 지구의 기후가 갑자기 변했을 가능성이 높다. 대기 중 산소-18의 양이 많을수록 기온이 높다는 뜻이므로, 1만 2,700년 전을 전후로 지구의 온도가 크게 내려갔을 것으로 추정된다. 그래프에서 베릴륨-10 유입량의 단위는 '106원자/cm^2/년'이며, GISP-2 얼음 중심부에서 측정되었다(새로운 탄소-14 데이터와 맞추기 위해 시간대를 조금 이동시켰다). 산소 동위원소 데이터는 GRIP 얼음에서 측정한 것이다.
출처 : 콜로라도 대학의 국립 눈-얼음 데이터 센터(National Snow and Ice Data Center)와 콜로라도에 있는 국립 지구물리학 데이터 센터(National Geophysical Data Center)의 원시기후학 연구원 WDC-A에서 제공한 학술지 *Journal of Geophysical Research* 102, no. C12, 1997, http://www.acdc.noaa.gov/paleo/icecore/greenland/summit/index.html

피크가 나타나면(예를 들어 5,500년 전) 베릴륨-10도 비슷한 시기에 피크를 기록하고 있다. 이들 두 원소는 우주 선에서 생성되었으므로 그래프상의 피크는 그 시기에 태양 활동에 변화가 생겨서 우주 선의 유입량이 크게 달라졌음을 의미한다(먼더 미니멈도 이와 비슷한 이유로 나타난 현상이었다).

그러나 탄소-14와 베릴륨-10의 곡선 사이에는 눈에 띄게 다른 점도 있다. 특히 1만 2,000~1만 3,000년 전의 데이터가 우리의 관심을 끈다. 이 시기에는 탄소-14와 베릴륨-10 모두 피크를 기록하고 있지만 탄소-14의 피크가 압도적으로 크다. 즉 이때 나타난 피크는 태양의 활동과 무관하다는 뜻이다. 이 수수께끼의 열쇠는 얼음 속에 숨어 있는 산소 동위원소가 쥐고 있다.

물 분자는 2개의 수소원자와 1개의 산소 원자로 이루어져 있으므로 얼음은 풍부한 양의 산소를 함유하고 있다. 탄소의 경우와 마찬가지로 산소도 몇 종의 동위원소가 존재하는데 이들의 화학적 특성은 동일하지만 원자핵의 구성 성분이 달라서 질량이 조금씩 다르다. 또한 산소의 동위원소들은 다양한 상황에서 질량 분리가 쉽게 일어난다. 예를 들어 산소-18과 산소-16을 같이 함유하고 있는 바다나 호수의 표면에서 물이 증발하면 산소-16가 더 빠르게 대기 속으로 유입된다. 산소-16이 더 가벼워서 수면을 이탈하는 데 필요한 운동에너지도 작기 때문이다. 날씨가 더울 때는 열에너지가 충분히 커서 차이가 별로 나지 않지만 대기의 온도가 내려가면 대기 입자의 운동이 둔해지면서 산소-18과 산소-16의 증발량에 심각한 차이가 나타나기 시작한다. 이런 이유 때문에 (물론 다른 이유도 있다) 대기 중 산소-18과 산소-16의 성분비는 온도의 영향을 받는다. 즉 과거 대기의 산소-18과 산소-16 성분비는 과거의 기후를 추측하는 온도계인 셈이다.

〈그림 5-7〉의 아래쪽에 제시된 그래프는 그린란드 빙하에서 측정된 산소-18의 대기 중 함유량의 변화를 보여 주고 있다(베릴륨-10 데이터도 동일한 빙하에서 측정된 것이다). 지난 1만 년 동안 산소 동위원소의 양

은 거의 변하지 않았다. 즉 이 기간에는 기후가 대체로 일정했다는 뜻이다. 그러나 1만~1만 5,000년 전 사이에 산소-18의 양이 급격하게 변했는데 이것은 마지막 빙하기가 끝나면서 기후변화가 여러 번 일어났음을 시사하고 있다. 1만 5,000년 전보다 더 과거로 가면 빙하에 떨어졌던 눈 속에 산소-18 함유량이 적은데 이는 빙하기에 기온이 매우 낮았음을 의미한다. 1만 4,500년 전 무렵에는 산소-18이 증가하여 기온이 올라갔다. 이렇게 따뜻한 기온은 소빙하기(Younger Dryas)가 찾아올 때까지 약 1,000년 동안 계속되었다. 북반구를 덮친 소빙하기는 약 1,000년간 지속되었으며, 그 후 지구는 지금과 같은 기온으로 유지되고 있다.[3)]

1만 2,700년 전에 나타난 탄소-14의 커다란 피크는 소빙하기가 시작되던 시기와 거의 일치한다. 이는 기온의 하강과 관련된 어떤 기상 현상에 의해 대기 중의 탄소-14 함유량이 크게 증가했음을 의미한다. 대기의 성분에 심각한 영향을 주는 사건은 그리 많지 않은데 이 경우에는 해류의 변화가 주된 요인으로 꼽히고 있다.

오늘날에는 멕시코 만류와 같은 강력한 해류에 의해 심해와 천해가 섞이면서 해수 속의 탄소-14가 바다 전체에 골고루 퍼지고 있다. 만일 해류가 없다면 바닷물은 위아래로만 섞이기 때문에 탄소-14가 한 지역에 집중될 것이다. 빙하기 말엽에 얼음이 녹으면서 다량의 신선한 물이 바다로 유입되어 탄소-14의 순환을 방해했을 가능성도 있다. 만일 그렇다면 바다로 들어가지 못한 탄소-14들은 대기 속으로 섞였을 것이다.

최근에는 심해에 서식하는 산호의 탄소-14 함유량을 분석하면 나무의 나이테처럼 대기 중의 탄소-14 함유량 연대기를 만들 수 있다는 의견

3) 1만 4,000년 전에 짧은 기간동안 지속되었던 혹한기는 'Older Dryas'라고 한다

이 제기되었다. 이 데이터에 의하면 소빙하기 때 심해의 탄소-14 함유량은 기온이 높았던 시기보다 낮았다고 한다. 아마도 소빙하기에 바다와 대기의 혼합이 비교적 둔했기 때문일 것으로 추정된다.

바닷물의 순환 구조가 변하면 지구의 기후에 막대한 변화가 초래된다. 소빙하기 때 기온이 갑자기 내려간 것도 이런 이유였을 것이다. 그러나 지구의 기후는 너무 복잡하고, 마지막 빙하기 때 어떤 사건들이 일어났는지도 아직 분명치 않다. 예를 들어 소빙하기를 전후하여 빙하가 녹으면서 해수면이 크게 상승했으나 이것 때문에 해류가 달라지거나 북반구 전체의 기온이 떨어지는 일은 없었다. 그렇다면 1만 3,000년 전에 극적인 기후변화가 초래된 이유는 무엇일까? 기후 학자들은 탄소-14 관련 정보를 포함한 각종 기후 데이터를 총동원하여 해답을 찾고 있다. 탄소-14를 이용한 연대 측정의 정확도를 높이고 빙하의 이동 경로를 좌우하는 지질학 관련 정보가 확보된다면 특정 지역에서 일어난 홍수와 소빙하기의 인과관계도 밝혀질 것으로 기대된다.

기후학자들은 보정된 탄소-14 연대측정법을 이용하여 마지막 빙하기가 끝날 무렵의 기후를 연구하고 있으며, 고고학자들도 탄소-14 연대측정법에 의존하여 고대인의 삶과 문화를 유추하고 있다. 남북아메리카 대륙에 인류가 처음 출현한 시기는 대략 1만 3,000년 전으로 추정되는데 여기에 결정적인 단서를 제공한 것도 탄소-14를 이용한 연대측정법이었다. 제6장에서 언급하겠지만 1만 년 전의 아메리카 대륙 역사에 관해서는 아직도 의견이 분분하며 여기 사용된 탄소-14 연대측정법은 가끔씩 격렬한 논쟁의 대상이 되고 있다.

더 읽을 거리

· R. E. Taylor and M. J. Aitken, *Chronometric Dating in Archaeology*, Plenum Press, 1997.(연륜연대학과 탄소-14 등 고고학의 다양한 연대측정법)

· Colin Renfrew, *Before Civilization*, *Knopf*, 1973.(초기 고고학계에서 탄소-14 연대측정법 소개)

· D. G. Wentzel, *Restless Sun*, Smithsonian, 1989.(태양의 활동과 변화)

· www.spaceweather.com(태양의 활동과 관련된 최근 데이터와 다양한 링크 제공)

· Peter Wilson, *Solar and Stellar Activity Cycles*, Cambridge, 1994.(물리학적 배경지식)

· S. K. Solanki et al, "Unusual Activity of the Sun During Recent Decades Compared to the Previous 11,000 Years", *Nature* 431, 2004, pp.1,084-1,087.(탄소-14를 이용하여 태양의 활동을 연구한 최신 자료)

· Stuart Clark, "The Dark Side of the Sun", *Science* 441, 2006, p.402.(이론적 모형으로 태양 활동을 설명)

· Jurgen Ehler, *Quaternary and Glacial Geology*, John Wiley and Sons, 1996.(빙하기와 관련된 자세한 정보)

· Richard Foster Flint, *Glacial and Quaternary Geology*, John Wiley and Sons, 1971.(빙하기와 관련된 자세한 정보)

제 6 장

인류의 신대륙 진출

오늘날 남북아메리카로 불리는 대륙은 지난 수천 년 동안 소수의 사냥꾼 무리에서 수백만 명을 다스리는 대제국에 이르기까지 다양한 문화가 태동했던 지역이었다. 여기 살았던 대부분의 집단은 고대 마야 인이나 이집트 인들처럼 아무런 기록도 남기지 않았다. 다행히도 도구를 비롯한 여러 가지 인공물과 물리적인 흔적으로부터 당시 사람들의 삶과 경험에 관하여 다양한 정보를 얻을 수 있다.

고대 주거지의 흔적으로부터 한 지붕 아래 대충 몇 명의 가족이 살았는지 알 수 있고 그릇에 남아 있는 내용물의 흔적을 분석하면 무엇을 먹었는지 알 수 있으며 돌조각을 분석하여 장거리 교역로를 찾을 수 있다. 심지어는 탄소-14 연대측정법으로 얻은 연대기를 전혀 참고하지 않고서도 사람들의 거주 시기와 생활 패턴의 변화를 어느 정도 알아낼 수 있다.

물론 과거로 거슬러 갈수록 연구 자료를 구하기가 어렵고, 운이 좋아서 유물을 발견한다 해도 단편적인 사실밖에 알 수 없는 경우가 태반이다(〈그림 6-1〉). 그래서 "아메리카 대륙에 처음 거주했던 종족은 누구인가?"라는 의문은 지금까지도 뚜렷한 해답 없이 뜨거운 논쟁거리로 남아 있다.

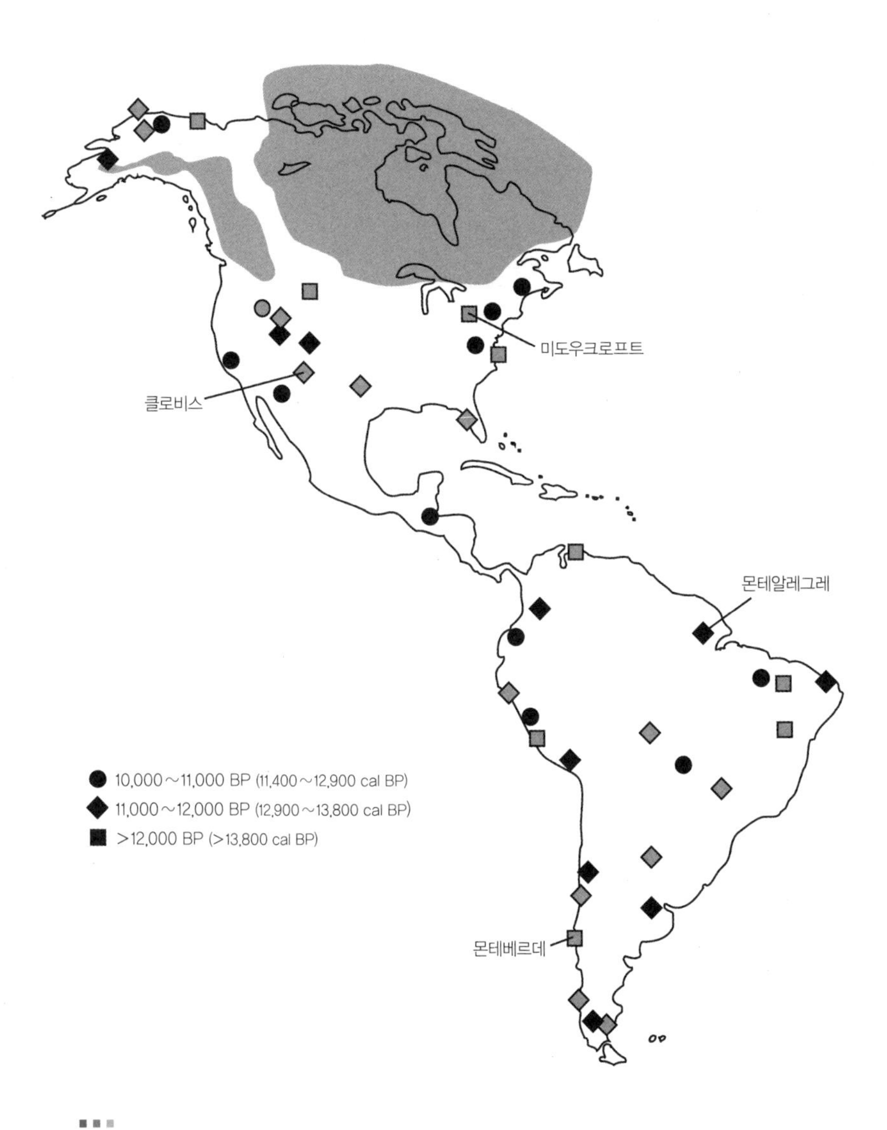

[그림 6-1] 아메리카 대륙의 고고학적 유적지의 분포도. 북아메리카에 회색으로 표시된 부분은 12,000 BP에 빙하로 덮여있던 지역이다. 이 그림에는 본문에서 언급된 유적지만 표시되어 있다.
출처 : Roosevelt, J. Douglas and L. Brown, "The Migrations and Adaptations of the First Americans : Clovis and Pre-Clovis Viewed from South America", *The First Americans*, University of California Press, 2002.

아메리카에 남아 있는 인류의 흔적은 마지막 빙하기가 끝날 무렵인 1만 3,000년 전까지 거슬러 올라간다. 일부 고고학자들은 이보다 수천 년 전, 즉 빙하기가 최고조에 이르렀을 때부터 신대륙에 사람이 살았다는 설을 제기하여 학계의 뜨거운 논쟁거리가 되고 있다. 그러나 이 시기에 신대륙의 기후와 거주환경은 지역에 따라 큰 격차를 보이고 있어서 결론을 내리기가 쉽지 않다. 빙하기가 절정에 달했을 때는 얼음이 곳곳에 산재해 있었고 해수면은 훨씬 낮았다. 따라서 남북아메리카에 인류가 처음 진출한 시기와 진출 방법 및 경로를 알아내려면 초기 유적지에서 취한 샘플에 탄소-14 연대측정법을 적용하는 수밖에 없다.

클로비스촉의 발견

신대륙에 최초로 진출한 인류는 어떻게 그곳으로 건너갔을까? 이 문제는 여러 해 동안 학자들 사이에 회자되다가 뉴멕시코에서 출토된 유물인 '클로비스촉(Clovis points)'에서 실마리를 찾았다(원래 이 명칭은 유물이 발견된 뉴멕시코의 작은 마을에서 따온 것이다. 〈그림 6-2〉). 클로비스촉은 커다란 화살촉처럼 생긴 도구인데 실제로는 물고기를 잡는 작살이었다. 재질로는 부싯돌이나 석영 또는 흑요석과 같은 화산유리가 사용되었다.

이런 도구를 만들려면 바윗조각의 끝 부분을 날카롭게 가공하는 기술이 있어야 한다. 우선 커다란 바윗덩어리를 잘게 자른 후 조각을 가공하여 다양한 도구를 만들었을 것이다. 클로비스촉은 길이가 몇 인치나 될 정도로 크고, 밑면 가장자리를 따라 '홈'이 나 있다는 점에서 화살촉이나 기타 도구와 확연하게 구별된다. 이 홈은 돌조각을 제거하고 남은 흔적으로 나무로 된 손잡이를 연결할 때 매우 유용했겠지만 실제로 돌조각에 이와 같은 홈을 만들기란 결코 쉬운 일이 아니다. 홈이 적절하게 패지 않으면 아래쪽에 과다한 압력이 가해져서 둘로 쪼개지기 십상이다. 오늘날에는 전통 기술을 전수한 극소수의 장인들만이 클로비스촉을 만들 수 있다.

클로비스촉은 미국 전역에 걸쳐 발견되고 있다. 일부 유적지에서는 매머드의 흔적과 함께 발견되었다. 심지어는 매머드의 뼈가 박힌 채로 보존된 경우도 있었다. 따라서 클로비스촉은 가끔씩 매머드 사냥에도 사용된 것으로 추정된다. 매머드는 오래전에 멸종했으므로 클로비스촉도 매

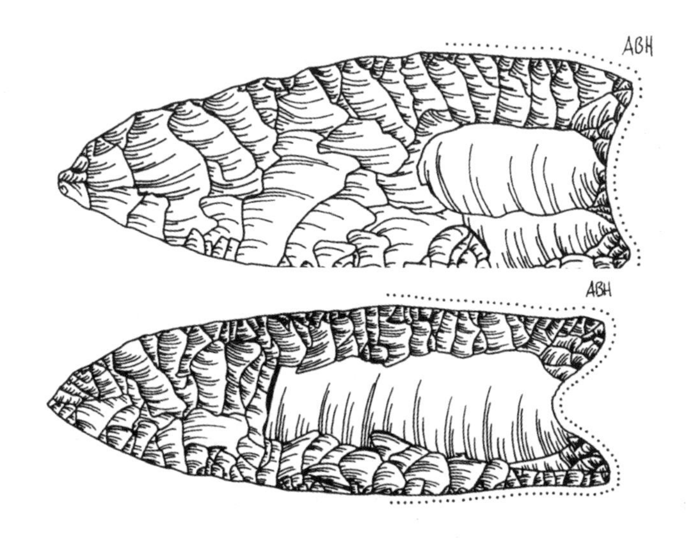

[그림 6-2] 클로비스촉의 모양. 아래쪽에 나 있는 '홈'이 가장 큰 특징이다. 클로비스촉은 물고기를 잡는 작살이었다.
출처 : John Whittaker, *Flintknapping : Making and Understanding Stone Tools*, University of Texas Press, 1994.

우 오래된 유물일 것이다. 클로비스촉이 발견된 유적지에 탄소-14 연대 측정법을 적용한 결과, 대부분의 클로비스촉은 기원전 1만 1000년 또는 지금으로부터 1만 3,000년 전에 만들어진 것으로 판명되었다. 즉, 이 도구들은 북아메리카에서 가장 오래된 유물인 셈이다. 많은 고고학자들은 클로비스촉이 신대륙에 최초로 진출했던 인류가 남긴 흔적으로 믿고 있다.

호모 에렉투스(Homo erectus, 직립 원인) 같은 인류의 조상이 아메리카 대륙에 살았다는 증거는 없다. 따라서 신대륙에 인류가 첫발을 디딘 시기는 아프리카에 최초의 인류가 등장했던 20만 년 전부터 클로비스촉이 만들어진 1만 3,000년 전 사이일 것이다. 이들은 북동아시아와 알래스카를 통해 신대륙으로 진출했을 가능성이 높다. 구대륙과 신대륙 사이의 거리가 가장 가까운 곳이 바로 베링 해협이기 때문이다.

아시아 대륙과 알래스카 사이가 육로로 연결되어 있었다고 가정하면 이 이론은 더욱 큰 설득력을 갖게 된다. 제5장에서 살펴본 바와 같이 산소 동위원소 함유량의 변화 추이와 기후 관련 데이터를 종합해 보면 지금으로부터 10만~1만 년 전에 지구가 전체적으로 매우 추웠음을 알 수 있다. 빙하기 동안에는 다량의 물이 빙하와 얼음으로 변하면서 해수면이 크게 낮아졌다. 지금으로부터 약 5만 년 전 그리고 2만 년 전에 기온이 크게 떨어지고 해수면이 내려가면서 아시아와 알래스카를 잇는 육로가 모습을 드러냈다. 그런데 빙하기에도 이 육로와 알래스카 대부분의 지역은 얼음으로 덮이지 않았으므로 많은 동물과 사람들이 새로운 거주지와 식량을 찾아 신대륙으로 이주했을 것이다.[1)]

---

1) 아메리카로 연결되는 다른 통로도 있지만 가능성이 낮아서 학계에 널리 수용되지 않고 있다.

호모 사피엔스가 알래스카에 진출하는 데 빙하기가 도움이 되긴 했지만 알래스카에서 아메리카 대륙으로 진출하는 것은 또 다른 도전이었다. 이 시기에 남쪽과 서쪽에서 습한 공기가 알래스카로 이동하여 해안을 따라 위치한 산간 지역에 다량의 눈과 물을 뿌렸으므로 알래스카의 내륙은 상대적으로 건조한 상태였다. 이와는 대조적으로 지금의 캐나다에 해당되는 지역은 멕시코 만의 습한 공기가 유입되어 퀘벡과 배핀아일랜드에서 로키산맥에 이르는 전 지역이 얼음으로 덮여 있었다.

이 얼음층은 지금으로부터 약 3만 5,000년 전에 알래스카에서 북아메리카 대륙으로 진출하는 인류에게 커다란 장애물이었으나 2만 년 전부터 서서히 녹기 시작하여 1만 4,000년 전에는 캐나다 서해안을 따라 북아메리카 본토로 진출하는 좁은 통로가 자연스럽게 형성되었다(〈그림 6-1〉).

미국 서부에서 발견된 클로비스촉은 대부분 이 통로가 형성되던 시기에 만들어진 것들이다. 따라서 클로비스촉을 만든 사람들은 이 경로를 따라 북아메리카 전 지역으로 퍼져 나갔을 것이다. 일부 고고학자들은 클로비스촉을 만든 사람들이 얼음으로 덮인 남쪽 지역에 처음 도착한 종족일 것으로 추측하고 있다. 이들은 대형 매머드와 같은 짐승을 좇아서 얼음이 없는 길을 따라 미국 서부의 평원에 도달했으며 이곳을 기점으로 신대륙 전체에 빠르게 퍼져 나갔다.

대형 동물이 멸종된 후(아마도 빙하기가 끝나면서 들이닥친 갑작스런 기후변화 때문일 것이다) 사람들은 방랑 생활을 접고 한곳에 정착하여 살기 시작했다. 따라서 자신이 사는 지역의 천연자원을 집중적으로 사용했을 것이다. 인류의 신대륙 진출사는 이보다 훨씬 복잡하지만 클로비스촉의 분포와 시기 그리고 다른 유물로 미루어 볼 때 그다지 크게 틀린 설명은 아닐 것이다. 다른 데이터들도 알래스카에서 서해안 통로 그리고 북아메리카 대륙 전역으로 이어지는 이주설을 뒷받침하고 있다.

이 가설['클로비스 최초 정착설(Clovis first model)'이라고 한다]을 수용한다면 1만 3,000~1만 4,000년 이전에는 아메리카 대륙에 사람이 살지 않았다는 것도 사실로 인정해야 한다. 왜냐하면 이 시기는 얼음이 녹은 통로가 형성되기 전이기 때문이다. 지난 몇 년 동안 일부 고고학자들은 아메리카 대륙에서 자신이 새로 발견한 유적지가 클로비스촉보다 시기적으로 앞선다고 주장하면서 클로비스 최초 정착설을 부정하고 있으나, 공식적으로 검증된 사례는 하나도 없다. 새로운 주장의 신빙성은 탄소-14 관련 데이터에 전적으로 의존하고 있기 때문에 고고학계의 논쟁은 종종 탄소-14 연대측정법의 신뢰도에 관한 논쟁으로 귀결되곤 한다.

미도우크로프트

미도우크로프트(Meadowcroft)는 펜실베이니아 서쪽에서 발견된 동굴유적지로서 지난 수천 년에 걸쳐 간간이 사용되어 온 것으로 추정된다. 동굴 바닥에는 지난 수천 년 동안 쌓인 돌과 먼지가 여러 겹의 층을 이루고 있으며, 일부 층에서 돌로 만든 도구와 모닥불을 피운 흔적 등이 발견된 것으로 보아 사람이 살았던 동굴임이 거의 확실하다. 1970년대에 이 유적지가 처음 발견되었을 때 아래쪽 층에서 수거된 목탄에 탄소-14 연대측정법을 적용한 결과 동굴의 수명은 1만 5,000년이 넘는 것으로 판명되었다. 즉 얼음이 걷힌 서해안 통로가 열리기 전에도 북아메리카 대륙에 사람이 살고 있었다는 뜻이다.

클로비스족보다 오래된 유적지가 여러 곳에서 발견되자 회의론자들이 강하게 반대하고 나섰다. 미도우크로프트가 논쟁거리로 부각된 이유는 크게 두 가지였다. 첫째, 동굴 바닥의 가장 오래된 층에서 참나무와 히코리나무(북미산 호두나무—옮긴이)의 흔적이 발견되었는데, 캐나다 전체가 25킬로미터 두께의 얼음으로 뒤덮였던 혹한의 빙하기에 이런 낙엽수들이 어떻게 살아남을 수 있었을까? 미도우크로프트의 발굴자들은 그 일대가 지형적으로 외부와 고립되어 있어서 기후가 생각보다 훨씬 온화했다고 주장했다.

두 번째로 제기된 문제는 탄소-14를 이용한 연대측정법과 관련되어 있다. 다들 알다시피 서부 펜실베이니아는 유명한 석탄 생산지로 3억 년 이상 된 탄소 퇴적물이 지역 전체에 걸쳐 묻혀 있다. 따라서 여기 섞여 있던 탄소-14는 이미 오래전에 붕괴됐을 것이고 목재 땔감이 불에 타면서 탄소 화합물과 섞였다면 다량의 탄소-12가 목탄 유입되어 탄소-12에 대한 탄소-14의 양은 상대적으로 작아지게 된다. 따라서 탄소-14 연대측정법으로 계산된 동굴의 나이는 실제보다 많게 측정되었을 가능성이 높다는 것이다. 그러나 발굴자들은 각 층에서 샘플을 취해 탄소-14 연대 측정을 실시한 결과 아래층으로 갈수록 오래 되었다는 타당한 결과가 나왔으므로, 샘플의 오염문제는 핵심을 벗어난 것이라고 주장했다(〈그림 6-3〉).

만일 연대 측정이 틀렸다면 샘플이 오염되었다는 뜻이다. 이런 경우에는 각 층마다 오염된 정도가 제각각이라서 '깊은 층으로 갈수록 오래되

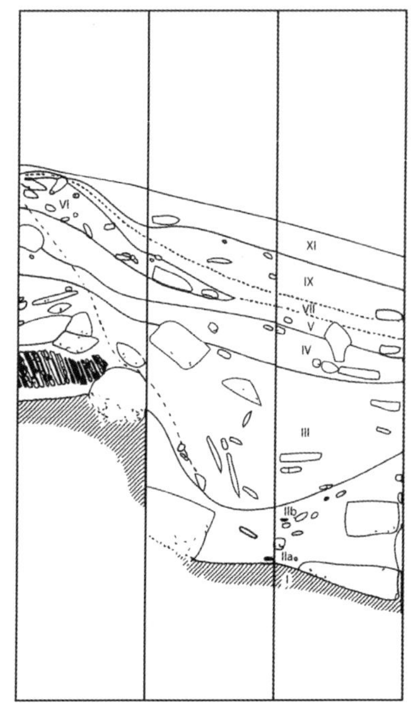

[그림 6-3] 미도우크로프트 유적지의 단면도. 오른쪽의 숫자는 각 층에 대응되는 탄소-14 연대이다. 우리의 짐작대로 깊은 층으로 갈수록 연대가 오래되었음을 알 수 있다. 미도우크로프트를 발견한 학자들은 샘플이 오염되지 않았다는 증거로 이 그림을 제시하였다.
출처 : J. M. Adovasio et al, "Meadowcroft Rockshelter 1977 : An Overview", *American Antiquity* 43, 1978, pp.632-651.

었다.'는 일관적인 결과가 나오지 않았을 것이다. 또한 그들은 샘플을 미세하게 측정한 결과 석탄 조각이나 기타 의심 가는 성분이 전혀 발견되지 않았음을 강조했다.

이렇게 미도우크로프트는 북아메리카에서 클로비스보다 오래된 유적으로 떠올랐으나 고고학자들은 25년이 지난 지금까지도 열띤 논쟁을 계속하고 있다. 이들은 가끔 공상과학 소설을 능가하는 황당한 주장을 늘어놓을 때도 있다. 이 문제에 관심 있는 독자들이 학회에 참석한다면 유익한 정보를 얻기 전에 짜증부터 날 것이다. 상황을 대충 정리해 보면 결국은 분석에 필요한 데이터를 특정한 지역에서밖에 구할 수 없다는 점이 문제이다.

이런 경우에 발굴자는 자신이 발견한 유적지에 각별한 애착을 가지고 자신만의 논리를 밀어붙이기 마련이다. 그러나 다른 고고학자들이 발굴자의 주장을 순순히 수용할 리도 없다. 다른 유적지가 발견되지 않는 한 발굴자의 주장을 검증하는 유일한 방법은 그가 발굴한 샘플과 분석 방법을 철저하게 재확인하는 것뿐이다. 그런데 안타깝게도 발굴자에게 시간과 자원이 없고 회의적인 질문에 일일이 답할 의지조차 없다고 해도 그는 유적과 관련된 정보를 제공할 수 있는 유일한 사람이다.

상황이 이러하기에 충돌과 논쟁이 끊이지 않는 것이다. 이 난처한 상황을 타개하려면 유사한 정보를 제공할 만한 다른 유적지를 찾는 수밖에 없다. 그 후 북아메리카에서 미도우크로프트 못지 않게 학계의 관심을 끄는 유적지가 몇 개 더 발견되었으며 그사이에 남아메리카에서도 획기적인 발견이 이루어졌다.

몬테베르데

클로비스 최초 정착설이 처음으로 제기되었을 때만 해도, 남아메리카 대륙은 북아메리카 대륙만큼 활발한 탐사가 이루어지지 않은 상태였다(마야나 잉카문명보다 훨씬 전 시대의 탐사를 말한다—옮긴이). 그 후 고고학자들은 남미로 눈을 돌려서 빙하기 말엽에 아메리카 대륙으로 이주했던 인류의 흔적을 찾기 시작했고, 짧은 기간 동안 많은 데이터를 확보할 수 있었다. 그중 가장 유명한 유적지가 칠레의 중남부에 위치한 몬테베르데(Monte Verde)이다.

이곳은 미도우크로프트와 달리 좁은 강둑을 옆에 끼고 있는데, 퇴적층을 몇 미터 파고 들어가면 다양한 석기와 잘 보존된 동식물의 흔적을 쉽게 찾을 수 있다. 고고학자들은 유물이 분포되어 있는 패턴을 분석한 끝에 과거 한때 사람들이 이 지역에서 야영을 했다는 결론에 이르렀다. 특히 나무로 만든 기둥과 지주가 여러 개 발견된 것으로 보아 임시 가옥과 텐트가 여러 채 있었던 것으로 추정된다. 탄소-14로 연대를 측정하고 보정 작업을 거친 결과, 유적지의 연대는 대략 1만 2,500 BP 또는 1만 4,000~1만 5,000년 전 사이로 판명되었다. 이는 몬테베르데가 북아메리카의 클로비스나 서해안 통로가 열리기 전에 형성되었음을 의미한다. 더욱 놀라운 것은 이 지역이 알래스카 남부로부터 무려 1만 6,000킬로미터나 떨어져 있다는 점이다.[2)]

몬테베르데를 처음 발굴한 학자들은 1997년에 다른 고고학자들을 이곳으로 초청하여 자신들이 얻은 데이터와 결론을 검증해 달라고 요청했다. 초청된 학자들은 다양한 검증 과정을 거친 끝에 몬테베르데가 고대 유적지임을 인정했고 그때부터 이곳은 시기적으로 클로비스를 앞서는 유력한 후보지로 떠오르게 되었다.

물론 이것만으로 모든 반대 의견을 잠재울 수는 없었다. 검증에 참여하지 않은 고고학자들은 몬테베르데의 유물을 해석하는 방법에 대하여 몇 가지 의문을 제기했다. 여기서도 샘플의 오염 가능성이 제기되었으나

2) 이곳에서 더 오래된 것으로 추정되는 유물도 발견되었으나 샘플의 양이 너무 적어서 공인되지 못했다.

정작 중요한 문제는 연대 측정의 대상이 되었던 물질과 도구들 사이의 상호관계였다.

앞서 말한 대로 유물이 발견된 퇴적층은 강과 가까운 곳에 있었다. 이런 곳에는 다른 지역에서 쓸려 내려온 온갖 물건들이 함께 쌓이기 때문에, 몬테베르데의 유물은 그곳에 인간이 거주했던 흔적이 아니라 다른 시대에 만들어진 물건이 강을 타고 흘러 내려온 것일 수도 있다. 만일 그렇다면 이곳에서 출토된 목탄이나 목재의 연대는 더 이상 믿을 수 없게 된다. 그러나 발굴자들은 유물이 발굴된 퇴적층이 상대적으로 짧은 기간 동안 형성되었음을 지적하면서 반대 의견을 수용하지 않았다. 또한 그들은 몬테베르데에서 발견된 인공물들의 구조적 특성과 인류 발생학적 패턴도 간과할 수 없다고 주장했다.

지역에 따른 패턴

어쨌거나 몬테베르데 유적지는 신대륙의 클로비스 최초 정착설에 제동을 걸면서 새로운 관심사로 떠올랐다. 지금으로서는 캐나다 전체가 얼음으로 덮여 있을 때 일부 사람들이 북아메리카의 서부 해안에 난 통로를 따라 이동했다는 것이 가장 그럴듯한 설명이다(이들은 이동 중에 배를 탔을 가능성도 있다). 그러나 클로비스보다 앞선 시기에 인류가 신대륙에 진출했다는 직접적인 증거는 아직 발견되지 않았다.

몬테베르데와 미도우크로프트의 탄소-14 연대 측정이 정확하다고 해도, 선(先) 클로비스 유적지(pre-Clovis, 시기적으로 클로비스보다 앞서는 것으로 추정되는 유적지)의 수가 너무 적고 또 넓게 퍼져 있기 때문에 당시 사람들의 생활 패턴을 알기가 어렵다. 뿐만 아니라 이미 발견된 선 클로비스 유적지를 아무리 뒤져 봐도 다른 유적지의 위치를 짐작할 만한 단서가 전혀 발견되지 않아서 많은 학자들을 실망시키고 있다. 물론 회의론자들은 연대 측정의 신뢰성을 문제 삼으면서 발굴자들을 끈질기게 괴롭히는 중이다.

이와는 대조적으로 클로비스촉은 매우 정교하게 다듬어진 물건이기 때문에 이와 유사한 유물이 발견된 지역들은 공통된 도구 제작 기술이 전수되었다고 단언할 수 있다. 클로비스촉이 발견된 다양한 유적지에서 얻은 데이터를 잘 조합하면 이 도구를 만든 사람들이 언제 어떻게 살았는지 알 수 있다. 예를 들어 북아메리카에서 발견된 다양한 클로비스 유적지에 탄소-14 연대측정법을 일괄적으로 적용하면 기원전 1만 1000년을 기준으로 수백 년의 차이밖에 나지 않는다. 따라서 대부분의 클로비스촉은 이 한정된 시기에 만들어졌다고 할 수 있다. 또한 이 촉에는 매머드의 생체 조직이 묻어 있으므로, 생산자들 중 일부에게는 매머드 사냥이 중요한 일과였을 것이다. 고고학자들은 여러 유적지에서 출토된 유물을 비교하여 매머드 사냥법과 도살법까지 유추해 냈다. 물론 클로비스인들이 하루 종일 사냥에 매달리지는 않았겠지만 사냥을 제외한 다른 도구들은 내구성이 떨어져서 금방 닳아버리기 때문에 정보를 얻기가 쉽지 않다.

나는 클로비스 최초 정착설이 꽤 오랜 시간 동안 명맥을 유지하는 이유 중 하나는 관련 유적지들의 형성 시기가 거의 동일하고 거리도 가깝기 때문이라고 생각한다. 그러므로 클로비스와 무관한 초기 유적지에서 어떤 패턴이 발견된다면 신대륙의 초기 문명을 추적하는 데 커다란 도움이 될 것이다. 고고학자들이 미도우크로프트와 연관성이 있는 다른 유적지들의 분포 패턴을 알아냈다고 가정해 보자. 이 유적지들 중 어느 하나라도 클로비스촉보다 최근 것으로 판명되거나 1만 5,000년 전의 빙하보다 더 깊은 층에서 발견된다면 유적지의 연대를 의심할 수밖에 없다.

이와는 반대로 모든 유적지들이 '얼음으로 덮이지 않았던 지역'에 분포되어 있다면 미도우크로프트 최초 정착설이 설득력을 갖게 될 것이다. 또는 그 밖의 분포 패턴으로부터 캐나다의 빙하를 피해 가는 길이 밝혀질 수도 있다. 과거 정착민들이 북아메리카 대륙의 빙하를 피하기 위해 서해안에 난 길을 따라갔다면, 비슷한 유물을 간직한 유적지들이 서해안을 따라 분포되어 있을 것이다. 그러나 안타깝게도 빙하기 말엽에 해수면이 상승하면서 이 지역에 있을 법한 대부분의 유적지들이 바닷물 속으로 잠기고 말았다.

지금까지는 북아메리카에서 얻은 데이터가 너무 적어서 선 클로비스 유적지의 패턴을 분석하기가 쉽지 않았다. 그러나 남아메리카에서는 흥미로운 패턴들이 모습을 드러내기 시작했다. 클로비스 최초 정착설에 의하면 아메리카 대륙에 처음으로 진출한 사람들은 매머드같이 큰 동물을 찾아 대륙 전체로 빠르게 퍼져 나갔다. 만일 이보다 앞선 시기에 사람이 있었다 해도 큰 동물을 찾아 먼 길을 여행하는 생활 패턴은 크게 다르지 않았을 것이다.

그렇다면 남아메리카의 초기 유적지들은 안데스 고원과 같이 큰 동물을 쉽게 찾을 수 있는 넓은 지역에 집중되어 있어야 한다. 그러나 남아메리카의 초기 유적지는 고원지대보다 해변이나 남부 아마존처럼 숲으로 둘러싸인 지역에서 주로 발견되고 있다. 이곳에서 발견된 유물에 의하면 당시 사람들은 큰 동물보다 주로 물고기나 조개 등 작은 동물을 사냥했고, 간간이 식물을 모아 둔 흔적도 있다.

선 클로비스의 가장 유력한 후보인 몬테베르데 유적지에서는 약초 꾸러미와 식물섬유로 짠 밧줄 등이 발견되기도 했다. 최근에 브라질 동부의 몬테알레그레(Monte Alegre) 근처에서 카베르나 다 페드라 핀타다(Caverna de Pedra Pintada) 유적지가 발견되었는데 이곳에 살던 사람들은 열대 우림 한복판에서 과일과 나무 열매를 주식으로 삼았던 것 같다. 이들이 살았던 시기는 북아메리카 거주민들이 클로비스촉으로 매머드를 사냥하던 시기와 거의 일치한다.

탄소-14 연대 측정에 따르면 클로비스촉이 발견된 북아메리카의 유적지들은 카베르나 다 페드라 핀타다와 같은 비(比) 클로비스 유적지(클로비스촉과 무관한 초기 유적지의 총칭—옮긴이)와 시기적으로 큰 차이가 없다. 1만 3,000년 전 신대륙에서의 생활 양상은 우리의 짐작보다 훨씬 복잡했던 것이다.

빙하기 말엽에 아메리카 대륙에서의 생활 패턴이 이렇게 다양했다면 우리는 다음과 같은 질문을 제기하지 않을 수 없다. 음식과 생활 습관이 완전히 다른 집단이 어떻게 같은 대륙 안에서 수백 년 동안 공존할 수 있었는가? 거주지의 환경이 특이하여 각자 국소적으로 적응한 결과인가? 이들 사이에 접촉은 전혀 없었는가? 교류가 있었다면 어떤 형태였는가? 지금 주어진 데이터만으로는 만족한 답을 내놓을 수 없다. 그러나 앞으로 더 많은 유적지가 발견되고 연대 측정이 정확하게 이루어지면 뚜렷한 패턴이 드러날 것이다. 이때가 되면 고고학자들은 신대륙에 퍼져 있던 종족들이 그들의 땅과 천연자원을 어떤 식으로 사용했는지 밝힐 수 있을 것이다. 이것은 아메리카 대륙 선사시대 초기의 역사를 복원하는 데 결정적인 단서를 제공할 것으로 기대된다.

아메리카 대륙 최초 거주민의 뿌리를 찾는 여정은 이제 시작에 불과하다. 이제 새로운 발견이 이루어지면 지금까지와는 전혀 다른 인류학적 문제가 새로운 이슈로 부각될 것이다. 인류의 직립보행은 어떤 과정을 거쳐 이루어졌으며 그 시기는 언제인가? 현대인이 출현하기 수백만 년 전부터 인류는 직립보행을 했던 것으로 추정된다. 이 시기의 유물은 너무 오래되어서 탄소-14의 잔량이 극히 적기 때문에 탄소 연대측정법으로는 정확한 시기를 알 수 없다. 따라서 우리는 탄소가 아닌 다른 불안정한 동위원소나 유전학적인 정보에 의존해야 한다. 이 분야도 연구가 활발하게 진행되고 있으며 획기적인 발견을 코앞에 두고 있다.

더 읽을 거리

· Brian Fagan, *Ancient North America*, Thames and Hudson, 2000.(북아메리카 고고학의 안내서)

· Gary Haynes, *The Early Settlement of North America*, Cambridge University Press, 2004.(클로비스촉과 그것을 만든 사람들에 관한 최근 연구 결과)

· Thomas D. Dillehay, *Monte Verde* 2 vols, Smithsonian Institution Press, 1989.(몬테베르데 유적지에 관한 설명)

· Nina Jablonski, *The First Americans*, University of California Press, 2002.(신대륙 초기 거주민의 다양한 생활 양상)

· A. C. Roosevelt et al, "The Migrations and Adaptations of the First Americans : Clovis and Pre-Clovis Viewed from South America", *The First Americans*, University of California Press, 2002.(남아메리카의 초기 유적지에 관한 자세한 정보)

제 7 장

직립보행의 역사

생물학적 관점에서 보면 인간은 침팬지나 고릴라와 크게 다르지 않다. 이들은 해부학적으로 수없이 많은 공통점을 가지고 있으며(엄지손가락과 다른 손가락 손톱을 마주 보게 하는 능력도 그중 하나이다), 전체적인 유전자 청사진에서 다른 점이라고는 단 몇 퍼센트뿐이다. 그러나 생물학적 차이가 이렇게 작음에도 불구하고 인간과 유인원의 행동 양식은 완전히 딴판이다. 침팬지는 나처럼 책을 쓸 수 없고, 만일 쓴다고 해도 출판사를 찾기가 쉽지 않다. 그러므로 인간만이 가지고 있는 특성의 기원을 알아낼 수만 있다면 우리를 특별하게 만드는 요인을 더욱 정확하게 이해할 수 있을 것이다.

인간과 유인원의 다른 점 중 가장 눈에 띄는 점을 두 가지만 고른다면 두뇌의 용량과 걷는 방식이다. 인간의 큰 두뇌는 복잡한 행동 양식과 독특한 문화를 창조한 원동력이었다. 그러나 인간의 걷는 자세도 진화 과정에서 결정적인 역할을 했다. 우리의 선조들은 두뇌가 커지기 한참 전부터 두 발로 걸어왔다. 그중에 인간과 유인원의 조상들 중에서 완전한 직립보행에 성공한 인간만이 훗날 큰 두뇌를 갖게 되었다. 보행 패턴과 두뇌의 발달이 구체적으로 어떤 관계에 있는지는 아직 확실하지 않지만 어떻게든 연결되어 있는 것만은 분명하다.

직립보행의 기원을 찾는 것은 오래전부터 인류학자들에게 매우 중요한 문제였다. 그리고 최근 들어 일련의 중요한 발견이 이루어지면서 드디어 이 수수께끼의 윤곽이 드러나기 시작했다. 두뇌 용량의 변화와 마찬가지로 보행 패턴의 변화가 골격 구조의 변화를 초래한다는 것이다. 그러므로 변화가 일어난 시기를 추정하려면 원리적으로 화석에 의존하는 수밖에 없다. 학자들은 아프리카에서 발견된 원시인의 두개골을 분석하여 지난 500만 년 동안 인류의 두뇌가 변해 온 과정을 개략적으로 알아내는 데 성공했으나 최초 직립보행의 시기와 장소를 알려 주는 화석이나 뼈는 아직 단 한 점도 발견되지 않았다.

직립보행의 기원과 관련된 정보가 이렇게 태부족하기 때문에 두발로 걷는 것이 어떤 이점이 있는지를 알아내는 것도 결코 쉽지 않은 일이다. 그런데 지난 10년 사이에 에디오피아와 케냐 그리고 차드공화국 등지에서 활동하던 연구팀들이 매우 흥미로운 화석을 발견하여 세상을 놀라게 했다. 그들이 발견한 것은 단편적인 조각에 불과했지만 화석의 연대는 인류학자들을 흥분시키기에 충분했다. 새로 발견된 뼈는 인류의 조상이 직립보행을 했던 시기의 것(DNA가 그 증거이다)으로서, 인류의 기원을 찾는 연구에 획기적인 전환점이 되었다.

호미니드

새로 발견된 화석은 (인류학자들이 인간의 특징을 연구할 때 사용하는 대부분의 화석과 마찬가지로) 직립보행에 적합한 골격 구조와 커다란 두개골 그리고 다소 퇴화된 송곳니와 원통 모양의 흉곽을 가지고 있다. 이 생명체는 한동안 '호미니드(hominid)'라고 불려오다가 최근 들어 분류 체계가 세분화되면서 '호미닌(hominin)'이라는 명칭으로 정착되었다. 이 책에서는 우리에게 좀 더 친숙한 호미니드를 사용할 것인데 어떤 이름으로 부르건 간에 중요한 것은 이 생명체가 다른 동물에서 찾아보기 힘든 '인간과의 공통점'을 가지고 있다는 사실이다. 호미니드와 현대인은 이 공통점을 그들 공동의 조상으로부터 이어받았을 것이다. 그러므로 호미니드의 화석의 특징과 분포 패턴을 추적하면 우리의 조상이 언제 어떻게 그와 같은 특징을 획득했는지 알아낼 수 있다.

두뇌의 크기를 예로 들어 보자. 〈그림 7-1〉은 몇 종의 호미니드의 두개골을 연대순으로 나열한 것이다. 두뇌의 크기는 대충 눈썹 위에서 머리끝까지의 간격(이마의 넓이)으로 가늠할 수 있는데 오스트랄로피테쿠스 아파렌시스(Australopithecus afarensis)와 같은 초기 호미니드는 비교적 두뇌가 작다는 사실을 알 수 있다(침팬지의 두뇌와 비슷하다). 또한 그림을 잘 보면 뚜렷한 경향을 읽을 수 있다. 오스트랄로피테쿠스 아파렌시스에서 호모 하빌리스(Homo habilis)와 호모 에렉투스 그리고 현대인인 호모 사피엔스로 넘어오면서 두뇌의 용량이 점차 증가하고 있는 것이다. 그러나 파란트로푸스 로부스투스(Paranthropus robustus)는 이런 경향을 따르지 않아서 동시대에 살았던 호모 에렉투스보다 두뇌 용량이 현저히 적다.

고인류학자들은 여러 종의 호미니드들이 살던 장소와 주로 먹었던 식량을 비교함으로써 인류가 큰 두뇌로 진화해 온 과정을 연구하고 있다.

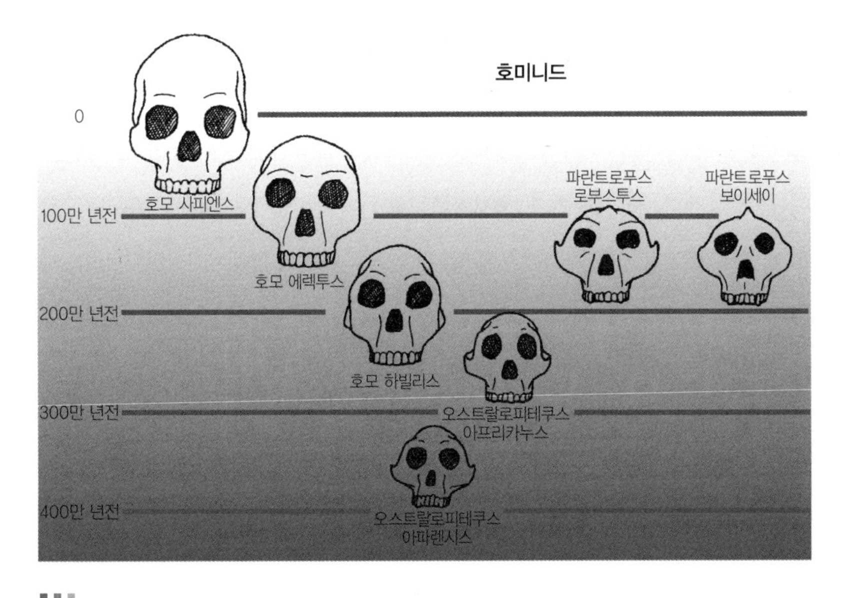

[그림 7-1] 각종 호미니드의 두개골 크기 비교. 세로축은 화석의 연대를 나타내고 가로축은 임의로 정했다. 눈썹 위에서 머리끝까지의 간격(이마의 넓이)이 넓을수록 두뇌의 용량이 크다고 할 수 있는데, 그림에서 보다시피 현대로 올수록 두뇌가 커졌다는 것을 알 수 있다.

여기서 얻은 데이터에 의하면 두뇌가 큰 호미니드가 처음 등장한 것은 지금으로부터 약 200만 년 전이었다. 생명의 진화와 환경조건은 불가분의 관계에 있으므로 이로부터 당시의 기후와 환경적 요인 등을 추적할 수도 있다.

지난 수백만 년 동안 호미니드의 두뇌 용량은 크게 향상된 반면 보행 방식은 크게 달라지지 않았다. 보존 상태가 좋은 화석을 분석해 보면 오스트랄로피테쿠스 아프리카누스(Australopithecus africanus)조차도 두 발로 걸었음을 쉽게 알 수 있다. 이들은 수직으로 선 몸을 지탱할 수 있도록 척추의 아랫부분이 뒤로 휘어져 있고 엉덩이와 무릎, 발목 관절 등은 두 다리가 골반 아래에서 앞뒤로 자유롭게 움직일 수 있도록 설계되어 있다. 이는 곧 직립보행의 역사가 두뇌 크기의 역사보다 오래되었을 뿐만 아니라 오스트랄로피테쿠스 아파렌시스를 비롯하여 〈그림 7-1〉에 등장하는 그 어떤 호미니드보다 오래되었음을 의미한다. 그러나 직립보행에 부적당한 골격을 가진 호미니드 화석이 발견되기 전에는 우리의 조상이 직립보행을 채택한 이유를 설명하기 어렵다. 그래서 직립보행의 기원을 찾는 인류학자들은 오스트랄로피테쿠스 아파렌시스보다 오래된 호미니드의 화석을 끈질기게 찾아왔다. 그리고 최근 들어 이들의 노력이 드디어 결실을 맺게 되었다.

2001년 에티오피아와 케냐에서 활동하던 고인류학 연구팀은 호미니드의 일부분으로 추정되는 화석조각들을 발견했다고 발표했다. 그들이 발견한 것은 뼈 몇 조각에 불과했으나, 치아의 구조로 보아 오스트랄로피테쿠스나 기존의 다른 호미니드가 아닌 것만은 분명했으므로 각각 아르디피테쿠스 라미두스(Ardipithecus ramidus)와 오로린 투게넨시스(Orrorin tugenensis)로 명명되었다. 그 후에 차드공화국에서 발굴 작업을 하던 또 다른 연구팀이 잘 보존된 새로운 호미니드의 두개골을 발견하여 사헬란트로푸스 차덴시스(Sahelanthropus tchadensis)라고 명명하였다. 이 뼈들은 기존에 발견된 어떤 호미니드보다 오래된 것으로 판명되어 학자들은 호미니드 역사의 미답지를 연구할 수 있게 되었다.

제6장에서 언급된 아메리카 대륙의 유적지들과 마찬가지로, 이 유골의 연대는 불안정한 동위원소를 이용하여 측정되었다. 그러나 여기 사용된 동위원소는 하늘에서 생성된 탄소-14가 아니라, 땅속 깊은 곳에서 추출한 칼륨(Potassium, K)이었다.

칼륨-아르곤 연대측정법

모든 칼륨 원자는 19개의 양성자를 가지고 있으며, 중성자의 수는 동위원소의 종류에 따라 다르다. 지구에 존재하는 대부분의 칼륨은 칼륨-39(^{39}K)로 중성자가 20개이고 지극히 안정적인 원소로 알려져 있다. 그러나 칼륨의 0.01퍼센트는 칼륨-40(^{40}K)의 형태로 존재하는데(중성자 21개와 양성자 19개), 이 동위원소는 매우 불안정한 상태에 있다(〈그림 7-2〉). 탄소-14와 마찬가지로 칼륨-40은 중성자 하나가 자발적으로 양성자로 변하는 베타붕괴를 일으키면서 원자핵 자체는 칼슘-40(^{40}Ca)으로 변한다. 그러나 칼륨-40의 약 10퍼센트는 조금 다른 방식으로 붕괴된다. 원자핵이 전자 하나를 포획하여 양성자 하나가 중성자로 변환되고 원자핵은 아르곤-40(^{40}Ar)으로 변하는 것이다.

칼륨-40의 붕괴는 명확하게 정의된 반감기 규칙에 따라 진행되며 반감기는 양성자와 중성자의 개수에 의해 결정된다. 따라서 탄소-14와 마찬가지로 칼륨-40은 오래된 물체의 연대를 측정하는 데 사용될 수 있다. 그런데 탄소-14의 반감기는 수천 년에 불과한 반면 칼륨-40의 반감기는 1억 2,800만 년이나 되기 때문에, 두 원소로 측정할 수 있는 연대는 스케일이 다르다.

수천 년 전에 만들어진 것으로 추정되는 유물이나 자연물 샘플이 우리에게 주어졌다고 가정해 보자. 탄소-14의 반감기 역시 수천 년 단위이므로 그 정도 세월이 지나면 샘플에 함유되어 있던 탄소-14 중 상당량이 붕괴되어 사라졌을 것이다. 그러나 이 샘플에 들어 있던 칼륨-40은 수천 년이 지났어도 극히 일부만이 칼슘-40이나 아르곤-40으로 붕괴되

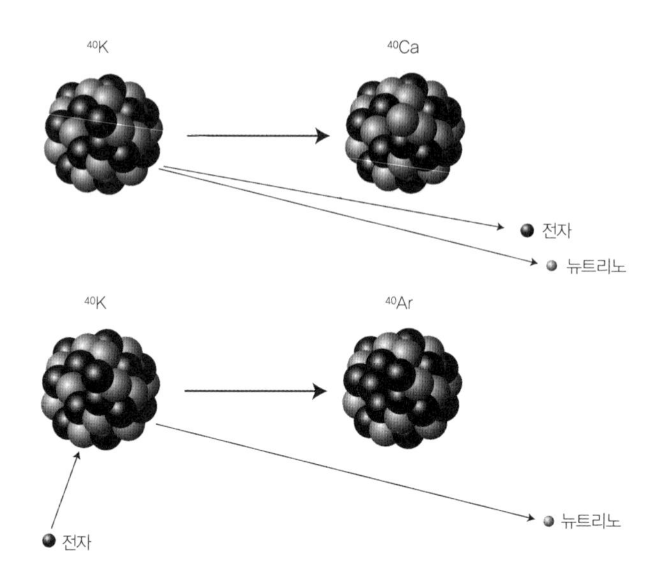

[그림 7-2] 칼륨-40(^{40}K)의 붕괴 과정. 칼륨-40의 90퍼센트는 탄소-14와 같이 베타붕괴를 일으킨다. 즉 중성자(검은색 구) 하나가 양성자(회색 구)로 변환되고 전체적으로는 칼슘-40(^{40}Ca)의 원자핵이 된다. (아래) 칼륨-40의 나머지 10퍼센트는 원자핵이 전자 하나를 포획하여 양성자가 중성자로 바뀌고, 원자핵은 아르곤-40(^{40}Ar)으로 바뀐다.

었을 뿐 대부분은 원형 그대로 남아 있다.

따라서 샘플의 연대가 비교적 최근이라면 칼륨-40보다 탄소-14의 양을 측정해야 정확도를 높일 수 있다. 그러나 수백만 년 또는 수십 억 년 된 샘플이라면 탄소-14는 모두 붕괴되어 아무런 정보도 줄 수 없게 된다. 이런 경우에는 칼륨-40의 잔량을 측정하는 것이 훨씬 유리하다. 다시 말해서 칼륨-40은 비교적 오래된 물체의 연대를 측정하는 데 적절한 원소라고 할 수 있다.

탄소-14와 칼륨-40은 화학적 성질이 크게 다르기 때문에 이를 적용하게 될 연대 측정 대상물의 종류도 확연한 차이를 보인다. 앞서 말한 바와 같이 동시대에 살고 있는 모든 생명체들은 대기 중 이산화탄소로부터 일정량의 탄소-14를 흡수하고 있으므로 탄소-14는 '한때 살아 있었던' 생명체의 연대 측정에 적절한 원소이다. 반면에 칼륨-40은 화산암의 연대 측정에 주로 사용되는데 그 이유는 모든 화산암들이 동일한 양의 칼륨-40을 함유하고 있기 때문이 아니라 모든 용암에 아르곤-40이 전혀 들어 있지 않기 때문이다(용암은 화산암의 전신이므로 초기에 아르곤-40이 전혀 함유되어 있지 않아야 훗날 관측된 아르곤-40이 칼륨-40의 붕괴로 생성되었다고 믿을 수 있다—옮긴이).

아르곤은 헬륨, 네온과 함께 불활성기체(inert gas 또는 noble gas)에 속하는 원소이다. 불활성기체는 (극단적인 환경이 아닌 한) 다른 원소와 화학반응을 하지 않는 독특한 성질을 가지고 있다. 이들이 다른 원소들과 주고받는 상호작용이란 원자들끼리 부딪힌 후 도로 튀는 것뿐이다. 용암은 온도가 매우 높고 반 액체 상태이기 때문에 모든 분자들이 격렬하게 움직이면서 이웃한 분자를 교란시키고 있다. 따라서 불활성기체는 용암으로부터 쉽게 이탈된다. 이런 환경에서 아르곤 원자는 이리저리 튀다가 표면에 도달하면 곧바로 탈출하여 대기에 섞인다. 그러나 단단한 바위 속에 들어 있는 아르곤 원자는 쉽게 탈출할 수 없다. 바위를 이루는 분자들은 견고한 격자 형태로 나열되어 있고 이것이 아르곤 원자를 가두는 철창 같은 역할을 하기 때문이다.

갓 형성된 화산암에는 이론적으로 아르곤이 전혀 없다. 액체였던 용암이 고체로 식기 전에 모든 아르곤이 대기 중으로 탈출했기 때문이다. 그러나 이 화산암은 소량의 칼륨-40을 함유하고 있다. 여기서 시간이 흐르면 칼륨-40은 아르곤-40으로 서서히 붕괴된다. 이것은 바위 속에 갇힌 채 계속 누적된다. 훗날 누군가가 이 바위에서 아르곤-40의 양을 측정한다면 바위가 처음 생성된 후로 얼마나 많은 칼륨-40이 아르곤-40으로 붕괴됐는지 알 수 있을 것이다. 이제 아르곤-40 함유량과 칼륨-40 함유량을 조합하면 바위의 생성 연대를 계산하는데 필요한 모든 정보가 확보되는 셈이다.

예를 들어 어떤 고고학자가 10마이크로그램의 칼륨-40과 1마이크로그램의 아르곤-40이 함유되어 있는 화산암을 발견했다고 가정해 보자. 바위가 생성되던 무렵에는 아르곤이 전혀 없었으므로 이 데이터는 바위 생성 후 지금까지 1마이크로그램의 칼륨-40이 아르곤-40으로 붕괴되었음을 의미한다. 그런데 칼륨-40의 10퍼센트만이 아르곤-40으로 붕괴될 수 있으므로 바위가 생성된 후 지금까지 붕괴된 칼륨-40의 양은 10마이크로그램이다. 즉 원래 바위에는 총 20마이크로그램의 칼륨-40이 있었으며, 생성 후 지금까지 절반이 붕괴되었다. 따라서 바위의 나이는 칼륨-40의 반감기와 같은 1억 2,800만 년이라는 결론이 내려진다.

흔히 '칼륨-아르곤 연대측정법'이라 불리는 이 과정은 화산암의 연대를 측정하는 간단하고도 우아한 방법이다. 바위에 함유된 칼륨-40과 아르곤-40의 양만 알면 다른 측정 과정이나 보정 과정을 거치지 않고 곧바로 생성 연대를 알 수 있다. 다시 말해서 바위의 나이에 관한 모든 정보가 바위 안에 자체적으로 다 들어 있다는 뜻이다. 바위가 처음 생성되었을 때 아르곤-40이 전혀 없었다는 가정만 수용하면 된다. 그러나 이 방법이 항상 완벽한 것은 아니다.

바위에 함유된 아르곤-40이 다양한 원인에 의해 오염될 수도 있기 때문이다. 아르곤-40의 측정값이 원래의 양과 다르다면 계산 결과는 당연히 사실에서 벗어난다. 원래의 용암 속에 녹지 않은 바위가 일부 섞여 있었다면 바위가 처음 생성될 때부터 아르곤-40을 함유하고 있을 것이고 용암이 바위로 굳은 후에 어떤 이유에서건 뜨거운 열기에 노출되었다면 칼륨-40이 붕괴되면서 생성된 아르곤-40의 일부가 대기 중으로 날아갈 수도 있다.

탄소-14 연대측정법과 마찬가지로 칼륨-아르곤 연대측정법도 수정 및 보완 지침이 마련되어 있다. 약간의 기교를 부리면 칼륨-아르곤 연대측정법의 신뢰도를 평가할 수 있는데 그 원리는 다음과 같다. 바위에서 아르곤을 채취하기 전에 핵반응기에서 생성된 중성자 빔을 바위에 발사한다. 우주 선에서 날아온 중성자가 대기 상층부의 질소-14를 탄소-14로 바꾸듯이 핵반응기에서 발사된 중성자는 바위 속에 들어 있는 칼륨-39 중 일부를 아르곤-39로 변환시킨다. 바위에 함유된 칼륨은 대부분 칼륨-39이므로 중성자 폭격을 가하면 칼륨-39의 양이 감소하고 아르곤-39가 생성된다. 이 과정을 거친 후 바위에서 아르곤을 추출하여 질량분석기로 아르곤-39와 아르곤-40을 분리시킨다. 아르곤-39와 아르곤-40은 동일한 원소에서 생성되었으므로 이들의 성분비는 바위 어느 곳에서나 같아야 한다. 그런데 이 바위가 과거 한때 뜨거운 열에 노출된 적이 있다면 불안정한 아르곤-40 중 일부가 대기 속으로 탈출했을 것이므로 바위의 부위에 따라 아르곤-39와 아르곤-40의 성분비가 다르게 나타날 것이다. 그러므로 다양한 온도에서 바위 속의 아르곤을 추출하여 동위원소 성분비를 비교하면 칼륨-아르곤 연대측정법의 신뢰도를 평가할 수 있다.

아프리카 동부의 화산과 화석

칼륨-아르곤 연대측정법을 적용하면 용암이 식어서 화산암으로 굳은 시기를 알 수 있다. 그런데 사람이나 동물의 뼈는 용암의 열기를 버티지 못하기 때문에 용암에 쓸려 간 뼈가 화산암 속에 남아 있을 가능성은 거의 없다. 그래서 대부분의 화석은 물과 바람에 의해 진흙과 모래가 번갈아 쌓인 퇴적층에서 발견된다. 일반적으로 칼륨-아르곤 연대측정법으로는 퇴적층에서 출토된 물체의 연대를 직접 알아낼 수 없다. 그러나 '동아프리카 단층계(East African Rift System)'라는 지질학적 현상 덕분에 화산암의 연대를 이용하여 퇴적층에 묻혀 있는 초기 호미니드 화석의

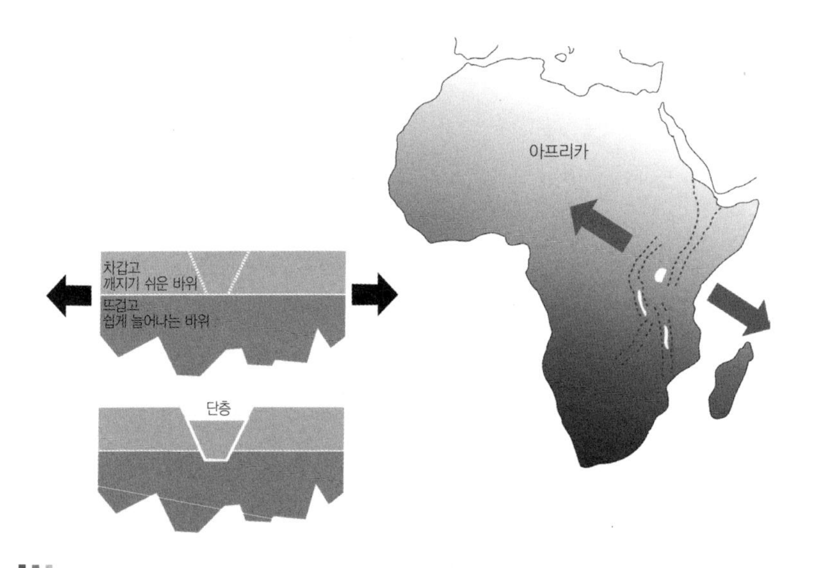

[그림 7-3] 동아프리카 단층계. (왼쪽) 단층계의 단면. 지질학적 힘에 의해 지각이 양쪽으로 당겨지면 뜨거운 바위층은 수평 방향으로 늘어나지만 위에 놓인 차가운 바위층은 양쪽으로 쪼개지면서 쐐기 모양의 저지대가 형성된다. (오른쪽) 지도에 표시한 동아프리카 단층계. 점선을 따라 저지대가 형성되어 있다. 화살표는 지질학적 힘이 작용하는 방향을 나타낸다.

연대를 알아낼 수 있다.

동아프리카 단층계란 여러 대륙을 이동시키는 힘과 관련하여 지각이 갈라진 부분을 말한다. 이 힘의 원천은 지구의 중심부에 존재하는 열에너지인데 그 위력은 바위를 잡아 늘이거나 휘어 버릴 정도로 막강하다. 지구의 내부에서 지표면에 가까운 바위일수록 온도가 낮고 깨지기 쉽기 때문에 이런 바위에 힘이 작용하면 변형이 일어나는 대신 여러 조각으로 쪼개지면서 깊은 계곡이나 저지대가 형성된다(〈그림 7-3〉). 이 특이한 단층계는 에리트레아에서 모잠비크까지 이어진다.

동아프리카 단층계가 그 일대의 환경에 미친 영향은 크게 3가지로 나눌 수 있다. 첫째, 저지대로 물이 유입되면서 여러 개의 호수가 형성되었고 호미니드를 비롯한 여러 야생동물들이 물을 찾아 이곳으로 모여들었다. 둘째, 고지대의 흙과 모래가 물과 바람에 쓸려와 저지대에 쌓이면서 화석 보존에 알맞은 환경이 만들어졌다. 셋째, 지각이 이동하면서 가해진 압력 때문에 마그마가 지표면으로 상승하여 화산활동이 활발해졌다. 이 3가지 영향으로 인해 동아프리카 단층계는 화석을 품은 화산 퇴적물이 여러 층에 걸쳐 쌓이게 되었다.

예를 들어 화석을 품은 퇴적암층이 2개의 화산암층 사이에 끼어 있다고 가정해 보자. 이 화석은 아래쪽 화산층보다 시기적으로 늦고, 위에 쌓인 화산층보다는 오래되었다. 따라서 칼륨-아르곤 연대측정법으로 화산암층의 연대를 파악하면 화석층의 연대 범위를 크게 좁힐 수 있다. 아르디피테쿠스와 오로린은 동아프리카 단층계에서 발견된 대표적인 화석인데 두 경우 모두 이와 같은 방법으로 연대가 알려지게 되었다. 동아프리카 이외의 지역에서 발견된 호미니드 화석도 단층계 연대측정법의 덕을 톡톡히 보았다.

예를 들어 사헬란트로푸스 차덴시스의 화석은 단층계로부터 서쪽으로 수백 킬로미터 떨어진 차드공화국에서 발견되었으며 그 일대에는 화산 퇴적물도 없었다. 그러나 이 화석이 발견된 장소에서 야생돼지 니안자

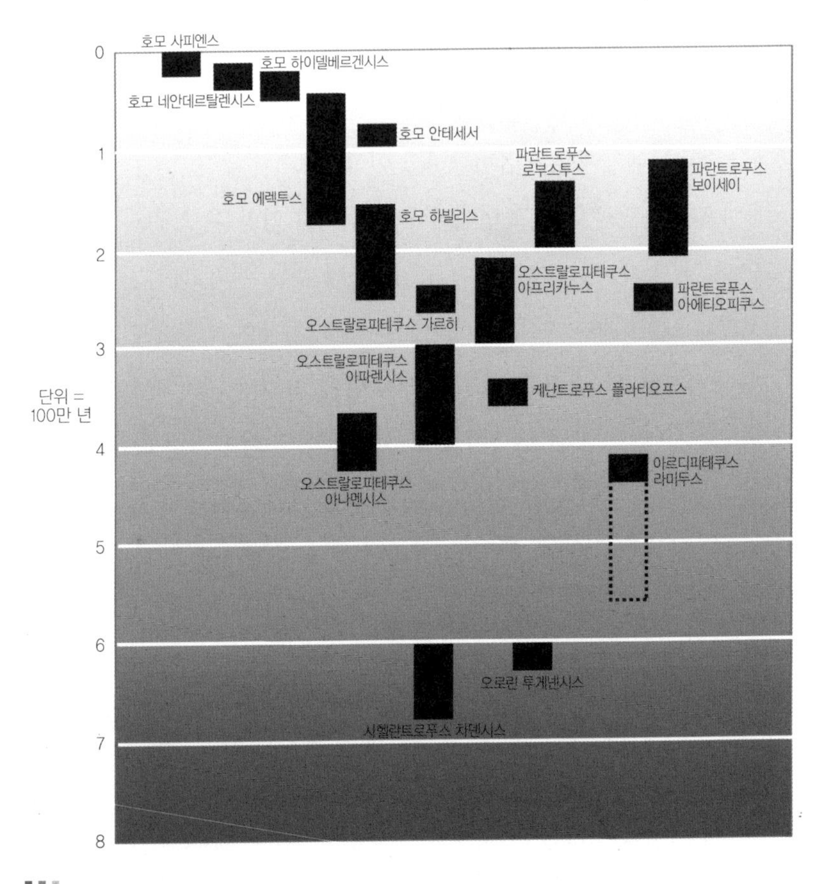

[그림 7-4] 호미니드 연대기. 각 호미니드의 활동 추정 연대는 검은색 막대로 표시했다. 최근 발견된 아르디피테쿠스와 오로린 그리고 사헬란트로푸스는 기존의 다른 호미니드보다 훨씬 오래되었다. 그것들은 인류의 조상이 처음으로 직립보행을 시작했던 무렵에 등장한 것으로 추정된다.
출처 : Bernard Wood, "Hominid Revelation in Chad", *Nature* 418, 2002, pp.134–136.

코에루스 시르티쿠스(Nyanzachoerus syrticus)의 화석도 같이 발견되었는데 이 생물의 화석은 단층계에서도 발견된 사례가 있었다. 고생물학자들은 칼륨-아르곤 연대측정법을 적용하여 니안자코에루스 시르티쿠스의 활동 연대를 약 600만~700만 년 전으로 추정하였다. 따라서 사헬란트로푸스 차덴시스도 이 무렵에 살았다는 결론을 내릴 수 있다.

〈그림 7-4〉는 2006년 현재까지 발견된 호미니드의 연대기이다. 대략 10년 전까지만 해도 가장 오래된 호미니드는 400만 년 전에 살았던 것으로 알려져 있었으나 최근 들어 아르디피테쿠스 오로린과 사헬란트로푸스의 화석이 발견되면서 호미니드의 역사는 600만~700만 년으로 길어졌다. 즉 최근에 발견된 호미니드가 훨씬 오래전에 등장했던 것이다. 그렇다면 이 화석에서 직립보행의 기원을 찾을 수 있을까? 발견된 부위가 다리와 발뼈뿐이어서 인류학자들은 이 호미니드의 보행 자세를 놓고 아직도 열띤 논쟁을 벌이는 중이다. 그러나 대다수의 인류학자들은 최근 발견된 화석에 큰 기대를 걸고 있다. 인간을 비롯한 영장류의 DNA를 분석한 결과 가장 오래된 호미니드가 인류 진화의 혁명기에 살았음이 밝혀졌기 때문이다.

DNA의 상호연관성 측정

땅속에서 발견되는 화석과 마찬가지로 모든 생명체의 DNA에는 생명의 역사를 보여 주는 유용한 정보가 담겨 있다. 분자생물학이 발전함에 따라 역사 분야에서 분자의 중요성은 날이 갈수록 더욱 크게 부각되고 있다. 분자 데이터를 이용한 과거 추적이 다른 방법 못지않게 신뢰도를 쌓으려면 많은 부분이 개선되어야 하겠지만 과학자들이 최근 이루어 낸 업적은 매우 고무적이다.

디옥시리보핵산(deoxyribonucleic acid) 또는 DNA의 이중나선 구조는 이미 오래전부터 생물학의 아이콘으로 자리 잡았다. 이것은 우리 몸을 이루고 있는 거의 모든 세포에 존재하는 분자로서 나선형으로 꼬인 두 가닥의 줄이 '뉴클레오티드(nucleotide)'라는 일련의 염기쌍을 통해 연결되어 있다. DNA 속의 뉴클레오티드는 아데닌(adenine), 타이민(thymine), 사이토신(cytosine) 그리고 구아닌(guanine) 이렇게 4종류로 각각 A, T, C, G로 표기한다. 이 염기쌍의 배열에는 세포의 기능과 다른 세포와의 상호작용 등 핵심적인 정보가 담겨 있다. 예를 들어 염기쌍 배열의 어느 특정 부분에는 다양한 단백질을 만들기 위한 지침서가 들어 있고 다른 어떤 부분은 단백질의 생산 시기를 결정하는 식이다.

뉴클레오티드는 특수한 화학적 성질을 가지고 있어서 아데닌은 타이민하고만 결합하고 사이토신은 구아닌 하고만 결합할 수 있다. 예를 들어 한쪽 나선 띠에 뉴클레오티드가 ACTTGCT의 순서로 배열되어 있다면, 다른 한쪽의 배열은 TGAACGA가 되어야 한다. 따라서 DNA 분자 속의 두 나선 띠는 기본적으로 동일한 정보를 담고 있는 셈이다. 그리고 우리 몸의 세포는 이중나선을 이루는 두 가닥의 띠를 분리하여 그 속에 담긴 정보를 읽는다.

이렇게 분리된 띠를 원본으로 삼아 똑같은 복사본을 만들어서 DNA 분자 속에 들어 있는 정보를 전달한다. 이 과정은 세포가 분열될 때마다 자동으로 진행되기 때문에 새로 만들어진 세포는 자신에게 할당된 임무가 무엇인지 분명하게 알 수 있다. 모든 생명체의 DNA에 각인된 정보는 이와 같은 과정을 거쳐 후손에게 전달된다.

그런데 세대를 거치면서 DNA의 염기 서열이 바뀌는 경우가 가끔 있다. 이런 현상을 '돌연변이(mutation)'라고 하는데, DNA 분자가 손상되거나 복제 과정에 오류가 생겼을 때 나타난다. 다른 DNA 정보를 가지고 탄생한 돌연변이는 세포의 기능에 변화가 생겨서 궁극적으로는 물리적인 특성까지 달라질 수 있다. 달라진 정보가 세포나 생명체를 죽이지 않는다면 돌연변이를 일으킨 DNA는 후손에게 전달된다. 그러면 이 DNA는 또 다른 변종을 낳게 되고 이런 식으로 여러 세대에 걸쳐 변화가 누적되다 보면 하나의 생명체에서 가지를 친 후손들이 전혀 다른 특성을 획득하게 된다. 생명의 뿌리를 찾아 거슬러 올라가면 결국 지구상에 존재하는 모든 생명체들은 하나의 조상에서 비롯되었으며, 지금처럼 다양한 생명체들이 존재하는 것은 수십 억 년에 걸친 돌연변이가 누적된 결과라는 사실을 알 수 있다.

그러므로 돌연변이의 역사를 거꾸로 추적하면 서로 다른 종들 사이의 연결 관계를 알 수 있다. 돌연변이는 희귀한 현상이면서 거의 무작위로 일어나기 때문에 서로 다른 생명체에게 동일한 돌연변이가 두 번 연속해서 일어날 가능성은(아주 불가능한 건 아니지만) 극히 희박하다. 뿐만 아니라 일단 돌연변이가 일어난 생명체에게 그 역과정 돌연변이가 일어나서 돌연변이가 일어나기 전의 조상과 같은 모습으로 되돌아갈 가능성도 거의 없다. 그러므로 여러 세대를 거치면서 돌연변이가 여러 차례 누적되다 보면 DNA의 종류가 기하급수적으로 늘어날 수밖에 없고, 생명체는 그만큼 다양해진다. 같은 조상을 가진 2~3대 후손들은 20~30대 후손들보다 공통점이 많을 것이므로 생명체 간의 공통점과 다른 점을 분석하면 전체적인 가계도를 복원할 수 있다.

지난 수십 년 동안 생물학자들은 다양한 물리적 형질의 분포를 데이터로 삼아 생명체들 간의 상호관계와 진화 과정을 연구해 왔다. 그러나 DNA 분자의 뉴클레오티드를 읽는 기술이 발전하면서 여러 생명체들의 길고 긴 뉴클레오티드 배열을 직접 비교할 수 있게 되었다. 이 새로운 데이터를 이용하면 생명체들 사이의 상호관계를 새로운 관점에서 분석할 수 있다. 특히 DNA 배열을 잘 활용하면 침팬지와 인간처럼 공동의 조상을 갖는 생명체들이 서로 다른 종으로 분리되어 나온 시기를 가늠할 수 있다. 물론 이것은 기존의 연대측정법과 전혀 다른 새로운 기술이다.

생물학자들은 DNA의 다양한 염기 서열을 이용하여 이전보다 훨씬 정량적인 방식으로 생명체를 구별할 수 있게 되었다. 예를 들어 다음과 같은 질문을 떠올려 보자.

> 참나무와 느릅나무 그리고 개와 고양이, 이들 중 어느 쪽이 '더 많이' 다른가?

외관만 놓고 따진다면 도저히 답을 구할 수 없는 질문이다. 고양이는 높은 곳에서 떨어져도 항상 네 발로 착지하지만 개는 그런 재주가 없다. 하지만 이런 이유로 개와 고양이가 참나무와 느릅나무보다 '덜 닮았다'고 말할 수 있겠는가? 또는 참나무와 느릅나무의 잎사귀 모양이 다르다고 해서 이들이 개와 고양이 사이보다 멀다고 주장할 수 있겠는가? 이런 문제가 어렵게 느껴지는 이유는 자명하다. 가깝거나 먼 정도를 정량적으로 판단할 만한 기준이 없기 때문이다. 그러나 DNA 분자의 세계로 눈을 돌리면 뉴클레오티드의 덧셈과 뺄셈 그리고 약간의 이동과 대치 등 간단한 연산으로 이 모든 차이점을 계량화할 수 있다.

다시 말해서 DNA 끈에 새겨진 정보의 차이를 헤아리면 종(種) 간 차이를 수치적으로 가늠할 수 있다는 뜻이다. 예컨대 DNA 염기 서열에서 '고양이는 A이고 개는 T인 곳'이 몇 개나 되는지 헤아린 후, 다시 '참나무는 A이고 느릅나무는 T인 곳'의 개수를 헤아려서 두 값을 비교하면 이들 사이의 가까운 정도를 판단할 수 있다. 또한 이 데이터는 하나의 종이 지구상에 처음 등장한 시기를 추정하는 데 없어서는 안 될 정보이다.

두 종의 DNA가 주어졌을 때, 이들 사이에 염기 서열이 다른 지점의 개수는 이들이 공통의 조상에서 처음 분리된 후 지금까지 겪은 돌연변이의 횟수와 밀접하게 연관되어 있다. 그러므로 시간이 흐를수록 '염기 서열이 다른 지점의 개수'는 점점 커질 것이다.

그리고 돌연변이의 누적 효과가 일정한 비율로 증가한다고 가정하면 이 숫자는 두 종이 하나의 조상을 마지막으로 공유했던 시점에서 지금까지 흐른 시간에 비례할 것이다. 예를 들어 북극곰과 회색곰의 DNA에서 염기 서열이 다른 곳은 전체의 1퍼센트이고, 늑대와 코요테의 차이는 3퍼센트이다. 앞에서 세운 가정이 맞는다면 늑대와 코요테가 공통의 조상에서 분리된 시기는 북극곰과 회색곰의 경우보다 3배쯤 오래된 셈이다. 따라서 북극곰과 회색곰이 50만 년 전에 공통의 조상에서 분리되었다면 늑대와 코요테는 약 100만~200만 년 전에 분리되었다고 할 수 있다.

물론 생명체는 동위원소보다 훨씬 복잡하므로 돌연변이가 일정한 빈도(또는 계산 가능한 빈도)로 발생한다는 가정에 의문을 제기할 수도 있다. DNA를 이용한 연대측정법에 개선의 여지가 많은 것은 사실이지만 지금까지 수집된 데이터를 보면 전망이 꽤 밝은 편이다. 많은 동물들은 DNA를 읽고, 수리하고, 복제할 때 동일한 세포 기능을 사용하고 있으므로 이들에게 돌연변이가 나타날 가능성도 거의 비슷하게 높다. 그리고 독성 화학물질이나 방사능에 노출되면 돌연변이가 일어날 확률이 높아지지만 먼 옛날에는 이런 일이 거의 없었을 것이다. 이 가정의 진위 여부는 다음 장으로 미루고 지금은 자연선택과 관련된 분자 연대측정법에 대해 좀 더 자세히 알아보기로 하자.

돌연변이가 자손에게 전달되지 않는다면 그 효과는 결코 누적되어 나타나지 않을 것이다. 그런데 돌연변이의 전달 가능성은 생명체와 환경의 상호관계에 따라 좌우되기도 한다. 예를 들어 숲 속에 사는 회색 토끼가 돌연변이로 흰색 토끼를 낳았다고 가정해 보자. 덤불 속에서 흰색은 쉽게 눈에 띄기 때문에 수명을 다하지 못하고 다른 야수들에게 잡아먹힐 가능성이 높다. 이런 식으로 몇 세대가 지나면 흰 토끼는 거의 씨가 마를 것이다. 그러나 이 토끼의 서식지가 극지방이라면 흰 털이 위장을 할 수 있게 하여 생존 가능성이 높아진다. 이후에는 그 후손들도 번창할 것이다. 즉 돌연변이가 후손에게 전달되는 비율은 환경에 따라 달라진다. 이것은 생물학자들에게도 매우 흥미로운 연구 과제이다. 그러나 돌연변이가 오로지 환경에 의해 좌우된다면 연대 측정 수단으로는 적절하지 않다.

다행히도 개중에는 '조용히 일어나는' 돌연변이도 있다. 이것은 외형에 아무런 변화가 없고 환경 적응에 지장을 초래하지도 않았으나 DNA 염기 서열 어딘가에 순서가 바뀐 변이를 말한다. 대부분의 생명체는 자신의 DNA에 들어 있는 정보를 100퍼센트 활용하지 않고 있으므로 조용한 돌연변이는 얼마든지 일어날 수 있다. 지금의 기술 수준에서 생명체의 DNA를 100퍼센트 해독할 수는 없지만 유용한 정보의 상당 부분이 해독 가능한 특징을 가지고 있으므로 일부 조용한 돌연변이는 확실하게 규명할 수 있다.

예를 들어 사람의 DNA 중 상당 부분은 다양한 단백질 생성과 관련된 정보를 저장하고 있다. 단백질은 아미노산이라는 화학 성분이 길게 연결되어 있는 다재다능한 분자로서 아미노산의 배열 상태에 따라 전혀 다른 특성을 갖는다. 또한 단백질은 세포나 생체 기관이 제 기능을 발휘하도록 조절하는 복잡한 화학 과정에 관여하고 있다. 단백질을 만드는 데 필요한 데이터는 유전자(gene)로 알려진 DNA의 일부에 저장되어 있으며 각 유전자의 뉴클레오티드 배열 속에는 특정 단백질을 만드는 데 필요한 아미노산의 배열 정보가 저장되어 있다. 세포가 이 암호를 해독하려면 관련 정보가 시작되는 지점과 끝나는 지점을 알아야 하는데 이들 두 지점을 포함하는 인근 영역을 플랭킹 영역(flanking region)이라고 한다. 이 영역에는 뉴클레오티드가 특정한 순서로 배열되어 있어서, DNA

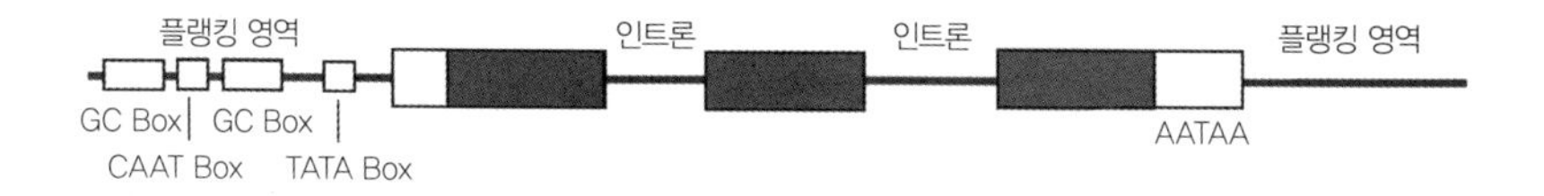

[그림 7-5] 일반적인 유전자의 구조에 기초한 그림. 단백질 생성에 필요한 정보는 회색으로 칠해진 부분에 담겨 있으며, 이 영역 안에는 단백질 생성과 무관한 염기인 인트론도 포함되어 있다. 정보 영역의 양끝에 위치한 플랭킹 영역에는 뉴클레오티드가 특정한 순서로 배열되어 있어서 세포에게 '어디부터 어디까지' 읽어야 할지를 알려 준다.
출처 : Wen Hsiung Li, *Molecular Genetics*.

를 어디부터 어디까지 읽어야 할지 세포에게 알려 준다(〈그림 7-5〉).

생물학자들도 주어진 DNA에서 유전자를 찾아낼 때 플랭킹 영역을 사용한다. 인간을 비롯한 포유류의 경우 DNA의 극히 일부(약 5퍼센트)만이 유전자의 기능을 가지고 있지만 나머지 DNA 중 일부도 유용한 정보를 담고 있다. 예를 들어 DNA 중에는 유전자가 읽히는 과정을 통제하는 부분도 있다. 그런데 세포나 생체 기관에 아무런 영향도 주지 않으면서 DNA 서열이 바뀔 수도 있다. 이들 중에는 '끊어진 유전자(broken genes)'로 판명된 것도 있는데, 이렇게 되면 정보 영역(〈그림 7-5〉)의 회색 부분과 플랭킹 영역에서 돌연변이가 일어나도 이 부분의 정보를 읽지 못하여 생명체의 외형이나 건강 상태에 아무런 영향도 주지 않는다.

유전자 안에도 DNA의 변화가 단백질의 구조에 영향을 주지 않는 영역이 있다. 유전자에는 '인트론(intron)'이라고 하는 DNA 서열이 존재하는 데 이것은 단백질의 생성에 관여하지 않는다. 그리고 유전자 암호 속에는 정보가 중복된 부분이 있어서 몇 개의 서로 다른 DNA 서열이 동일한 아미노산 서열에 대응되기도 한다. 따라서 인트론이나 중복된 서열 안에서 돌연변이가 일어나도 겉으로는 드러나지 않는다.

조용한 돌연변이는 생물체와 환경의 상호작용에 아무런 영향도 주지 않으므로 이런 돌연변이가 일어날 확률과 후손에게 전달될 확률은 생명체의 서식지나 생존 기간과 무관하다. 그렇다면 조용한 돌연변이는 시간이 흐름에 따라 일정한 빈도로 나타나고 누적 효과도 시간에 비례할 것이므로 생명체의 연대를 파악하는 데 사용될 수 있다. 물론 이 방법의 신뢰도를 평가하려면 실제 생명체에서 얻은 데이터를 면밀히 검토해야 한다.

인간과 유인원의 돌연변이 패턴

인간을 비롯한 모든 영장류는 조용한 돌연변이를 이용한 연대측정법의 신뢰도를 평가할 수 있는 좋은 샘플이다. 이들의 DNA는 지난 여러 해 동안 집중적으로 연구되었고 최근에는 분자생물학자 펑츠첸(Feng Chi Chen)과 언슝리(Wen Hsiung Li)가 영장류의 DNA를 주제로 논문을 발표하기도 했다. 이들은 인간, 침팬지, 고릴라 그리고 오랑우탄의 DNA에서 '조용한 돌연변이'와 '정보가 없는 영역'을 53건이나 발견했다(각 동물마다 2만 4,234개의 염기쌍을 분석한 결과이다).

첸과 리가 특히 주목했던 대상은 돌연변이의 일종인 '점 대치 변이(point substitution mutation)'였다. 이것은 하나의 염기쌍이 다른 염기쌍으로 대치되면서 일어나는 돌연변이인데 예를 들면 ACTG라는 서열이 ACCG로 변하는 식이다. 이런 종류의 변화는 두 개의 서로 다른 뉴클레오티드 서열을 비교하여 달라진 정도를 숫자로 나타낼 수 있다. 다음과 같은 서열을 예로 들어 보자.

ATTTCGCTAGCTAGTCGACGACTTCGATCAGCTAGCAGGCATCTGACGAG

ATATCGCTAGCTAGTCGACGACTTGGAGCAGCTAGCAGGAATCTGATGAG

위의 두 서열은 총 50개의 뉴클레오티드 중 5개가 다르므로 차이는 10퍼센트이다.[1)]

1) 한쪽 서열에서 일부 뉴클레오티드가 누락될 수도 있기 때문에 실제 계산은 이보다 훨씬 복잡하다. 누락된 부분을 고려하여 두 서열을 비교하는 것은 결코 만만한 작업이 아니다. 또한 염기쌍이 하나 이상의 돌연변이를 유발할 가능성도 고려해야 한다.

인간-침팬지	인간-고릴라	인간-오랑우탄
1.24%	1.62%	3.08%
	침팬지-고릴라	침팬지-오랑우탄
	1.63%	3.13%
		고릴라-오랑우탄
		3.09%

[표 7-1] 인간, 침팬지, 고릴라, 오랑우탄의 유전적 차이.
출처 : 펑츠첸과 언숑리의 논문.

4가지 동물을 샘플로 선택했으므로 이들을 일대일로 비교하려면 인간-침팬지, 인간-고릴라, 인간-오랑우탄, 침팬지-고릴라, 침팬지-오랑우탄, 고릴라-오랑우탄의 총 6건을 비교해야 한다. 첸과 리는 이 작업을 수행하여 〈표 7-1〉과 같은 결과를 얻었다. 여기 나타난 6개의 숫자로부터 영장류 사이의 가까운 정도를 가늠할 수 있으며 돌연변이의 누적 효과가 각 종마다 크게 다르지 않다는 사실도 알 수 있다.

이제 지난 세월동안 누적된 돌연변이 효과가 종에 상관없이 꾸준한 비율로 증가했다는 가정하에 인간, 침팬지, 고릴라, 오랑우탄의 상호관계를 그림으로 표현해 보자. 동물들 사이의 상호관계를 나타낸 그래프를 덴드로그램(dendrogram) 또는 계통수(系統樹, phylogenetic tree)라고

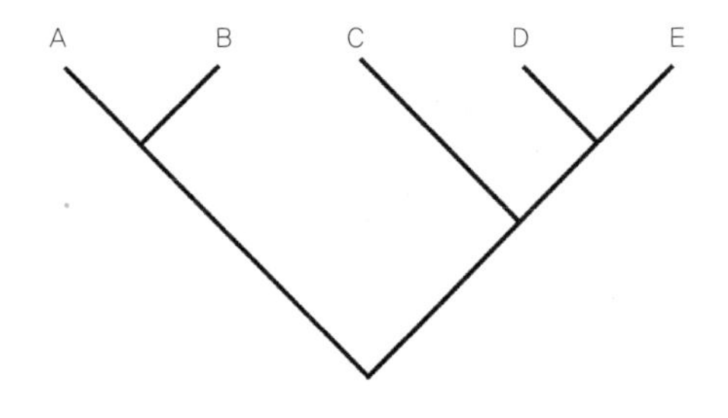

[그림 7-6] 덴드로그램 또는 계통수. 인간, 침팬지, 고릴라, 오랑우탄의 상호관계를 그림으로 표현한 것이다.

한다(〈그림 7-6〉).

그래프 위쪽에 위치한 알파벳은 현재 살고 있는 동물의 종류이고, 나뭇가지 모양의 선들은 각 동물의 계통을 나타낸다. 지금으로부터 멀지 않은 과거에 A, B, C, D, E는 각기 다른 조상을 가지고 있었다. 그러나 이들 모두는 궁극적으로 하나의 선조로부터 파생된 생명체이며 그 선조는 그래프의 가장 아래에 있는 뾰족한 점에 위치해 있다. 공통의 조상으로부터 탄생한 후손들은 세대를 거듭할수록 돌연변이 효과가 누적되면서 자신의 친척들과 점차 멀어지게 되었다. 〈그림 7-6〉의 경우 A와 B의 선조들은 C, D, E의 선조들과 먼 옛날에 분리되었으며 D와 E의 선조는 비교적 최근에 분리되어 나왔다. 이 논리에 따라서 유인원의 계통수를 직접 그려 보자. 첸과 리의 연구결과에 의하면 4가지 종의 영장류들 중에 차이가 가장 적은 쌍은 인간과 침팬지이다. 즉 인간과 침팬지는 돌연변이가 누적된 기간이 가장 짧다. 따라서 이들의 조상은 고릴라나 오랑우탄이 기본 줄기에서 가지를 친 후 가장 최근에 갈라져 나왔을 것이다. 이 상황을 그림으로 표현하면 〈그림 7-7〉과 같다.

그다음 인간과 침팬지는 오랑우탄(약 3.1퍼센트)보다 고릴라와 더 가까우므로(약 1.6퍼센트), 인간과 침팬지의 조상 그리고 고릴라의 조상은 오랑우탄의 조상보다 최근에 갈라져 나왔다. 따라서 인간과 침팬지 그리고

[그림 7-7] 유인원의 계통수. 인간과 침팬지는 돌연변이가 누적된 기간이 가장 짧다.

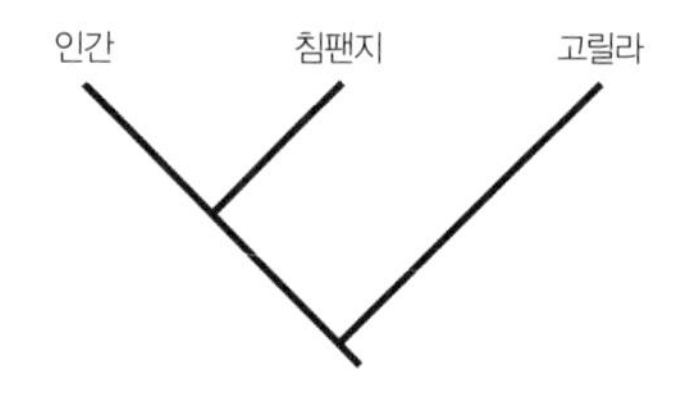

[그림 7-8] 유인원의 계통수. 인간과 침팬지 그리고 고릴라는 공동의 조상을 가지고 있다.

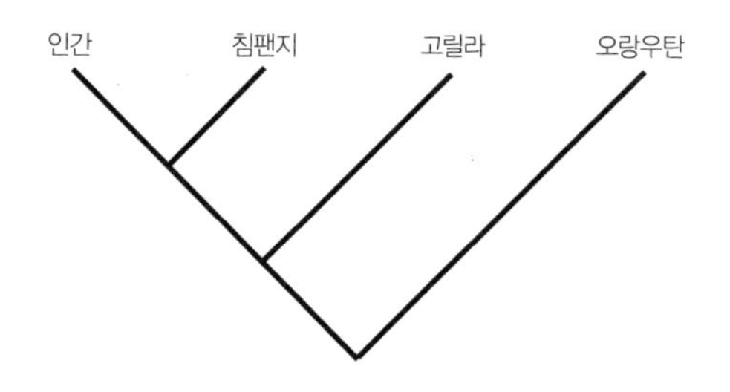

[그림 7-9] 오랑우탄을 추가한 유인원의 계통수. 오랑우탄의 선조들은 돌연변이의 누적 기간이 가장 길었기 때문에 네 종의 영장류들 중 가장 동떨어져 있다.

고릴라는 〈그림 7-8〉과 같이 공동의 조상을 가지고 있다.

마지막으로 남은 오랑우탄은 네 종의 영장류들 중 가장 동떨어져 있다. 우리의 논리에 의하면 오랑우탄의 선조들은 돌연변이의 누적 기간이 가장 길었기 때문이다. 따라서 이들은 주된 가지에서 가장 먼저 갈라져 나왔으며, 이것을 그래프에 추가하면 〈그림 7-9〉와 같은 계통수가 완성된다.

이 그래프에는 영장류의 궁극적인 조상에서 시작하여 인간, 침팬지, 고릴라, 오랑우탄이 탄생할 때까지 거쳐 온 유인원의 역사가 간략한 형태로 담겨 있다. 과거 어느 시점에 궁극의 조상류 중 누군가가 돌연변이를 일으키기 시작했고, 오랜 세월 동안 변이가 반복되면서 효과가 누적된 끝에 지금과 같이 눈 사이 간격이 좁은 오랑우탄이 되었다. 그런가 하면 다른 후손 그룹도 돌연변이가 반복되면서 고릴라, 침팬지 그리고 인간의 특성을 모두 획득하게 되었다.

그 후 이 그룹은 2개로 나뉘었다. 하나는 고릴라였고 다른 하나는 침팬지와 인간의 공동 조상이었다. 그 후 다시 세월이 흘러 이들마저 인간과 침팬지로 분리되었다. 분리된 종들은 저마다 각자 돌연변이를 겪으면서 현재에 이르렀다. 궁극의 선조에서 현재에 이르는 동안 다른 유인원이 가지를 치고 독립했을 가능성도 있지만 만일 그렇다고 해도 이들의 후손은 현재 남아 있지 않다(아마도 적응에 문제가 있었을 것이다).

이러한 다이어그램은 모든 동물의 돌연변이가 동일한 비율로 누적된다는 가정하에 만들어진 것이다. 과연 그럴까? 각 동물들 사이의 계량화된 차이를 좀 더 면밀하게 들여다보면 이 가정의 진위 여부를 대략적으로나마 판단할 수 있다. 만일 인간의 선조들이 침팬지의 선조보다 돌연변이 효과를 더 '빠르게' 쌓아 나갔다면 인간-고릴라 사이의 차이는 침팬지-고릴라의 차이보다 크게 나타났을 것이다. 그러나 〈표 7-1〉에 의하면 인간-고릴라의 차이와 침팬지-고릴라의 차이는 거의 동일하다(약 1.6퍼센트). 그러므로 인간과 침팬지가 가지에서 갈라져 나온 후 이들의 돌연변이 효과는 거의 같은 비율로 쌓여 왔다고 할 수 있다.

이와 마찬가지로 인간과 침팬지 그리고 고릴라가 한결같이 오랑우탄과 약 3.1퍼센트의 차이를 보이는 것은 이들(인간, 침팬지, 고릴라)의 각 선조들에게도 거의 같은 정도로 돌연변이 효과가 쌓여 왔음을 의미한다. 물론 이것만으로는 돌연변이 누적 효과가 항상 일정한 비율로 증가한다는 가정을 완전하게 증명할 수 없다. 하지만 긍정적인 결과인 것만은 확실하다. 그렇지 않다면 서로 다른 3종의 영장류가 각기 다른 환경에 살면서

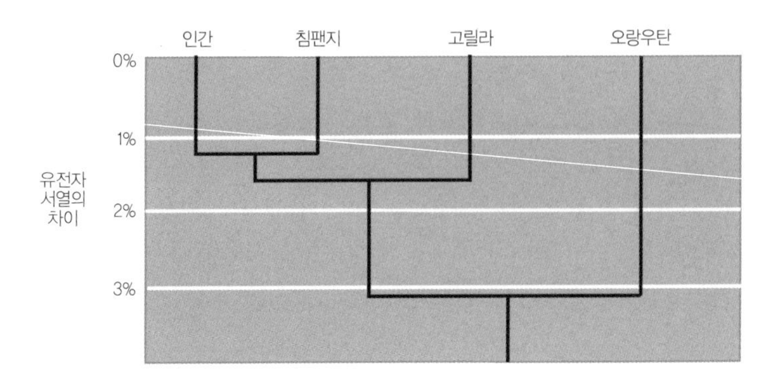

[그림 7-10] 구체적인 유인원의 계통수.

같은 기간 동안 거의 동일한 횟수의 돌연변이를 겪은 이유를 설명하기 어렵다. 최근에 이루어진 연구에서 유인원의 조상들 사이에서 돌연변이 발생율이 조금씩 다르다는 결과가 나왔는데 그 차이가 10퍼센트 미만이어서 무시해도 상관없는 수치이다.

유인원들의 돌연변이가 거의 동일한 비율로 누적되었음을 인정한다면 주어진 데이터로부터 각 유인원들이 원래의 줄기에서 가지를 치고 나온 시기를 알 수 있다. 우리의 선조들이 직립보행을 시작한 시기도 대충 가늠할 수 있다. 앞에서 보았듯이 침팬지와 인간의 차이는 오랑우탄과 인간의 차이보다 작으므로, 침팬지의 조상과 인간의 조상은 오랑우탄의 조상보다 나중에 가지를 치고 나왔음이 분명하다. 이제 〈표 7-1〉의 데이터를 좀 더 자세히 분석해 보자. 침팬지와 인간의 차이(1.24퍼센트)는 오랑우탄과 인간의 차이(3.08퍼센트)의 약 5분의 2이다. 따라서 침팬지와 인간이 갈라져 나온 시기는 오랑우탄이 갈라져 나온 시기보다 5분의 2만큼 역사가 짧다(다시 말해서 오랑우탄이 1,500만 년 전에 갈라져 나왔다면, 침팬지와 인간이 갈라져 나온 시기는 1,500만 년×2/5=600만 년 전이라는 뜻이다—옮긴이). 이 시간 정보를 그래프에 추가하면 〈그림 7-10〉과 같이 좀 더 구체적인 다이어그램을 만들 수 있다.

〈그림 7-10〉에 그려진 수평선은 같은 단위의 시간을 나타낸다. 즉 각자의 가지가 갈라져 나온 위치는 해당 종이 가지를 친 시점을 나타낸다. 그리고 왼쪽에는 유전자 서열의 차이가 백분율로 표기되어 있다. 그림에서 보다시피 오랑우탄은 3퍼센트 선에 이르기 직전에 가지를 치고 나갔고 인간과 침팬지는 1퍼센트 선에 이르기 조금 전에 갈라졌다. 물론 정확한 시기를 알려면 수평선의 간격이 구체적으로 몇 년에 해당되는지를 알아야 한다. 앞으로 연구가 더 진척되면 분자생물학에 입각하여 정확한 연대를 계산할 수 있겠지만 아직은 그 정도 수준에 이르지 못했다. 지금 당장은 화석에서 얻은 정보를 이용하는 돌연변이 누적 비율을 추정하는 것이 최선이다.

지금까지 발견된 인간과 침팬지 그리고 고릴라의 화석에서는 이들의 조상이 가지를 치고 나온 시기를 추정할 만한 정보가 발견되지 않았다. 그러나 오랑우탄은 상황이 많이 다르다. 고생물학자들이 발견한 시바피테쿠스(Sivapithecus)라는 동물의 화석을 보면 두 눈 사이의 간격이 좁고 앞니의 크기가 들쭉날쭉한데 오늘날 이와 같은 특징을 간직한 유인원은 오랑우탄뿐이다. 따라서 시바피테쿠스는 현대의 오랑우탄과 동일한 가지에서 나왔을 가능성이 높다. 이 화석은 1,200만 년 전으로 추정되는 퇴적층에서 발견되었다. 따라서 오랑우탄의 조상은 이보다 전에 자신만의 특징을 획득했을 것이다.

프로콘술(Proconsul)이라는 화석에서도 오랑우탄의 기원에 관한 정보를 얻을 수 있다. 이 동물은 모든 유인원들의 특징을 골고루 가지고 있지

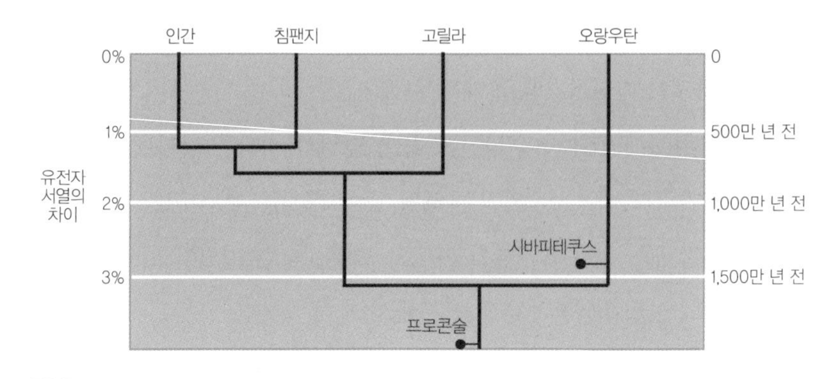

[그림 7-11] '시간이 곁들여진' 유인원 계통도.

만(꼬리가 없는 것이 그 예이다), 그 어떤 특징도 사람이나 침팬지, 고릴라 또는 오랑우탄과 완전히 일치하지 않는다. 따라서 이 생명체는 '현존하는 유인원'의 조상들이 자신만의 특징을 획득하기 이전에 생존했을 가능성이 크다. 이 화석은 2,000만 년 전으로 추정되는 퇴적층에서 발견되었으므로 오랑우탄의 조상이 자신만의 특징을 획득한 시기는 이보다 훨씬 후에 일어난 일일 것이다.

지금까지의 내용을 정리해 보자. 오랑우탄을 닮은 시바피테쿠스는 1,200만 년 전에 살았고 모든 유인원의 조상으로 추정되는 프로콘술은 2,000만 년 전에 살았다. 따라서 오랑우탄의 조상이 모든 유인원의 조상으로부터 분리되어 처음 가지를 치고 나온 시기는 대략 1,600만 년 전이라고 할 수 있다(수백만 년의 오차가 있을 수 있다). 그렇다면 오랑우탄의 DNA 서열이 다른 유인원과 3.1퍼센트의 차이로 벌어지는데 대략 1,600만 년의 세월이 걸렸다는 뜻이므로 〈그림 7-11〉의 수평선 간격은 1퍼센트당 500만 년이라는 결론이 내려진다. 이상의 결과를 종합하면 〈그림 7-11〉과 같이 '시간이 곁들여진' 유인원 계통도가 완성된다.

인간과 침팬지의 차이인 1.24퍼센트는 이 그림에서 약 650만 년 전에 해당된다. 이와 같은 분석은 그동안 비슷한 방법으로 여러 차례 시도되었는데 영장류의 조합을 바꾸고 화석의 연대를 조금씩 수정해도 항상 동일한 결과가 얻어졌다.

여기에 분자와 화석에서 얻은 정보까지 추가한다면 더욱 구체적인 연대가 밝혀질 것이다. 내가 보기에 인류학자들이 역사적인 발견을 이룩할 날이 코앞으로 다가온 것 같다. 오스트랄로피테쿠스의 화석으로 미루어볼 때, 우리의 조상이 처음 두 발로 걸어 다닌 시기는 약 450만 년 전으로 추정된다. 그런가 하면 분자 데이터를 분석한 결과 우리의 조상이 직립보행 등의 '인간만이 갖는 특징'을 처음으로 획득한 시기는 600만~700만 년 전으로 판명되었다. 따라서 두 발로 걸어 다닌 최초의 호미니드는 500만~600만 년 전에 살았다고 할 수 있다.

비교적 최근에 발견된 아르디피테쿠스와 오로린 그리고 사헬란트로푸스의 화석 연대는 위의 결론을 토대로 산출된 것이다. 지금까지 발굴된 자료는 너무 단편적이어서 호미니드가 최초로 직립보행을 시작했던 시기를 정확하게 알 수 없지만 앞으로 발굴 작업이 더 진행되어 고대 호미니드와 관련된 자료가 보충된다면 우리의 선조들이 두 발로 걸었던 시기와 장소 그리고 방법까지도 알아낼 수 있을 것이다. 이러한 발견은 인간을 비롯한 영장류의 진화를 연구하는 데 결정적인 단서를 제공할 뿐만 아니라, 분자 연대측정법의 타당성을 입증하는 자료가 되기도 한다. 물론 완벽한 화석이 발견되어 지금까지 열심히 계산했던 연대와 유인원 사이의 관계를 처음부터 다시 정립해야 하는 황당한 사태가 닥칠 수도 있다. 결과야 어떻든 현재 이 분야의 전망은 매우 밝은 편이다.

새롭게 발견된 유전자 서열 데이터는 인간의 기원에 대한 연구를 넘어서 생물학과 고생물학 분야에도 큰 영향을 주고 있다. 예를 들어 분자 데이터를 잘 활용하면 박쥐와 설치류, 유인원, 고래 등 포유동물의 기원과 이들 사이의 관계를 밝혀 줄 중요한 단서를 찾을 수 있을 것으로 기대된다. 앞으로 이어지는 제8장에서 알게 되겠지만 이런 연구를 진행하려면 엄청난 양의 DNA 데이터와 생명체들 사이의 엄청난 다양성을 체계적으로 분석하는 고도의 기술이 필요하다. 이 방법은 신뢰성이 다소 떨어지는 것 같지만 여전히 흥미로운 데이터를 제공하고 있으며 공룡시대 이후에 포유류가 진화해 온 과정을 밝혀 줄 강력한 후보로 부상하고 있다.

더 읽을 거리

· Glenn C. Conroy, *Reconstructing Human Origins*, W. W. Norton, 1997.(진화와 관련된 정보)

· www.talkorigins.org/faqs/homs/(진화와 관련된 정보)

· Carl Zimmer, *Smithsonian Intimate Guide to Human Origins*, Smithsonian Books, 2005.(인류의 진화를 다룬 대중서)

· Ian Tattersal and Feffrey Schwartz, *Extinct Humans*, Westview Press, 2000.(인류의 진화를 다룬 대중서)

· Brian J. Skinner and Stephen C. Porter, *The Dynamic Earth* 2nd ed, John Wiley and Sons, 1992.(칼륨-아르곤 연대측정법)

· R. E. Taylor and M. J. Aitken, *Chronometric Dating in Archaeology* chapter 4, Plenum Press, 1997.(칼륨-아르곤 연대측정법)

· Larry Gonik and Mark Wheeler, *The Cartoon Guide to Genetics*, Perennial Press, 1991.(초보자를 위한 유전학 입문서)

· M. Nei and S. Kumar, *Molecular Evolution and Phylogenetics*, Oxford University Press, 2000.(대학 교육 수준에서 유전자 데이터의 상호관계를 다룬 책)

· Wen Hsiung Li, *Molecular Evolution*, Sinauer, 1997.(대학 교육 수준에서 유전자 데이터의 상호관계를 다룬 책)

· Feng Chi Chen and Wen Hsiung Li, "Genomoc Divergences between Humans and Other Hominids", *American Journal of Human*

Genetics 68, 2001, pp.444-456(이 책에서 언급된 유전자분석법)

· Navin Elango et al, "Variable molecular clocks in the hominids", *Proceedings of the National Academy of Science* 103, 2006, pp.1,370-1,375(유인원 DNA의 최근 분석 결과)

제 8 장

분자 연대측정법과 다양한 포유동물

지금으로부터 약 6,500만 년 전, 지구에 대규모 사건들이 잇달아 발생하면서 생명체의 역사에 극적인 변화가 초래되었다. 지금의 인도로 추정되는 지역에서 대규모 화산활동이 일어나 대기 중에 다량의 독가스가 살포되었으며 직경 10킬로미터에 달하는 대형 운석이 유카탄 반도의 남쪽 끝에 추락하여 그 일대를 초토화시켰다. 비슷한 시기에 발발한 이 대형 사고 때문에 지구의 기후는 서서히 변했고, 생태계에도 심각한 위기가 찾아왔다. 그 지옥 같았던 시기에 최후의 거대 공룡이었던 트리케라톱스(Triceratops)와 티라노사우루스(Tyranosaurus)가 멸종했고, 프테로사우루스(pterosaurus)와 모사사우루스(mosasaurs), 플레시오사우루스(plesiosaurs)를 비롯한 수많은 생명체들도 지구상에서 영원히 사라졌다.

끔찍한 대형 사고로 인해 거대 공룡의 시대는 막을 내렸지만, 그것은 포유동물 시대의 시작을 알리는 서막이었다. 지구에 재난이 닥치기 전에 살던 포유류는 뒤쥐처럼 덩치가 작은 동물이 대부분이었고, 큰 포유류도 기껏해야 중간 개 크기 정도밖에 되지 않았다. 지구를 지배해 왔던 공룡이 사라진 후, 포유류는 생태계의 중요한 일익을 담당하면서 발굽과 발톱, 지느러미, 심지어는 날개를 가진 다양한 개체로 진화하였다. 당시의 화석을 분석해 보면 종의 다양화는 비교적 짧은 시간 안에 이루어졌음을 알 수 있는데, 학자들은 이 기간을 대략 '대형 운석 충돌 후 1,000만 년' 정도로 추정하고 있다. 그 이유는 아마도 운석 충돌에서 살아남은 포유류들이 다양한 환경 속으로 뿔뿔이 흩어져서 각자 고유한 환경에 적응했기 때문일 것이다.

이 시기에 살았던 포유류의 화석은 한 집단의 동물들이 갑작스런 환경 변화에 어떻게 적응했는지를 알려 주는 중요한 단서이다. 그러나 아직은 자료가 충분하지 않아서 추적하기가 쉽지 않다. 일반적으로 화석에는 특정 시기에 특정한 장소에서 살았던 동물의 일부분만이 보존되어 있다. 개개의 화석들은 독특한 물리적 특성을 가지고 있어서 이로부터 여러 퇴적층에서 발견된 화석들 사이의 관계를 유추할 수 있다. 그런데 공룡이 멸종하던 무렵에 뒤쥐같이 작았던 포유류가 어떻게 설치류나 영장류같이 크고 다양한 종으로 진화할 수 있었을까?

이들 사이의 관계를 보여 주는 화석이 너무 희귀해서 아직은 모든 것이 불분명하다. 고생물학자들이 화석 연구에 몰두하는 동안 다른 생물학자들은 현재 살아 있는 동물의 DNA를 이용하여 현대 포유류의 기원과 역사를 추적하고 있다. 영장류의 경우와 마찬가지로 포유류의 DNA 속에는 모든 포유류의 가계도를 복원하고도 남을 정도로 방대한 정보가 들어 있기 때문이다.

다양한 포유류

포유류의 역사를 추적하기 전에, 우선 현재 살아 있는 포유류의 종류를 대충이라도 알고 넘어가야 할 것 같다. 현재 지구상에는 수천 종의 포유류가 서식하고 있으며 외형과 크기도 참으로 다양하다. 고양이, 개, 사람, 곰, 아르마딜로, 박쥐, 들쥐, 생쥐, 기니피그, 사슴, 소, 하마, 고래, 말, 개미핥기, 원숭이, 바다소(해우), 땅돼지 등 일일이 열거하자면 한도 끝도 없다. 종류는 이렇게 다양하지만 모든 포유류는 매우 중요한 공통점을 가지고 있다. 이들의 몸에는 머리카락이나 체모가 나 있고 체온을 조절할 수 있으며 어린 새끼에게 모유를 먹인다.

이러한 공통점은 포유류와 다른 생물을 구별하는 기준이 될 뿐만 아니라 그들의 조상에 관한 중요한 단서를 우리에게 제공해 주고 있다. 포유류의 외피를 덮고 있는 털은 여러 동물의 유전자 코드에 반복적으로 일어난 돌연변이의 결과로서 그 형질이 후손에게 성공적으로 전달되었음을 의미한다.

다양한 동물들이 이런 특징을 공유하고 있다면 그 원인은 다음 두 가지 중 하나이다. 즉 이들 모두가 공통의 조상으로부터 그와 같은 형질을 물려받았거나 아니면 털을 유발하는 돌연변이가 각 종마다 여러 번 일어났어야 한다. 그런데 돌연변이에 의해 DNA 염기 서열이 바뀌는 부분은 거의 무작위로 선택되기 때문에 동일한 결과를 낳는 돌연변이가 반복해서 발생할 가능성은 거의 없다. 따라서 여러 종의 동물들이 공통된 형질을 가지고 있다면, 이들은 공통의 조상으로부터 파생되었을 가능성이 높다.

'공통된 특징'은 생명체들 사이의 관계를 말해 주는 강력한 증거이다. 그러나 이런 문제를 다룰 때에는 '수렴진화(convergence)'의 가능성도 신중하게 고려해야 한다.

유전학적으로 거리가 먼 생명체들이 비슷한 환경에 노출되었다고 가정해 보자. 동일한 환경에서는 생존에 유리한 조건도 같거나 비슷하다. 따라서 이들은 거리가 먼 관계임에도 불구하고 생존에 유리한 특성을 자연스럽게 공유하게 된다. 예를 들어 토끼와 여우가 극지방에서 함께 산다고 해 보자. 이들은 겨울 동안 흰색 털로 몸을 덮는 것이 생존에 유리하다는 사실을 곧 깨달을 것이다(토끼나 여우가 이 사실을 깨닫기보다 "자신도 모르게 적응을 잘한 개체만 살아남는다."는 설명이 더 적절할 것 같다—옮긴이). 즉 흰색 털을 보유한 개체가 살아남을 확률이 훨씬 크기 때문에 여러 세대를 거친 후 통계를 내보면 흰색 털을 가진 토끼(또는 여우)가 그렇지 않은 토끼(또는 여우)보다 훨씬 많아질 것이다. 돌연변이가 그 정도로 자주 일어나지 않았는데도 토끼와 여우는 비슷한 특징을 보유하게 된 것이다. 이들이 '흰색 털'이라는 공통점을 갖게 된 이유는 같은 조상에서 파생되었기 때문이 아니라 토끼와 여우가 그러한 특징을 선호했기 때문이다(또는 그러한 특징이 생존에 유리했기 때문이다—옮긴이). 이와 같은 변화를 수렴진화라고 한다. 공통의 조상으로부터 물려받은 특징과 수렴진화에 의한 특징을 구별하려면 생명체 간에 특징 차이를 가능한 한 많이 수집하여 세밀하게 분석해야 한다.

포유류는 외피의 털과 모유를 만드는 능력, 고도의 신진대사 이외에도 다른 동물들과 구별되는 미묘한 특징을 가지고 있다. 예를 들어 인간의 중이(中耳)에는 작은 뼈가 세 개 있는데 조류나 파충류에게서는 찾아

볼 수 없는 특이한 뼈이다. 그리고 포유류의 치아는 일반적으로 다른 동물보다 훨씬 복잡한 구조를 가지고 있다. 이상의 증거들을 종합해 볼 때, 모든 포유류는 공통의 조상에서 분리되었으며 포유류들끼리의 관계는 포유류와 다른 어떤 동물과의 관계보다 가깝다는 사실을 알 수 있다.

포유류의 물리적 특성을 연구하다 보면 전체 포유동물을 분류하는 방법도 자연스럽게 떠오른다. 현존하는 포유류는 크게 단공류(單孔類, monotreme)와 유대류(有袋類, marsupial) 그리고 태반류(胎盤類, placental)의 세 그룹으로 나눌 수 있다. 단공류는 알을 낳는 포유류로서 오리너구리와 바늘두더지 등이 여기 속한다. 유대류는 캥거루나 코알라처럼 어린 새끼를 주머니에 넣어서 기르는 포유류이고, 태반류는 임신기간 동안 몸속의 태반에서 태아를 양육하는 포유류로서 전체 포유류의 90퍼센트를 차지하고 있다.

이 장에서는 포유동물 중에서도 태반류를 주로 다룰 것이다. 태반류는 20여 종의 목(目, order)으로 세분되며, 자세한 목록은 〈표 8-1〉과 같다. 일부 목의 이름은 매우 생소하겠지만, 분류법 자체는 이름만큼 난해하지 않다. 같은 목에 속하는 동물들은 다른 포유류들과 확연하게 구별되는 특징을 가지고 있어서, 이들이 포유류 가계도에서 같은 가지에 속한다는 것을 한눈에 알 수 있다.

태반류 중에서는 박쥐가 가장 눈에 띈다. 다른 포유류에서 절대로 찾아볼 수 없는 날개를 가지고 있기 때문이다. 모든 박쥐는 기다란 손가락 사이에 막처럼 붙은 날개를 가지고 있다. 이것은 오직 박쥐만이 가지고 있는 특징이므로 다른 포유동물과 헷갈릴 염려가 전혀 없다. 박쥐의 몸을 해부학적으로 분석해 보면 날개뿐만 아니라 다른 특징도 많이 눈에

목	종수	사례
쥐목	1995	쥐, 다람쥐, 기니피그
토끼목	80	토끼, 산토끼
익수목	925	박쥐
식육목	280	곰, 고양이, 개, 족제비, 바다표범
영장목	233	원숭이, 유인원, 인간
고래목	78	고래, 돌고래
소목	215	소, 돼지, 라마, 사슴, 양
말목	18	말, 코뿔소, 맥
빈치목	29	나무늘보, 개미핥기, 아르마딜로
유린목	7	천산갑(穿山甲)
피익목	2	가죽날개원숭이
관치목	2	땅돼지
바다소목	4	매너티, 듀공
바위너구리목	11	바위너구리
장비목	1	코끼리
코끼리땃쥐목	15	코끼리땃쥐
나무두더지목	19	나무두더지

[표 8-1] 식충목(Insectivora)을 제외한 태반류의 목 분류.
출처 : D. E. Wilson and D. M. Reeder, *Mammals of the World*, 2nd ed, Smithsonian Institution Press, 1993.

띠는데 이들 중 대부분은 비행을 위한 보조장치로 알려져 있다. 그래서 박쥐는 익수목(Chiroptera)이라는 독특한 부류에 속해 있다.

우리에게 친숙한 고래와 돌고래는 평생을 물속에서 산다는 특징을 가지고 있다. 이들은 유선형 몸에 수평으로 퍼진 꼬리를 가지고 있으며, 외부로 돌출된 뒷다리가 없고 앞다리는 지느러미처럼 생겼다. 그래서 박쥐와 마찬가지로 고래와 돌고래 역시 고래목(Cetacea)이라는 그들만의 부류에 속한다.

개중에는 치아만으로 확연하게 구별되는 포유류도 있다. 쥐, 생쥐, 다람쥐, 기니피그 등은 덩치에 비해 엄청나게 큰 치아를 위턱과 아래턱에 한 쌍씩 가지고 있다. 이 치아는 평생 동안 계속해서 자라며, 끝을 뾰족한 형태로 유지하려면 무언가에 대고 끊임없이 갈아줘야 한다. 이런 치아를 가진 포유류들은 쥐목(Rodentia)으로 분류된다. 토끼 같은 포유류도 평생 동안 자라는 치아를 가지고 있지만, 설치류에게 없는 한 쌍의 치아가 위턱에 나 있다. 이것 때문에 토끼나 산토끼는 쥐목이 아닌 토끼목(Lagomorpha)으로 분류된다.

그 외에 고양이, 개, 곰, 족제비, 바다표범 등도 엄니라는 독특한 치아를 가지고 있어서(엄니는 '매우 크고 날카로운 이'라는 뜻으로, 구치를 뜻하는 어금니와 다르다—옮긴이) 같은 목에 속한다. 비비도 눈에 띄는 커다란 송곳니를 가지고 있지만 이 치아는 포유류를 분류하는 데 별로 도움이 되지 않는다. 이보다는 위턱의 마지막 어금니와 아래턱의 첫 번째 어금니를 주목할 필요가 있다. 이것은 가위와 비슷한 역할을 하는 어금니로서 이런 치아를 가진 동물들은 주로 육식을 하기 때문에 식육목(Carnivora)으로 분류된다.

치아 이외에 특이한 손발을 가진 포유류도 있다. 예를 들어 원숭이와 여우원숭이 그리고 사람을 포함한 유인원들은 손가락끼리 마주 보게 할 수 있으며 갈퀴 대신 손발톱이 나 있다. 또한 인간은 커다란 눈과 두뇌를 가지고 있다. 이러한 특징을 가진 포유류는 영장목(Primates)에 속한다.

또 다른 특징적인 발로는 소나 말의 발끝에 붙어 있는 발굽을 들 수 있다. 동물의 발굽은 크게 두 종류로 나뉘는데, 소, 양, 사슴, 돼지 등은 다리의 중심축이 두 발가락 사이를 지나가기 때문에 발굽의 수가 짝수이다. 이렇게 발굽이 둘로 갈라진 포유류는 소목(Artiodactyla)에 속한다. 이와는 달리 말이나 코뿔소는 다리의 중심축이 발굽이 있는 곳을 지나가기 때문에 발굽의 수가 1개 또는 3개이다. 발굽의 짝·홀수성이 다르면 다리와 발목의 해부학적 구조가 크게 달라진다. 그래서 발굽의 수가 홀수인 동물은 따로 모아서 말목(Perissodactyla)으로 분류한다.

치아나 발가락이 아닌 척추가 특이하게 생겨서 따로 분류된 포유류도 있다. 주로 남아메리카에 서식하는 개미핥기와 아르마딜로 그리고 나무늘보는 생김새부터 매우 특이하다. 이들은 척추 아랫부분에 돌기가 나와 있는데 다른 태반류에서는 결코 찾아볼 수 없는 특징이다. 그래서 이들은 빈치목(Xenarthra)이라는 그들만의 분류 속에 포함되어 있다.

어떤 동물은 너무 특이해서 하나의 목을 혼자 점유하고 있다. 그 주인공은 바로 코끼리이다. 코끼리는 장비목(Proboscidea)으로 분류되는데 현재 생존하는 포유류 중 여기 속하는 동물은 코끼리밖에 없다.

포유류 중에는 위에 열거한 특징들을 골고루 가지고 있음에도 불구하고, 그중 한 목으로 편입시키기에는 특징이 매우 약한 경우도 있다. 예를 들어 천산갑(비늘 개미핥기)과 땅돼지는 외형상 개미핥기를 빼닮았고 주로 개미나 흰개미를 먹고사는 등 식성도 거의 비슷하다. 그러나 천산갑과 땅돼지는 빈치목 포유류의 특징인 척추돌기가 없기 때문에 빈치목으로 분류되지 않는다. 게다가 이들은 그들만의 고유한 특징을 가지고 있다. 예를 들어 천산갑의 몸은 커다란 비늘로 덮여 있어서 언뜻 보면 커다란 솔방울을 연상시킨다. 그래서 천산갑은 유린목, 땅돼지는 관치목으로 분류된다.

이와 비슷하게 바위너구리는 고양이만 한 크기의 설치동물이지만 아래턱에 4개의 앞니가 나 있고 손톱은 발굽과 비슷하게 생겼다. 쥐목에 속하는 어떤 동물도 이런 특징을 가지고 있지 않기 때문에 바위너구리도 바위너구리목(Hyracoidea)이라는 그들만의 그룹에 속해 있다. 반면에 매너티와 듀공은 완전한 수상동물로서 고래와 비슷한 체형을 가지고 있지만, 육식을 전혀 하지 않고 코의 생김새가 매우 특이하며 치아는 물속 식물을 뜯어먹기에 적절한 구조로 되어 있어서 바다소목(Sirenia)으로 분류된다. 마지막으로 '가죽날개원숭이(flying lemur)'는 두 가지 면에서 명칭 자체에 문제가 있다. 이 동물은 여우원숭이(lemur)가 아니고, 날지도 못하기 때문이다(flying). 그 대신 막처럼 생긴 외피가 앞다리와 뒷다리 사이에 연결되어 있어서 자연스럽게 활공을 할 수 있다. 그리고 머리빗처럼 생긴 앞니도 커다란 특징이다. 이 독특한 포유류는 피익목(Dermoptera)에 속한다.

이 정도면 꽤 자세한 분류 같지만 태반류 중에서 지금까지의 분류에 속하지 않는 동물만도 아직 수백 여 종이나 남아 있다. 이들은 대부분 뒤쥐나 두더지 또는 고슴도치처럼 몸집이 작고 곤충을 먹는다는 공통점을 가지고 있어서, 과거에는 이들을 한데 묶어 식충목(Insectivora)으로 분류했다. 그러나 이 그룹의 포유류들은 전체가 일괄적으로 공유하는 공통점이 없고, 식충목이라는 항목이 '이유 있는' 분류가 아니라 잡동사니들을 하나로 묶은 것에 불과하다는 의견이 지배적이었다. 그래서 길고 신축적인 코를 가지고 있는 코끼리땃쥐는 코끼리땃쥐목(Macroscelidea)으로, 다람쥐를 닮은 나무두더지는 나무두더지목(Scandentia)으로 각각 독립시켰다.

과	종수	사례
고슴도치과	21	고슴도치
두더지과	42	두더지
땃쥐과	312	대부분의 뒤쥐
텐렉과	24	텐렉
금두더지과	18	금두더지
솔레노돈과	2	솔레노돈

[표 8-2] 식충목에 속하는 과의 종류.
출처 : D. E. Wilson and D. M. Reeder, *Mammals of the World* 2nd ed, Smithsonian Institution Press, 1993.

식충목에 남아 있는 동물에 대해서도 최근 들어 다시 문제가 제기되었다. 〈표 8-2〉는 식충목의 하위 분류인 6종류의 과(科, family)와 대표적인 동물을 나열한 것이다. 보다시피 고슴도치과(Erinaceidae)에는 고슴도치가 있고, 두더지과(Talpidae)에는 두더지가 있으며, 땃쥐과(Soricidae)에는 뒤쥐와 유사한 대부분의 동물들이 속해 있다. 그리고 마다가스카르와 아프리카에 서식하는 다양한 동물들은 텐렉과(Tenrecidae)로 분류되어 있는데 이들은 외형상 뒤쥐나 두더지 또는 고슴도치를 닮았다. 심지어는 수달을 닮은 동물까지도 텐렉과로 분류되어 있다. 이와 비슷하게 금두더지과(Chrysochloridae)에는 두더지처럼 땅속에 사는 동물들이 포함되어 있는데 앞발을 몸뚱이의 아래쪽에 놓고 땅을 판다는 점이 두더지와 다르다(두더지는 앞발을 양옆으로 뻗은 자세로 땅을 판다). 마지막으로 솔레노돈과(Solenodontidae)에는 뒤쥐처럼 생긴 두 종류의 솔레노돈이 포함되어 있으며 이들은 쿠바와 히스파니올라 섬(Hispaniola)에 서식하고 있다.

형태학과 분자를 이용한 포유류 가계도 작성

같은 목에 속하는 동물들끼리 공통점을 갖는다는 것은(단, 식충목은 예외일 수도 있다) 이들이 하나의 조상으로부터 비롯되었음을 의미한다. 다시 말해서 개개의 목은 포유류 가계도에서 각기 다른 가지에 대응된다는 뜻이다. 그러나 서로 다른 목들 사이의 관계를 규명하는 것은 결코 쉬운 작업이 아니다. 같은 목에 속하는 동물들끼리는 뚜렷한 특징을 공유하고 있지만 서로 다른 목들끼리는 공통점이 거의 눈에 띄지 않는다. 쥐와 유인원 그리고 뒤쥐 이들 중 누가 박쥐와 가장 가까운가? 외형이나 크기만 보고 섣부른 결론을 내릴 수는 없다.

수세기 동안 고생물학자들은 각기 다른 목에 속하는 동물들의 화석을 열심히 찾아다녔지만(〈그림 8-1〉), 다른 목들 사이의 관계를 밝혀 줄 결정적인 화석은 아직 발견되지 않았다. 예를 들어 가장 오래된 것으로 알려진 박쥐의 화석을 봐도 완전히 발달된 날개를 이미 가지고 있다. 이런 화석으로는 박쥐가 언제 어떻게 비행 능력을 획득했는지 알 수가 없다.

포유류의 계통 연구가 답보 상태에 놓인 와중에도 여기서 예외적인 동물이 몇 종 있는데 그 대표적인 사례가 바로 고래이다. 최근에 고래의 조상으로 추정되는 동물의 화석이 파키스탄에서 발견되었다(화석이 발견된 지역은 과거에 호수나 바다였을 것으로 추정된다). 고생물학자들은 지느러미(앞발)의 크기와 전체적인 골격을 분석한 끝에 이 동물이 물과 육지를 오락가락하면서 살았다는 결론을 내렸다. 그러나 오늘날의 고래와는 달리 이 동물은 튼튼한 뒷다리를 가지고 있었는데 특히 복사뼈가 이중 도르래처럼 생겨서 다리를 앞뒤로 회전시킬 수 있었다. 이 특이한 복사뼈

구조는 소나 돼지 또는 하마와 같이 소목에 속하는 동물들에서만 볼 수 있는 특징이다. 따라서 고래목과 소목은 외형이 크게 다름에도 불구하고 매우 친밀한 관계임을 알 수 있다.

이와 같은 발견이 앞으로 여러 차례 이루어지면 모든 태반류의 기원을 명확하게 알 수 있을 것이다. 그러나 이것은 미래의 이야기이고 자료가 태부족한 지금으로서는 살아 있는 동물들의 특성으로부터 다른 종들 사이의 관계를 짐작하는 수밖에 없다. 그동안 생물학자들은 포유동물의 미묘한 특징을 세밀히 분석한 끝에 〈그림 8-1〉과 같은 계통도를 만들어 냈다. 이 그림을 보면 태반류에서 가장 먼저 가지를 치고 독립한 종은 빈치목이었고, 그다음으로 식충목이 가지를 치고 나왔다. 나머지 태반류는 크게 4종류로 묶을 수 있는데, 쥐목과 설치목은 글리어(Glire), 익수목과 영장목 등은 아콘타(Archonta), 식육목과 유린목은 페라에(Ferae) 그리고 발굽이 있는 동물과 고래, 코끼리 등은 웅굴라타(Ungulata)로 분류된다. 웅굴라타에서도 코끼리와 바위너구리 그리고 매너티는 따로 묶어서 파에눙굴라타(Paenungulata)라고 부르기도 한다.

토끼와 쥐가 서로 가깝다는 것은 직관적으로 납득이 가지만 박쥐와 영장류가 가까운 친척 관계라는 것은 선뜻 받아들이기 어렵다. 사실, 〈그림 8-1〉의 계통도는 두개골의 구조 등 겉으로 드러나지 않는 특징을 기준으로 작성한 것이기 때문에 대부분의 관계들이 우리의 직관과 일치하지 않는다. 즉 아콘타와 웅굴라타는 그다지 믿을 만한 분류가 아니라는 뜻이다.

이 분야에서 DNA 서열은 매우 유용한 정보가 될 수 있다. 형태학적 논리로는 생명체들 사이의 차이점을 추상적으로밖에 표현할 수 없지만

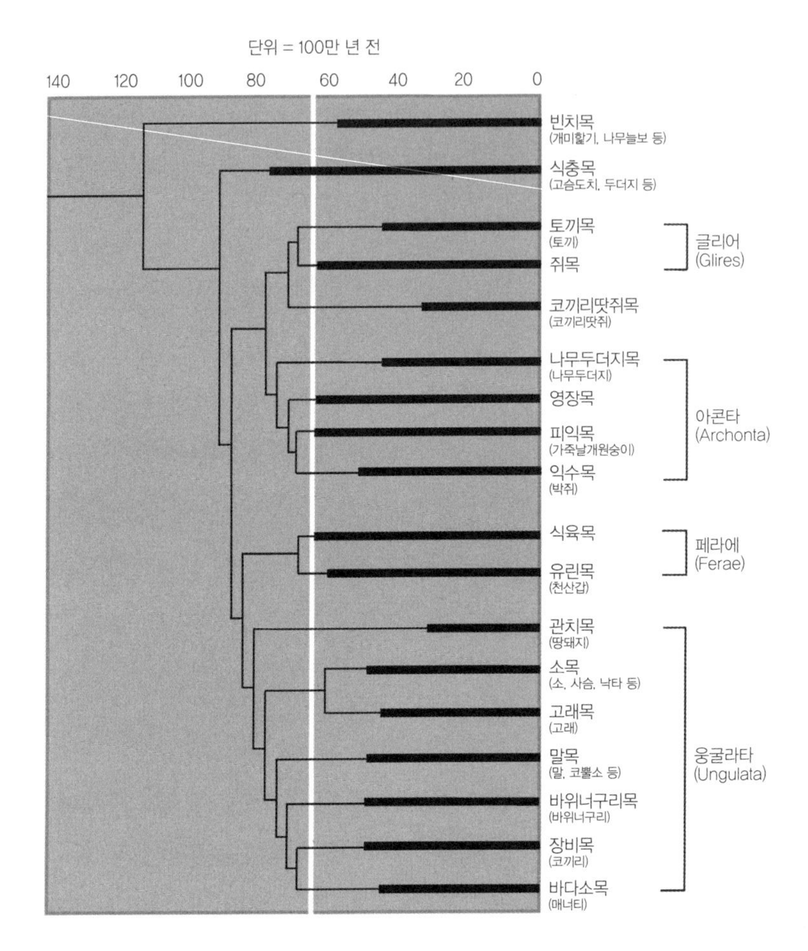

[그림 8-1] 형태학적(물리적) 특성에 기초한 태반류 포유동물의 상호관계와 계통도. 그림에서 굵은 선은 각 그룹의 화석 연대이고(화석으로만 존재하는 종은 이 목록에 포함시키지 않았다), 가는 선은 형태학적으로 추정되는 목 사이의 관계를 나타낸다. 화석 데이터가 부족한 지금은 각 소그룹이 갈라져 나온 시점을 판단할 수 없기 때문에 위의 계통도에서 가지가 갈라지는 분기점의 시기는 다소 임의적이다. 대부분의 소그룹들 초기 연대가 공룡이 멸종했던 6,500만 년 전(흰색 수직선)과 거의 일치하고 있으므로, 이 무렵에 포유류의 다양화가 이루어졌던 것으로 추정된다.

출처 : Jeheskel Shoshani and Malcolm McKenna, "Higher Texonomic Relationship among extant Mammals Based on Morphology", *Molecular Phylogenetics and Evolution* 9, 1998, pp.572–584.

DNA 서열을 기준으로 삼으면 구체적인 숫자로 나타낼 수 있다. 그러므로 계통도의 객관적인 신뢰도를 높이려면 DNA 서열의 차이를 기준으로 작성되어야 한다. 또한 앞에서 분자 데이터를 이용하여 인간과 침팬지가 공통의 조상으로부터 분리되어 나온 시기를 계산해 냈듯이 포유류 전체에도 동일한 방법을 적용하여 각 소그룹이 주된 줄기에서 갈라져 나온 시기를 계산할 수 있다.

이 작업을 실행하려면 비교 가능한 DNA 서열을 각 동물에서 추출하여 일일이 대조해야 한다. 제7장에서 했던 것처럼 한 동물의 DNA 서열이 ATGC일 때, 다른 동물의 DNA 서열이 ATTC와 같은 식으로 다르게 나타나는 지점이 얼마나 많은지 일일이 헤아리는 식이다(유인원을 대상으로 할 때는 그다지 어려운 일이 아니었지만 전체 포유류를 대상으로 삼는다면 작업 규모가 엄청나게 커진다). 제7장에서 지적한 대로 DNA 서열이 다르게 나타나는 지점의 빈도수를 알면 두 생명체가 얼마나 가까운 관계인지 알 수 있다. 그러나 이 분석법은 "시간에 따른 돌연변이의 누적 효과는 모든 유인원들에게 동일하게 나타난다."는 가정을 깔고 있었다. 그런데 지금은 엄청나게 다양한 포유류를 대상으로 하고 있으므로 이와 같은 가정을 내세우기 어렵다. 뿐만 아니라 일부 포유류들은 돌연변이가 다른 종보다 훨씬 빠르게 누적되어 왔다는 증거도 가지고 있다.

〈그림 8-2〉는 DNA의 특정 부분에서 돌연변이가 시간에 따라 누적되는 비율을 몇 가지 동물에 대하여 그래프로 비교한 것이다(분자 분석법과 화석에서 얻은 데이터를 종합한 결과이다). 예를 들어 〈그림 8-2〉가 택한 서열에서 인간과 침팬지의 염기쌍은 약 10퍼센트가 다른데 제7장에서 인간의 조상과 침팬지의 조상은 약 600만 년 전에 갈라져 나왔다고

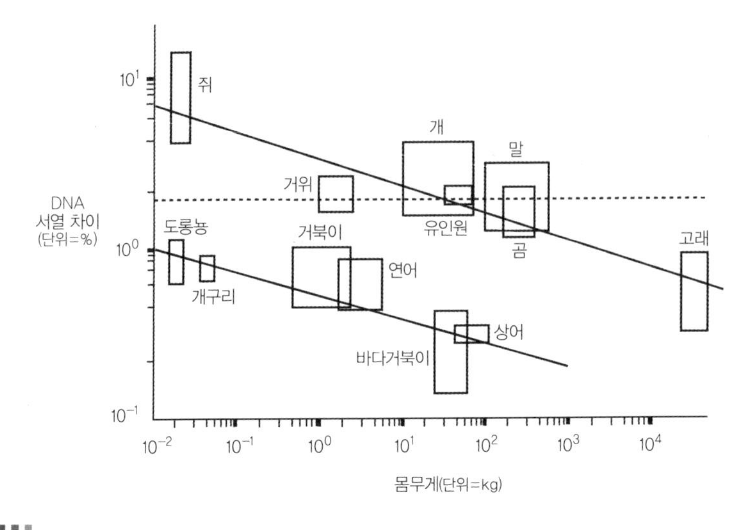

[그림 8-2] 여러 가지 동물의 돌연변이 누적율. 미토콘드리아 DNA의 돌연변이 누적률이 여러 가지 동물에 대하여 몸무게의 함수로 표현되어 있다. 그림 속의 사각형은 특정 형태의 동물에 하나씩 대응된다. 모든 동물들이 똑같은 비율로 돌연변이를 축적해 왔다면 모든 사각형은 중앙에 그려진 수평선(점선)을 따라 정렬하게 된다. 그림에서 보다시피 큰 동물은 작은 동물보다 돌연변이 누적율이 낮고, 냉혈동물은 온혈동물보다 누적율이 낮다.

출처 : A. P. Martin and S. R. Palumbi, "Body Size, Metabolic Rate, Generation Time, and the Molecular Clock", *proceedings of the National Academy of Science* 90, 1993

했으므로 이들에게는 100만 년마다 2퍼센트의 비율로 돌연변이가 누적되어온 셈이다.[1] 만일 돌연변이가 생명체의 종류에 상관없이 100만 년마다 2퍼센트의 비율로 똑같이 누적되어 왔다면, 모든 동물은 그림의 중앙에 있는 수평선(점선) 위에 놓였을 것이다. 그러나 사실은 전혀 다르다. 그림에서 보다시피 돌연변이의 누적율은 동물의 종류에 따라 5퍼센트에서 0.2퍼센트 사이에 있다. 그런데 한 가지 흥미로운 사실은 이 값이 완전히 무작위로 나타나지 않는다는 점이다. 큰 동물은 작은 동물보다 누적율이

1) 이 값은 제7장에서 계산했던 '500만 년당 1퍼센트'보다 훨씬 크다. 돌연변이의 누적율은 DNA 서열 중 어느 부분을 관찰하느냐에 따라 크게 달라질 수 있다.

낮고 냉혈동물은 온혈동물보다 누적율이 낮다. 돌연변이의 누적율이 동물에 따라 이와 같은 변화를 보이는 이유는 아직 분명하지 않다.

태반류 포유동물을 분류하는 데 사용된 분자 데이터의 대부분은 DNA의 암호화된 부분(coding region)에서 추출되었다. 암호화되지 않은 영역(noncoding region)에서는 돌연변이가 후손에게 전달되는 것을 방해하는 요인이 전혀 없어서 누적율이 100만 년당 수 퍼센트가 될 정도로 크다. 화석에서 얻은 데이터에 따르면 태반류 목의 대부분은 6,500만 년 전부터 갈라져 나오기 시작했으므로 이 서열에 속하는 모든 염기쌍들은 적어도 한 번 이상은 돌연변이를 겪은 셈이다. 따라서 종류가 다른 두 동물의 DNA 서열이 일치할 가능성은 거의 없으며 DNA 속에 이들의 공동 조상에 관한 정보가 들어 있을 가능성도 매우 희박하다. 오랜 세월을 거치는 동안 DNA 서열이 하도 많이 변해서 거의 '무작위화'되었기 때문이다.

공통점 추적이 가능하려면 돌연변이 누적율이 비교적 작은 부분을 취해야 하는데 이 조건을 만족하는 DNA가 바로 유전자이다. 이 부분의 서열은 단백질 생산과 관련된 정보를 가지고 있어서 한번 돌연변이가 일어나면 생명체의 건강에 심각한 지장을 초래하기 때문에 돌연변이가 먼 후손에게 전달될 가능성이 매우 낮고 따라서 돌연변이의 누적율도 낮다. 그러나 동물들 사이의 누적율 격차가 크게 나타나서 복잡하기는 마찬가지이다.

종류에 따라 돌연변이의 누적율이 다른 경우에도 각 동물이 가지를 치고 나온 시기를 추적하는 방법이 있다. 이 과정을 이해하기 위해 개, 곰, 라마 그리고 아프리카 영양에서 추출한 300개의 뉴클레오티드를 비

곰-개 36	곰-라마 45	곰-영양 50
	개-라마 35	개-영양 46
		라마-영양 38

[표 8-3] 곰, 개, 라마, 영양의 뉴클레오티드 차이

교해 보자.[2] 제7장에서 유인원을 비교할 때 사용했던 방법을 그대로 적용하여 각 쌍의 차이를 계산한 결과는 〈표 8-3〉과 같다.

예로 든 4가지 동물들에게 돌연변이 효과가 똑같은 비율로 누적되어 왔다면 뉴클레오티드의 차이가 가장 적은 쌍이 가장 친밀한 관계일 것이다. 표에서 보다시피 가장 차이가 적은 쌍은 개와 라마인데 이것은 예상을 벗어난 결과이다. 이 목록에서 개와 함께 식육목에 속하는 동물은 곰밖에 없으므로 개와 곰이 가장 가까울 것 같지만 사실은 그렇지 않은 것이다. 라마와 영양도 같은 소목에 속하지만 둘 사이의 차이는 개와 라마의 차이보다 크다.

이 동물들의 생긴 모습이나 물리적 특성을 전혀 모른다고 해도 유전자 데이터만 있으면 개와 라마가 결코 가까운 관계가 아니라는 사실을 증명할 수 있다. 우선 〈표 8-3〉의 첫 번째 가로줄을 따라가 보자. 곰과 개의 차이는 36이고 곰과 라마의 차이는 45이다. 가장 최근에 공통의 조상을 가지고 있던 쌍이 개와 라마였다면 라마의 조상은 개의 조상보다 돌연변이를 더 많이 겪었어야 한다.

2) 이들의 DNA 서열은 PubMed 데이터베이스(www.pubmed.org)에서 찾을 수 있다. 접근 번호는 각각 AY011250, AY011249, AY011239, AY011240이다.

이는 돌연변이 효과가 개의 가계보다 라마의 가계에서 더 빠르게 누적되어 왔음을 뜻한다. 그러나 표의 제일 오른쪽 세로줄을 보면 개와 영양의 차이는 46이고 라마와 영양의 차이가 38로 나와 있으므로 돌연변이 효과가 빠르게 누적된 쪽은 라마의 가계가 아니라 개의 가계이다. 개와 라마가 가장 최근에 공통의 조상을 가지고 있었다는 가정을 바꾸지 않으면 곰과 영양에 대해서도 똑같은 모순이 발생한다.

개와 가장 가까운 동물이 곰이라고 가정하면 이와 같은 모순이 발생하지 않는다. 라마는 곰과 45의 차이를 보이는 반면 개와의 차이는 35에 불과하다. 따라서 곰의 조상은 개의 조상보다 더 빠른 속도로 돌연변이 효과를 축적해 왔다. 영양과 곰의 차이가 영양과 개의 차이보다 크다는 것도 이 사실을 뒷받침하고 있다. 그러므로 자연스럽게 개와 곰은 매우 가까운 친척 관계라는 결론이 내려진다. 생물학자들은 이와 비슷한 논리를 이용하여 돌연변이 누적율이 서로 다른 동물들 사이의 친밀도를 계산하고 있다.

곰의 가계가 개의 가계보다 돌연변이를 더 빠르게 축적해 왔다는 것은 〈그림 8-2〉에 나타난 일반적인 경향과 일치하지 않는다. 뿐만 아니라 개와 곰의 DNA 서열을 라마와 비교하느냐 또는 영양과 비교하느냐에 따라 이들의 돌연변이 축적율은 조금씩 달라진다. 이와 같은 오차가 나타나는 이유는 샘플로 취한 300여 개의 뉴클레오티드 중 상당 부분이 'DNA의 어느 부분을 취하느냐'에 따라 순서가 달라지기 때문이다. 그러므로 하나의 뉴클레오티드가 한 종류의 돌연변이를 반영하고 있다는 보장도 없다. 그러나 생물학자들은 이런 어려운 상황에서도 수학적 테크닉을 동원하여 데이터의 신뢰도를 높이고 있다.

지금까지 언급한 분석법은 DNA 배열을 이용하여 생명체들 사이의 관계를 규명하는 여러 가지 방법들 중 하나에 불과하다. 다른 분석법은 생명체들 사이의 '차이점의 총 개수'가 아닌 개개의 차이점에 집중하되 하나의 돌연변이가 두 번 이상 일어날 가능성이 없다는 가정하에 논리를 진행시킨다. 예를 들어 개과 곰의 서열이 ATTG이고 라마와 영양이 ATCG라면, 개와 곰이 똑같은 돌연변이를 독립적으로 일으켰을 확률보다 ATTG라는 서열을 이미 가지고 있었던 공통의 조상에서 갈라져 나왔을 확률이 훨씬 높다. 이 방법을 이용하면 돌연변이의 우연한 일치를 최소화시킨 발생학적 계통도를 작성하여 생명체들 사이의 관계를 유추할 수 있다.

DNA 데이터를 분석할 때 컴퓨터를 사용하면 가장 가능성이 높은 덴드로그램을 찾을 수 있다. DNA 서열 간 차이의 총 개수를 계산하는 알고리듬을 '간격법(distance methods)'이라고 하고 개개의 돌연변이에서 얻은 데이터를 포함시킨 방법을 '최대절제(maximum parsimony)' 또는 '최대가능성법(maximum likelihood methods)'이라 한다. 이 방법들은 각자 장단점이 있어서 어떤 상황에 어떤 방법을 써야 할지는 아직도 논쟁거리로 남아 있다.

〈그림 8-3〉은 40종 이상의 동물에서 약 1만 5,000개의 염기쌍을 추출하여 위에 열거한 방법 중 하나로 분석한 결과이다. 여기에도 쥐목이나 토끼목처럼 〈그림 8-1〉의 분류와 동일한 소그룹이 있고, 코끼리와 바위너구리, 매너티도 이전과 같이 가까운 관계로 그려져 있다. 또한 소목과 고래가 가까운 관계라는 것도 화석 증거와 일치한다. 이 분석법에 의하면 하마는 같은 소목의 다른 동물들(라마, 돼지 등)보다 고래와 훨씬 가

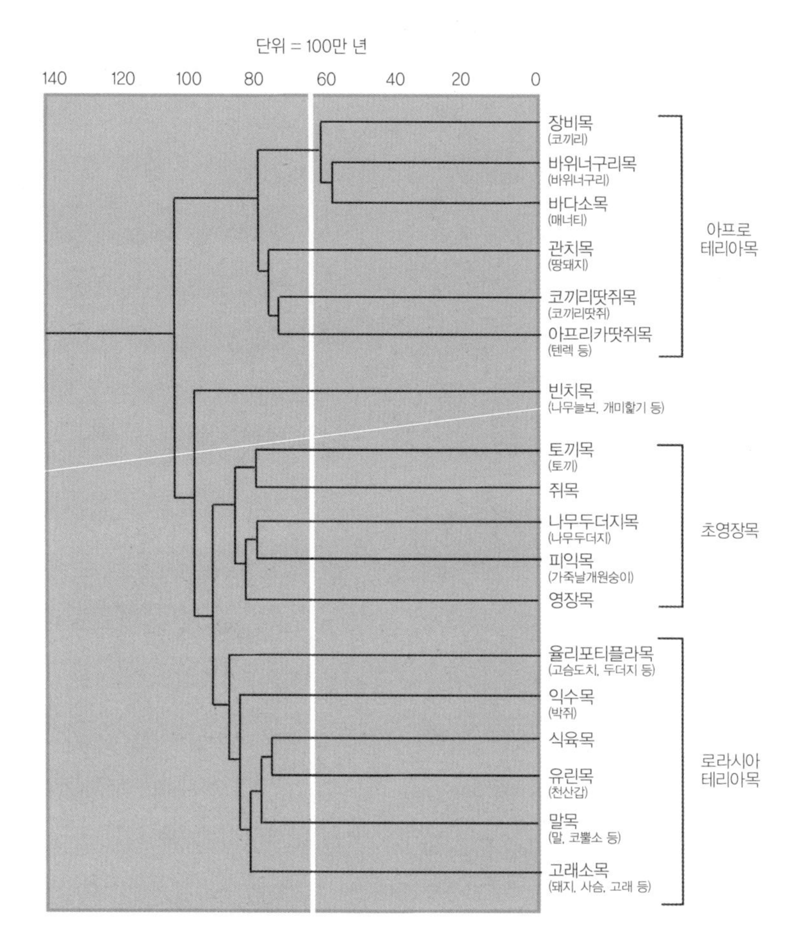

[그림 8-3] 분자 데이터에 입각한 태반류 포유동물의 상호관계와 계통도. 이 분류법은 〈그림 8-1〉의 분류와 일치하지 않는다. 여기서는 다양한 그룹(목)의 초기 연대를 분자 데이터에 기초하여 계산했는데 각 목이 최종적으로 분리된 시점은 공룡이 멸종했던 시점(6,500만 년 전, 가운데 흰색 줄)보다 앞서는 것으로 나타나 있다. 소목에 속하는 하마는 같은 소목의 다른 동물(돼지 등)보다 고래목(Cetacia)의 고래와 더 가깝기 때문에 고래목과 소목이 고래소목이라는 새로운 그룹으로 통합되었다. 그리고 식충목의 과들은 율리포티플라목(Eulipotyphla)과 아프리카땃쥐목(Afrosoricida)으로 통합 분류되었다 : 고슴도치과+두더지과+땃쥐과 +솔레노돈과=율리포티플라목 ; 텐렉과+금두더지과=아프리카땃쥐목.

출처 : M. S. Springer et al, "Placental Mammal Diversification and the Cretaceous–Tertiary Boundary", *Proceedings of the National Academy of Science(USA)* 100, 2003, pp.1,056–1,061.

깝다. 그래서 소목과 고래목을 하나로 묶어서 고래소목(Cetartiodactyla)으로 분류하였다.

그런가 하면, 〈그림 8-1〉에는 아예 없었던 새로운 그룹도 있다. 특히 분자 데이터에 의하면 모든 태반류 동물은 아프로테리아목(Afro-theria), 빈치목(기존의 빈치목만 여기 포함된다), 초영장목(Euarchontoglires), 로라시아테리아목(Laurasiatheria)의 4개의 그룹으로 나눌 수 있다. 물론 같은 그룹에 속한 동물들끼리는 다른 어떤 동물보다 가까운 관계이다. 이 4개의 그룹은 특정 염기쌍 서열이 결핍되어 있는 등 두 번 일어날 가능성이 거의 없는 돌연변이를 공유하고 있다.

이 그룹들 사이의 관계에도 무언가 불확실한 점이 있긴 하지만, 〈그림 8-3〉은 학자들 사이에서 좀 더 많은 지지를 받고 있는 계통도이다. 이 분류에서 가장 먼저 가지를 치고 나온 동물은 코끼리, 바위너구리, 매너티 그리고 땅돼지가 속해 있는 아프로테리아목으로서 여기에는 코끼리땃쥐를 비롯하여 식충목의 텐렉과와 금두더지과도 포함되어 있다. 이름에서 알 수 있듯이 아프로테리아목에 속하는 동물들은 주로 아프리카 대륙에 서식하고 있다.

두 번째로 가지를 치고 나온 그룹은 개미핥기와 나무늘보 그리고 아르마딜로가 속해 있는 빈치목이다. 현재 이들 중 대부분은 남아메리카 대륙에서 발견되고 있다.

초영장목과 로라시아테리아목은 가장 많은 동물이 속한 그룹이며 초영장목에는 설치류, 토끼, 영장류, 가죽날개원숭이, 나무두더지 등이 속해 있다. 간단히 말해서 이전에 글리어와 아콘타로 분류됐던 모든 동물들이 포함되어 있다(단, 박쥐는 예외이다).

가장 많은 동물이 속한 그룹은 로라시아테리아목이다. 여기에는 박쥐를 비롯하여 식육목, 천산갑, 고래 그리고 소목과 말목이 포함되어 있으며, 식충목의 고슴도치과, 두더지과, 땃쥐과 동물들도 포함되어 있다(고슴도치, 뒤쥐, 두더지 등).

언뜻 봐도 물리적 특성을 기준으로 했던 〈그림 8-1〉보다는 분자 데이터를 기준으로 분류한 〈그림 8-3〉이 더 그럴듯해 보인다. 그런데 태반류 동물을 크게 4개의 그룹으로 나눠 놓고 보면 지리학적으로 흥미로운 패턴이 발견된다. 아프로테리아목은 주로 아프리카에서 살고 빈치목의 대부분은 남아메리카에서 서식하고 있다. 그리고 화석 데이터를 분석해 보면 초영장목과 로라시아테리아목은 북반구 대륙에서 처음 탄생한 것으로 추정된다(현재 이들은 전 세계에 골고루 퍼져 있다). 포유동물들 사이의 지리학적 상호관계는 이들의 초기 역사를 추적하는 데 중요한 실마리를 제공해 주기 때문에 진화생물학자들의 비상한 관심을 끌고 있다.

베이즈의 통계를 이용한 연대 추적

포유류의 진화와 지리적 환경 사이의 관계를 규명하려면 각 소그룹들이 주된 줄기에서 갈라져 나온 시기를 알아야 한다. 각 동물들의 조상으로 추정되는 가장 오래된 화석을 종합해 보면 공룡이 멸종했던 6,500만 년 전에 집중되어 있다. 물론 포유류는 그 전에도 있었지만 이 초기 생명체들은 현대식 분류에서 어느 목으로 분류되어야 할지 분명치 않다. 일부 고생물학자들은 공룡과 같은 대형 생명체들이 한꺼번에 멸종했던

6,500만 년 전쯤에 작은 포유류들이 생태계를 장악하면서 다양한 종이 파생되어 나온 것으로 추정하고 있다. 그러나 유전자 서열 데이터로부터 포유류의 계통도를 복원한 결과 다양한 가지가 집중적으로 갈라져 나온 시기는 공룡이 멸종하기 전이었던 것으로 판명되었다.

그런데 언뜻 생각해 보면 유전자 데이터로 연대를 측정하려는 시도 자체가 불가능해 보이기도 한다. 앞에서 말한 바와 같이 시간에 따라 돌연변이가 누적되어 온 속도는 포유류의 종류에 따라 크게 다르다. 그러나 유전자 서열을 세밀히 분석하면 돌연변이의 누적율이 종에 따라 차이가 나는 정도를 대략적으로 예측할 수 있다. 앞에서 우리는 몇 가지 동물들 사이의 유전적 차이(DNA 서열 중 특정부위의 차이)를 이용하여(《표 8-3》) 곰의 조상이 개의 조상보다 돌연변이를 더 빠르게 축적해 왔다는 사실을 확인할 수 있었다. 생물학자들은 이런 식으로 DNA 정보를 이용하여 돌연변이 누적율의 변화에 미세한 수정을 가하고 있다.

DNA 서열 정보가 주어졌다고 해도, 이로부터 가지가 갈라져 나온 시기를 추정하는 것은 결코 간단한 작업이 아니다. 주된 줄기에서 갈라져 나온 다양한 가지의 돌연변이 누적율을 알 수만 있다면 현재 존재하는 동물들 사이의 유전적 차이를 쉽게 계산할 수 있을 것이다. 그러나 지금의 상황은 이와 정반대이다. 즉 현존하는 동물들 사이의 유전적 차이로부터 가지가 갈라져 나온 시점을 역추적해야 하는 것이다. 물론 후자가 전자보다 어려운 일임은 말할 필요도 없다. 현재와 같이 다양한 포유류를 낳는 가능한 돌연변이 조합은 여러 가지가 있으며 우리가 할 일은 이들 중 하나의 진실을 가려내는 것이다. 이 작업을 완수하기 위해 일부 분자생물학자들은 베이즈의 통계학(Bayesian statistics)을 이용한 접근법을 시도하고 있다.

베이즈의 통계학을 이해하기 위해 '동전 던지기'를 예로 들어 보자. 동전을 허공으로 10번 던졌을 때 앞면이 5번 나올 확률은 얼마인가? 이것은 전형적인 통계학 문제이다. 가장 확실한 풀이법은 동전을 10번 던졌을 때 나올 수 있는 '모든 가능한 결과'를 일일이 적은 후에 앞면이 5번 나오는 경우의 수를 헤아리는 것이다. 이 '경우의 수'를 '모든 가능한 경우의 수'로 나누면 우리가 원하는 확률이 된다. 하지만 막상 연필을 들고 경우의 수를 적어 나가다 보면 금방 지쳐 버릴 것이다. 이럴 때 학창시절에 배운 순열조합론을 떠올리면 모든 가능한 경우를 일일이 적지 않고서도 답을 구할 수 있다. 물론 이 두 가지 방법은 동일한 답을 준다. 그러나 순열조합론을 이용하면 위의 경우뿐만 아니라 동전을 6번, 100번, 1,000번 던졌을 때 앞면이 5번 나올 확률도 간단하게 계산할 수 있다.

이제 문제를 조금 바꿔 보자. 동전을 던져서 "앞면이 다섯 번 나왔다."는 결과는 알고 있는데 동전을 몇 번 던져서 이런 결과가 나왔는지 그 시행 횟수를 모른다고 가정해 보자. 이럴 때 시행 횟수를 수학적으로 계산할 수 있을까? "앞면이 나올 확률이 2분의 1이니까, 10번 던진 거 아닌가?"라고 생각하는 독자들도 있을 것이다. 그러나 상황은 그리 간단하지 않다.

동전을 10번 던져서 앞면이 5번 나올 수도 있지만, 8번 또는 20번을 던졌을 때에도 앞면이 5번 나올 수 있기 때문이다. 이 문제를 해결하는 열쇠가 바로 베이즈의 통계학이다. 단 여기에는 하나의 가정이 필요하다. 즉 "시행 횟수는 어떤 값도 될 수 있다."는 것이다. 다른 정보가 전혀 없는 상황이라면 이 가정이 틀릴 이유도 없다.

일단 이 가정을 받아들이고 "동전을 주어진 횟수만큼 던졌을 때 앞면이 5번 나올 확률"을 계산해 보자. 지루한 중간 과정을 생략하고 결과만 말하자면 이 확률은 '동전을 특정 횟수만큼 던졌을 때 나올 수 있는 모든 경우의 수'의 역수에 '앞면이 5번 나오는 경우의 수'를 곱한 값과 같다. 동전을 던진 횟수(시행 횟수)는 어떤 값도 될 수 있다는 가정을 수용하면 첫 번째 수는 시행 횟수와 관련된 어떤 상수가 된다. 그리고 앞면이 5번 나오는 경우의 수도 시행 횟수에 따라 달라진다. 일단 시행 횟수가 5번 미만이면 아무리 애를 써도 앞면이 5번 나올 수는 없다. 그리고 시행 횟수가 5이면 5번 모두 앞면이 나와야 하는데 이런 경우는 딱 한 가지 밖에 없다. 또한 동전을 100번 던졌을 때 앞면이 '겨우 5번 밖에 나오지 않는' 경우도 전체 경우의 수에 비해 얼마 되지 않는다. 이런 식으로 따지다 보면, 앞면이 5번 나올 확률이 가장 큰 경우는 '동전을 10번 던졌을 때'라는 사실을 어렵지 않게 알 수 있다. 동전을 던진 횟수에 아무런 제한을 두지 않았는데도, 앞면이 5번 나왔다는 조건으로부터 '가장 그럴듯한 시행 횟수는 10회'라는 답이 얻어진 것이다. 필요하다면 이 논리를 이용하여 각 경우의 구체적인 확률을 계산할 수도 있다.

이 계산은 동전을 던진 횟수에 제한이 없다는 가정에서 출발했지만 경우에 따라서는 다른 형태의 가정을 내세울 수도 있다. 예를 들어 가능한 시행 횟수를 30회 이하로 제한한다면 어떻게 될까? 동전을 30번 던져서 앞면이 5번 나올 확률은 매우 작으므로 이런 제한은 결과에 큰 영향을 미치지 않는다.

다시 말해서 "동전을 몇 번 던졌더니 앞면이 5번 나왔다. 시행 횟수가 몇 회인지 잘 모르겠지만 30회를 넘지는 않았다. 가장 그럴 듯한 시행 횟수는 얼마인가?"라고 누군가가 물었다면 답은 여전히 '10회'이다. 추가 정보가 없는 한, 우리의 가정이 틀렸다고 볼 만한 근거는 어디에도 없다. 과학자들은 "결과가 이미 주어진 경우, 그 결과를 낳을 만한 가장 그럴듯한 과정"을 역추적할 때 이 방법을 사용하고 있다. 물론 주어진 과정으로부터 특정 결과가 나올 확률을 계산하는 편이 훨씬 쉽지만 자연에 숨어 있는 단서들은 인간의 편의를 전혀 생각해 주지 않는다.

베이즈의 통계학은 포유류의 진화에도 적용될 수 있다. 이 경우에 우리의 가정은 다음과 같이 바뀐다. "〈그림 8-3〉의 계통도에서 개개의 가지가 갈라져 나온 시기는 가지의 순서가 바뀌지 않는 한 어떤 시점도 될 수 있다. 그리고 각 가지에서 돌연변이의 누적율은 어떤 값도 가질 수 있다." 주어진 가지의 분기 시점과 돌연변이 누적율이 실제 값과 일치할 가능성은 '이 주어진 값들이 현재 DNA 서열상의 차이를 낳을 확률'을 계산함으로써 알아낼 수 있다.[3] 물론 확률을 계산해야 할 시간과 누적율이 엄청나게 많지만 생물학자들은 "하나의 가지에서 다음 가지로 넘어갈 때 돌연변이 누적율이 크게 변하지 않는다."는 가정을 추가하여 가장 가능성이 높은 값을 찾아내고 있다.

이 방법이 가지고 있는 또 하나의 장점은 화석에서 얻은 데이터를 다양한 스케일의 시간계산에 직접 적용할 수 있다는 점이다. 예를 들어 초기 고래의 화석에 의하면 고래목이 소목과 분리된 시기는 5,000만 년 전인데 이 사실을 베이즈의 통계학에 적용하면 "고래의 가지가 하마(또는 고래와 가장 가까운 것으로 판명된 동물)의 가지와 분리된 시기는 적어도 5,000만 년 이상 전이다."라는 가정을 세울 수 있다. 이 정보는 돌연변이

3) 이 분석법은 패턴이 다른 여러 개의 그룹(목)에도 적용될 수 있다.

누적율의 변화에 제한을 가할 뿐만 아니라 정확한 연대를 가늠하는 기준을 제공해 준다.

이것은 포유류 가계의 역사와 다양한 돌연변이 누적율을 계산하는 새로운 방법이며 신뢰도가 확인되려면 앞으로 얼마간 시간이 걸릴 것이다. DNA 서열 데이터를 이용하여 포유류 계통도에서 가지가 갈라져 나오는 패턴을 알아냈다고 해도 연대를 계산하기 위해 도입된 가정 때문에 틀린 결과가 나올 수도 있다. 그래서 몇몇 학자들은 이 방법을 개선하기 위해 지금도 열심히 노력하고 있다. 앞으로 어떤 판정이 내려질지 알 수 없지만 이 분석법을 거쳐서 나온 결과는 한 번쯤 고려해 볼 만하다. 〈그림 8-3〉에 제시된 결과를 보면 태반류의 대부분 목들은 6,500만 년 전보다 더 앞서서 갈라져 나온 것으로 되어 있다. 공룡이 멸종하기 전부터 태반류의 소그룹들이 갈라져 나오기 시작한 것이다. 그렇다고 해서 말이나 원숭이처럼 생긴 동물들이 티라노사우루스 옆에서 같이 뛰어다녔다는 뜻은 아니고 서로 다른 목에 속하는 동물들은 중생대 포유류의 서로 다른 가계에서 파생되었음을 의미한다.

이 분석법에서 얻어진 또 한 자기 흥미로운 결과는 아프로테리아목(지금은 주로 아프리카에 서식하고 있다)의 조상이 지금으로부터 약 1억 500만 년쯤 전에 다른 목의 조상으로부터 분리되어 나왔다는 점이다. 이 무렵에 북반구 대륙에는 지리학적으로 매우 중요한 사건이 일어났다. 남아메리카와 아프리카는 원래 하나의 대륙으로 붙어 있었는데[이 대륙을 곤드와나(Gondwana)라고 한다] 약 1억 년 전에 대륙이 이동하면서 둘로 갈라졌고, 두 대륙 사이에는 갓 탄생한 남대서양이 자리를 잡았다(〈그림 8-4〉).

만일 1억 1,000만 년 전에 원시태반류 동물이 곤드와나 대륙에 서식하고 있었다면 대륙이 갈라지면서 포유류도 두 대륙에 고립되었을 것이다. 이때 아프리카에 고립된 포유류는 아프로테리아목의 선조가 되었고, 남아메리카에 남은 포유류는 빈치목과 초영장목 그리고 로라시아테리아목의 선조가 되었을 것이다. 그로부터 수백만 년이 지난 후 남아메리카에 서식하는 포유류들이 남아메리카와 북아메리카 사이에 있는 섬들을 거쳐서 북반구 전체에 퍼져 나갔다고 생각할 수 있다. 이 섬들은 오늘날 쿠바와 히스파니올라 섬, 푸에르토리코 등에 해당하는 지역이다. 이 대담한 여행길에 올랐던 포유류들이 초영장목과 로라시아테리아목의 선조가 되었고 남아메리카에 남은 동물들은 빈치목의 선조가 되었다.[4]

이제 남은 질문은 위에서 언급한 중생대 포유류의 여행기가 화석 증거와 일치하는지를 확인하는 것이다. 앞서 말한 대로 현존하는 포유류의 각 목들이 처음으로 가지를 치고 나온 것은 약 6,500만 년 전의 일이었다. 따라서 이보다 전에 살았던 포유류들은 지금과 같이 다양한 특징을 가지고 있지 않았을 것이므로 중생대 포유류와 현존하는 포유류 사이의 관계가 모호해진다. 고생물학자들은 이 점을 확인하기 위해 공룡시대에 출토된 화석 중에서 현대 태반류에 가까운 샘플을 집중적으로 연구하고 있다.

물론 화석만 가지고는 그 생명체가 태반류였는지 확인하기 어렵지만 유대류나 단공류와는 치아와 뼈의 구조가 근본적으로 다르기 때문에 현존하는 태반류와 조상을 공유한다는 사실만은 확인할 수 있다. 이 그룹

4) 일부 학자들의 DNA 연구결과에 의하면 태반류에서 가장 먼저 가지를 치고 나온 것은 빈치목이고, 그 다음으로 아프로테리아목이 가지를 쳤다고 주장한다. 이것이 사실이라면 초영장목과 로라시아테리아목은 남아메리카가 아닌 아프리카에서 시작하여 북반구 전역으로 이동했을 것이다.

1억 2,000만 년 전

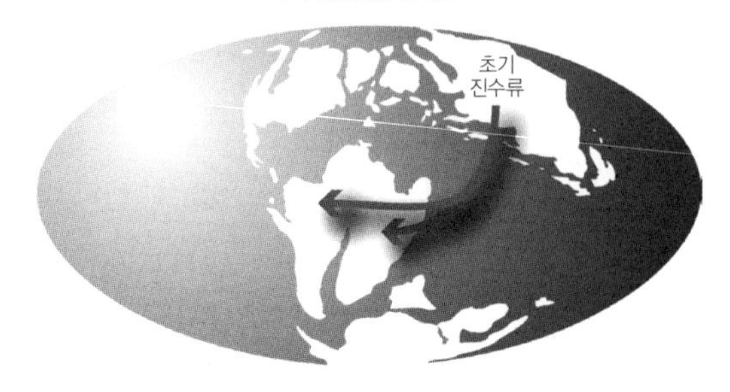

1억 500만 년 전

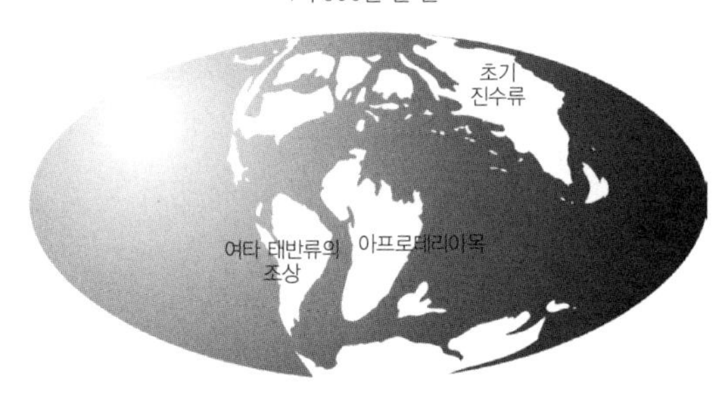

9,000만 년 전

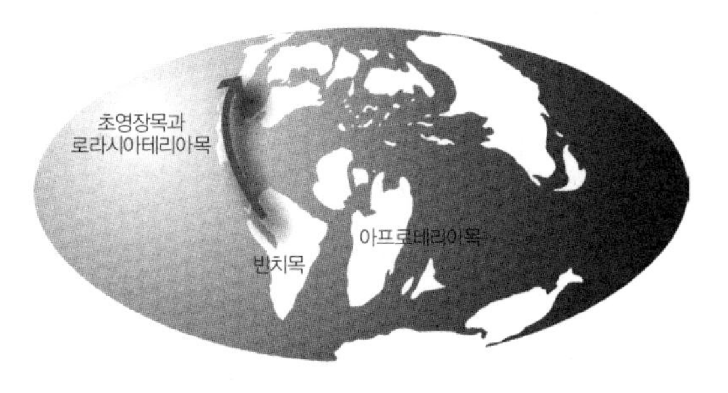

[그림 8-4] 공룡시대가 끝날 무렵 초기 태반류의 가능한 이동 경로 중 하나. 연대에 따른 대륙의 이동과 함께 DNA 서열 데이터에 입각한 진수류의 분포가 제시되어 있다(여러 가지 가능성 중 하나에 불과하다). 이 시나리오는 초기 진수류의 일부가 남반구로 진출하는 것으로 시작된다. 그 후 지금으로부터 약 1억 500만 년 전에 아프리카와 남아메리카 대륙이 분리되면서 아프로테리아목이 다른 그룹과 떨어져 고립되었다. 그로부터 다시 500만~1,000만 년이 지난 후 남아메리카에 서식하던 동물 중 일부가 북아메리카로 진출했고, 나머지는 남아메리카에 남아서 빈치류의 조상이 되었다. 그리고 북쪽에 무사히 도착한 동물들은 초영장목과 로라시아테리아목의 선조가 되었다.

에 속하는 초기 동물들이 완벽한 형태의 태반을 가지고 있었을 가능성은 거의 없으므로 이들을 태반류로 분류하는 것은 적절치 않다. 그래서 이들에게는 좀 더 중립적인 뉘앙스를 풍기는 '진수류(Eutheria)'라는 명칭이 부여되었다. 즉 진수류는 현존하는 태반포유류의 조상이라고 할 수 있다.[5)]

지금까지 알려진 가장 오래된 진수류는 2002년에 중국에서 발견되었다. '에오마이아 스칸소리아(Eomaia scansoria)'라고 명명된 이 화석은 완전한 뼈에 털의 흔적까지 남아 있는 등 보존 상태가 매우 양호했으며 주둥이에서 꼬리까지의 길이는 약 20센티미터였다. 고생물학자들은 화석에 남아 있는 복사뼈의 흔적을 집중적으로 분석한 끝에 약 1억 2,500만 년 전에 살았던 초기 진수류의 화석이라고 결론지었다. 이는 곧 현존하는 태반류가 가지를 치고 나오기 2,000만 년 이상 전부터 진수류가 이미 존재했다는 뜻이며 분자 데이터에서 얻은 결과와도 일치한다. 그러나 에오마이아는 현존하는 태반류의 어떤 그룹하고도 직접적인 연관성이 없기 때문에 화석만으로는 아프로테리아목이나 빈치목이 중생대에 정말로 존재했는지 확인할 수 없다.

지금까지 발견된 화석 중에는 현대 진수류 중 일부 목이 우리의 짐작보다 훨씬 오래되었음을 보여 주는 것도 있다. 이 화석 조각은 잘람발레스티드(zalambalestids)와 젤레스티드(zehestids)의 흔적으로 알려져 있는데, 이들은 7,500만~9,000만 년 전에 주로 아시아에 서식했던 것으로

---

5) 일부 고생물학자들은 "현대 유대류보다 태반류에 더 가까운 동물"을 진수류로 칭하고, 현존하는 모든 태반류의 마지막 조상으로부터 파생된 동물을 유태반류(Placentalia)로 부르고 있다. 이들의 분류법을 따른다면 현대의 모든 태반류는 진수류와 유태반류에 모두 포함된다. 그러나 지금까지 발견된 화석 중에는 진수류이면서 유태반류가 아닌 것도 있다.

추정된다. 최근에 일부 고생물학자들은 이 생명체의 치아를 다른 동물의 치아와 면밀히 대조한 끝에 잘람발레스티드는 쥐나 토끼와 같은 설치동물의 조상과 가까운 관계이고 젤레스티드는 발굽을 가진 동물과 가깝다고 주장했다. 그러나 이들은 단지 몇 종의 포유류만을 비교 대상으로 삼았기 때문에 학계에서 인정을 받지 못했다.

초기 진수류와 현대 포유동물 사이의 관계를 규명하려는 노력은 지금도 한창 진행 중이며 일부 학자들은 DNA 서열 데이터와 물리적 특징을 모두 고려하려는 시도까지 하고 있다. 이질적인 데이터를 하나로 결합하는 것은 결코 쉬운 일이 아니지만 현존하는 태반류와 중생대 선조들 사이의 관계는 멀지 않은 미래에 완전히 밝혀질 것이다. 이 연구가 완성되기 전까지는 (또는 모든 관계를 한눈에 보여 주는 화석이 발견되기 전까지는) 고대 진수류가 현대 태반류의 어느 특정한 그룹의 선조인지 단언할 수 없는 상황이다.

분자 데이터에 기초하여 초기 태반류 포유동물의 이동 경로를 추적하는 연구는 초기 진수류의 화석이 어느 지역에서 발견되었는가에 따라 결과가 크게 달라질 수 있다. 에오마이아를 비롯하여 9,000만 년 이상 된 화석들은 거의 대부분이 아시아 대륙에서 발견되었다. 이보다 연대가 조금 늦은 화석이 유럽과 남아메리카에서 발견되었고 극히 드물긴 하지만 초기 진수류 화석이 북아메리카나 아프리카에서 발견되기도 했다. 심지어는 아프로테리안목의 초기 친척쯤 되는 동물의 화석이 북반구에서 발견된 사례도 있다. 그래서 많은 고생물학자들은 현존하는 모든 태반류가 남반구에서 발생했다는 주장에 회의적인 생각을 품고 있다. 그러나 남반구에 묻혀 있는 화석들은 북반구처럼 적극적으로 발굴되지 않았기 때문에, 앞으로 아프리카와 남아메리카를 열심히 파헤치다 보면 〈그림 8-4〉의 이동 경로가 사실로 드러나게 될 것이다.

그런가 하면 일부 학자들은 초영장목과 로라시아테리아목의 선조들이 북쪽으로 이동한 것이 아니라 빈치목과 아프로테리아목이 북쪽 대륙에서 아프리카와 남아메리카로 이주했다고 주장하고 있다. 이들의 주장은 화석에서 발견된 증거를 토대로 한 것이다. 이 시나리오가 분자 데이터와 일치하려면 현존하는 모든 초영장목과 로라시아테리아목은 북반구에 남아 있던 초기 태반류의 후손이어야 하는데 아직 확실한 증거는 발견되지 않았다.

태반류의 기원을 완전히 이해하려면 아직도 갈 길이 멀지만 최근 들어 새로운 분자 데이터가 발표되면서 새로운 희망을 심어 주고 있다. 그 일환으로 일부 생물학자들은 위의 계통도에서 4개의 그룹들 사이에 나타나는 수렴진화와 병행진화(parallelism)의 다양한 사례를 연구하고 있다. 예를 들어 빈치목의 개미핥기와 아프로테리아목의 땅돼지 그리고 로라시아테리아목의 천산갑은 개미나 흰개미를 먹고 사는 쪽으로 적응한 반면 로라시아테리아목의 두더지와 초영장목의 뒤쥐 그리고 아프로테리아목의 금두더지는 땅속에서 사는 쪽으로 적응했다.

공룡이 멸종했을 무렵에 각 목의 조상들이 서로 다른 지역에 자리를 잡았다면, 각기 다른 지역에 살던 뒤쥐형 동물들은 다양한 생태계에 적응하는 쪽으로 진화했을 것이다. 그러나 다른 장소에 있는 다른 동물들이 거의 동시대에 동일한 자원을 활용하는 쪽으로 적응하다 보면 결국 비슷한 특징을 갖게 된다. 이런 동물들의 가계를 비교해 보면 그들이 가지고 있는 특징이 어떤 진화 과정을 거쳐 형성되었는지 알 수 있다. 그러므로 진수류의 초기 역사는 생명의 역사를 추적하는 데 중요한 실마리를 제공할 것이다.

앞으로 화석이 더 발견되고 분석법이 더욱 정교해지면, 지구의 운명을 바꿔놓았던 운석 충돌 사건(6,500만 년 전)이 일어나기 전에 전 세계에 흩어져 살았던 태반류의 분포와 상호관계 그리고 각 동물의 특성을 형태학 및 분자 데이터와 일치하는 논리로 설명할 수 있을 것이다. 운석 충돌이 공룡의 멸종과 포유류의 번성에 어떤 역할을 했건 간에 그 사건이 지구 생명체의 역사에 새로운 장을 열었던 것만은 분명하다. 제9장에서 언급되겠지만 운석이 항상 지구를 파괴한 것만은 아니다. 지구에 떨어진 운석에는 초기 태양계의 역사와 관련된 값진 정보가 들어 있다.

더 읽을 거리

· E. Gould and G. McKay, *Encyclopedia of Mammals*, Academic Press, 1998.(현재 살아 있는 포유류를 소개한 대중서)

· G. A. Feldhammer et al, *Mammalogy*, McGraw-Hill, 1999.(포유류를 소개한 전문 서적)

· E. H. Colbert et al, *Clobert's Evolution of the Vertebrates*, Wiley, 2001.(포유류의 진화와 화석을 다룬 책)

· Joel Cracraft and M. J. Donoghue, *Assembling the Tree of Life*, Oxford University Press, 2004.(포유류의 진화와 화석을 다룬 책)

· Robert Carroll, *Vertebrate Paleontology and Revolution*, W. H. Freeman, 1988.(포유류의 진화와 화석을 다룬 책)

· K. A. Rose and J. D. Archibald, *The Rise of Placental Mammals*, John Hopkins University Press, 2005.(초기 포유동물에 관한 책)

· Kielan Jaworowska et al, *Mammals from the Age of Dinosaurs*, Columbia University Press, 2004.(초기 포유동물에 관한 책)

· M. Nei and S. Kumar, *Molecular Evolution and Phylogenetics*, Oxford University Press, 2000.(분자 데이터에서 계통도를 유추하는 다양한 방법)

· Wen Hsiung Li, *Molecular Evolution, Sinauer*, 1997.(분자 데이터에서 계통도를 유추하는 다양한 방법)

· Joel Cracraft and M. J. Donoghue, *Assembling the Tree of Life*, Oxford University Press, 2004.(분자 데이터에 대한 회의적인 견해)

· J. G. M. Thewissen et al, “Skeletons of Terrestial Cetaceans and the Relationship of Whales to Artiodactyls”, *Nature* 413, 2001, pp.277-281.(새로 발견된 고래의 조상에 관하여 자세한 정보)

· tolweb.org, palaeos.com(생명체들 사이의 관계를 정리해 놓은 웹사이트)

· www.plos.org(생명체들 사이의 관계에 대한 유용한 기사)
· www.pubmed.org(생명체들 사이의 관계에 대한 유용한 기사)

제 9 장

태양계의 역사와 운석

2003년 3월 26일, 자정을 조금 앞둔 시간에 시카고 남쪽 외곽의 주민들은 뜻밖의 방문객을 맞이했다.

그날 아침에 우주에서 날아온 900킬로그램짜리 바위 하나가 지구의 대기 속으로 진입했는데 지면에 가까워질수록 속도가 느려지면서 뜨겁게 달아오르다가 결국은 산산조각이 났다. 작은 파편들은 대기 중에서 기화되었지만 자갈만 한 수백 개의 덩어리들은 끝까지 살아남아서 가정집과 자동차, 인도 등에 소나기처럼 쏟아져 내렸고 이들 중 가장 덩치가 큰 조각(무게가 5킬로그램이나 되었다)은 파크 포리스트(Park Forest)라는 마을에 떨어졌다. 그 후 이 운석에는 '파크 포리스트 운석'이라는 이름이 붙여졌다.

파크 포리스트 운석은 지구에 떨어진 최초의 운석이 아니었다. 지난 수십 억 년 동안 이보다 훨씬 큰 바윗덩어리들이 지구에 여러 차례 떨어졌고 그중에는 공룡의 멸종을 불러온 초대형 운석도 있었다. 물론 이런 일은 앞으로도 얼마든지 일어날 수 있다. 과학자들은 만일을 대비하여 지구 근처를 배회하는 소행성과 혜성의 움직임을 예의 주시하고 있고 소설가와 영화 제작자들은 이런 천체들로부터 작품의 영감을 얻고 있다.

운석이 지구에 떨어지는 것은 그 자체로 극적인 사건임이 분명하지만 운석의 내부에는 태양계의 형성 과정을 알려 주는 값진 정보가 들어 있다.

아폴로(Apollo) 우주선이 달에서 가져온 월석과 스타더스트(Stardust) 호가 가져온 혜성의 잔해를 제외하면, 대기권을 뚫고 지구로 떨어진 운석은 지구에서 관찰할 수 있는 유일한 외계 물질이다. 뿐만 아니라 많은 운석의 중심부에는 마치 타임캡슐처럼 태양계의 행성이 형성되기 전에 우주 공간을 떠돌아다니던 먼지가 바위처럼 단단하게 뭉쳐져 있다. 운석에 포함되어 있는 다양한 화학 성분과 물리적 특성을 분석해 보면 이들이 각기 다른 시간대에 다른 환경에서 형성되었음을 알 수 있다. 따라서 운석의 화학적·광물학적 특성과 생성 시기 등을 알면 우리의 태양계의 근원과 초기 역사를 복원할 수 있다.

하늘에서 떨어진 돌

운석은 크게 다섯 종류로 나눌 수 있다. 이들 중 가장 볼 만한 것은 '석철질 운석(iron meteorite)'으로, 대부분이 철-니켈 합금으로 이루어져 있으며 돌과 금속이 혼합된 석철(stony-iron)도 일부 섞여 있다. 이 운석을 잘라서 단면을 잘 닦은 후 현미경으로 관찰해 보면 복잡한 육각형 구조나 금속을 배경으로 아름답게 배열되어 있는 초록색 결정을 볼 수 있다. 그러나 다량의 금속을 함유하고 있는 운석은 전체의 5퍼센트에 불과하고, 대부분은 규산염을 잔뜩 함유한 돌멩이의 형태를 하고 있다. 바위형 운석은 직경 1밀리미터 내외의 구형 바위 조각인 콘드률(chondrule)

의 함유 여부에 따라 두 그룹으로 나뉜다. 콘드룰이 섞여 있는 운석을 석질 운석 또는 콘드라이트(chondrite)라 하고, 그렇지 않은 운석을 아콘드라이트(achondrite)라고 한다.

지금까지 발견된 운석의 90퍼센트는 콘드라이트 운석인데 여기에는 특별한 화학 성분이 포함되어 있다. 콘드라이트 중 일부는 구성 성분이 태양과 매우 비슷하다. 운석을 구성하는 실리콘, 철, 마그네슘, 나트륨, 니켈, 인 등의 성분비가 태양과 비슷하다는 말이다. 콘드라이트 운석과 태양의 중요한 차이는 태양의 내부에 수소, 헬륨, 탄소, 산소, 질소, 네온, 아르곤 등이 밀집되어 있다는 점이다.[1] 이 원소들은 질량이 작거나 반응성이 떨어져서 태양의 중력장을 쉽게 빠져나올 수 있다는 공통점을 가지고 있다. 그래서 이 분야를 연구하는 우주화학자들은 콘드라이트 운석과 태양이 동일한 물질에서 탄생한 것으로 추측하고 있다. 즉 콘드라이트는 먼 외계에서 날아온 이방인이 아니라 우리 태양계의 일부라는 것이다.

콘드라이트의 성분비를 분석해 보면 이들이 태양계 역사의 극히 초기에 생성되었음을 알 수 있다. 당시 태양은 갓 태어난 어린 별이었고 그 주변을 원반처럼 휘감고 있던 기체와 먼지는 훗날 행성이 되었다. 우리의 태양계는 방대한 양의 먼지와 기체가 자체 중력으로 수축되면서 탄생했다. 만일 이 구름이 수축되기 전부터 회전하고 있었다면 결국은 구형 천체 주변을 넓적한 띠가 에워싸고 있는 모양이 자연스럽게 형성된다. 이처럼 갓 태어난 별이 넓고 평평한 띠에 둘러싸여 있는 모습은 최근 들어 태양계 바깥에서 여러 번 관측되었다. 지금 태양계를 배회하고 있는 행

1) 콘드라이트의 리튬 함유율은 태양보다 높다. 그 이유는 아마도 태양이 핵반응을 일으키면서 리튬을 소모했기 때문일 것이다.

성과 위성, 운석, 혜성 등은 바로 이 원반형 띠(기본적으로 중심에 있는 별과 같은 성분으로 이루어져 있다)가 뭉쳐지면서 태어났다. 그런데 콘드라이트 운석과 행성들이 같은 재료에서 탄생하긴 했지만, 지구를 비롯한 여러 행성의 바위들은 콘드라이트와 전혀 다른 성분으로 이루어져 있다. 그 이유는 아마도 각 성분들이 오랜 세월 동안 행성 전체에 골고루 퍼지면서 국소적인 분포 상태가 달라졌기 때문일 것이다.

예를 들어 지구에 존재하는 철의 상당 부분은 지구의 중심부에 밀집되어 있는 반면 실리콘은 주로 지표면 근처에 흩어져 있다. 지구 초창기에 방사성 붕괴로 열이 발생하고 우주에서 날아온 물체들이 지구와 맹렬하게 충돌하면서 추가 열이 발생하여 지구는 부분적으로 액체 상태가 되었다. 이때 각 성분들이 화학적 성질과 질량에 따라 분리되면서 지금과 같은 분포를 갖게 된 것이다. 이와 같은 현상은 지구뿐만 아니라 다른 행성과 위성에서도 비슷하게 진행되었다. 그런데 콘드라이트는 어떻게든 이런 과정을 겪지 않았기 때문에 태양계의 근원을 들여다볼 수 있는 창문의 역할을 하게 된 것이다.

방사능을 이용한 운석의 생성 연대 측정

선사시대 생명체나 화산암의 경우처럼 과학자들은 불안정한 핵의 붕괴 현상을 이용하여 운석의 생성 연대를 추적하고 있다. 그러나 여기서는 앞에서 다뤘던 탄소-14나 칼륨-아르곤 연대측정법과는 조금 다른 방법이 사용된다. 운석의 연대를 측정할 때에는 여러 가지 다양한 동위원소의 양과 함께 '처음부터 운석에 함유되어 있었던 동위원소의 양'까지 알아야 하는데 과학자들은 이를 위해 매우 독특하고 창의적인 기술을 개발해 놓았다.

사실 운석의 나이를 측정하는 것은 상당히 어려운 작업이다. 운석에 함유된 동위원소를 측정하기는 쉽지만 마땅한 비교 대상이 없기 때문이다. 운석이 처음 생성되었을 때 불안정한 원자핵을 얼마나 함유하고 있었는지 알 길이 없으므로(다시 말해서 초기 조건을 알 수 없으므로) 탄소-14 연대측정법처럼 기준을 세울 수도 보정을 가할 수도 없다. 뿐만 아니라 지구에 있는 바위와 달리 운석은 지구로 떨어지기 전에 우주 공간을 떠돌아다니면서 이미 여러 차례 충돌을 겪었을 가능성이 높다. 만일 그렇다면 운석 안에 들어 있는 정보의 일부 또는 전부가 변형되거나 사라질 수도 있다. 이런 이유 때문에 칼륨-아르곤 연대측정법으로는 운석의 생성 연대를 알아낼 수가 없는 것이다.

그러므로 운석의 나이를 측정할 때에는 방사성 동위원소의 붕괴 흔적을 관측하되, 제아무리 험난한 우여곡절을 겪어도 붕괴 후 생성된 부산물이 운석 밖으로 쉽게 빠져나가지 않는 동위원소를 관측 대상으로 삼아야 한다. 이 조건을 만족하는 원소 중에 하나가 바로 미지의 원소로 유명한 루비듐의 동위원소인 루비듐-87(^{87}Rb)이다. 이 원자는 베타붕괴를 거쳐 안정한 스트론튬-87(^{87}Sr)원자로 변환되며, 반감기는 약 500억 년이다. 그러므로 루비듐-87을 이용하면 운석과 같이 수십 억 년 된 물체의 연대를 측정할 수 있다. 칼륨-아르곤 연대측정법의 경우 아르곤은 화학적으로 활성이 거의 없어서 다른 원소와 반응을 하지 않았지만 루비듐과 스트론튬은 반응을 잘 하는 편에 속한다. 따라서 루비듐-87의 붕괴로 생성된 스트론튬-87은 운석이 다른 천체와 강한 충돌을 일으켜도 여전히 그 안에 남아 있다.

그러나 운석에 함유된 스트론튬-87의 양으로부터 운석의 나이를 추정하는 것은 그리 만만한 작업이 아니다. 예를 들어 어떤 운석에서 루비듐-87과 스트론튬-87이 각각 300밀리그램씩 발견되었다고 가정해 보자. 그렇다면 이 운석에서 루비듐-87과 스트론튬-87을 합한 양은 항상 600밀리그램이었을 것이다. 그러나 아르곤-40과 달리 스트론튬-87은 화학적으로 활성이 높기 때문에, 관측된 300밀리그램 중 일부는 운석이 생성되던 무렵에 외부로부터 유입되었을 수도 있다. 즉 관측된 스트론튬-87 중에서 얼마만큼이 붕괴로부터 생성된 양이며 얼마만큼이 원래부터 있던 양인지 알 방법이 없다. 따라서 처음부터 운석에 함유되어 있던 루비듐-87의 양이 600밀리그램이었는지 500밀리그램이었는지 350밀리그램이었는지 알 길이 없는 것이다. 운석의 연대를 판정하려면 루비듐-87과 스트론튬-87의 함량 외에 추가 정보가 있어야 한다.

다행히도 바위와 운석에는 (심지어 구형인 콘드률까지도) 다양한 광물질이 섞여 있어서 루비듐과 스트론튬의 함량을 바위의 여러 부위에서 골고

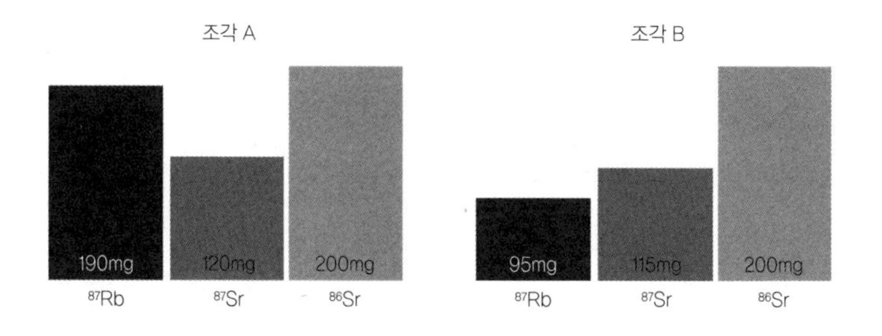

[그림 9-1] 운석 측정 결과. 조각 A와 조각 B의 스트론튬-86 함유량은 우연히도 같고, 루비듐-87의 함유량은 다르게 나왔다.

루 측정하면 연대를 가늠하기에 충분한 정보를 얻을 수 있다. 예를 들어 운석을 두 조각으로 쪼개서 루비듐-87과 스트론튬-87의 함유량을 각각 측정했다고 하자. 그리고 스트론튬의 동위원소인 스트론튬-86도 같이 측정했다고 하자(그 이유는 잠시 후에 알게 될 것이다. 스트론튬-86은 다른 원소의 붕괴로 생성되는 원소가 아니다). 이제 측정 결과가 〈그림 9-1〉과 같이 나왔다고 해 보자.

보다시피 조각 A와 조각 B의 스트론튬-86 함유량은 우연히도 같고, 루비듐-87의 함유량은 다르게 나왔다. 루비듐과 스트론튬은 화학적 특성이 다르기 때문에 두 조각에서 함량이 서로 다르게 나온 것은 얼마든지 있을 수 있는 일이다. 그런데 여기서 주목할 점은 루비듐-87이 많은 쪽에 스트론튬-87도 많다는 사실이다. 이것은 스트론튬-87의 일부가 루비듐-87 원자핵의 붕괴로 생성되었음을 의미한다.

이제 녹은 바위로 이루어진 덩어리가 어느 특정한 시간에 우주 공간을 배회하고 있다고 상상해 보자. 시간이 흐를수록 덩어리의 온도가 내려가면서 내부에 함유된 광물질들은 고체로 변한다. 그런데 각 원소마다 화학적 특성이 다르기 때문에 결정 속으로 스며드는 루비듐과 스트론튬의 양도 광물질마다 다를 것이다. 그러나 스트론튬-86과 스트론튬-87은 동일한 원소의 동위원소이므로, 어떤 광물질이건 스트론튬-86과 스트론튬-87을 같은 양만큼 흡수했을 것이다. 따라서 운석이 형성된 직후에 두 부분(아직 분리되기 전임)에는 스트론튬-86의 양이 같을 뿐만 아니라 스트론튬-87의 양도 같았다(물론 하나의 조각에서 스트론튬-86과 스트론튬-87의 함유량은 다를 수도 있다—옮긴이). 그 후 시간이 흘러 루비듐-87의 일부가 붕괴되면서 스트론튬-87로 변하게 되는데, 처음에 조각

A는 조각 B보다 루비듐-87을 더 많이 가지고 있었으므로 시간이 흐를수록 조각 A에 함유된 스트론튬-87의 양은 조각 B보다 많아질 것이다.

지금 우리는 두 조각으로 나뉜 운석에서 리비듐과 스트론튬의 현재 함유량을 모두 알고 있고 루비듐-87의 반감기도 알고 있으므로, 과거 임의의 시간에 있는 두 부분의 루비듐-87 및 스트론튬-87 함유량을 계산할 수 있다. 루비듐-87의 반감기는 약 500억 년이므로, 처음에 있던 루비듐-87의 5퍼센트가 스트론튬-87로 변할 때까지는 약 35억 년의 세월이 소요된다. 따라서 지금으로부터 35억 년 전에 이 샘플의 루비듐-87 함유량은 지금보다 5퍼센트 많았을 것이다. 즉 35억 년 전의 조각 B에는 루비듐-87이 지금보다 5퍼센트(약 5밀리그램) 많은 100밀리그램이 함유되어 있었고, 조각 A에는 현재의 190밀리그램보다 5퍼센트(약 10밀리그램) 많은 200밀리그램이 들어 있었다. 이제 35억 년 전으로 돌아가서 두 조각의 성분을 재현해 보면 〈그림 9-2〉와 같다.

계산 결과 35억 년 전에 두 조각은 스트론튬-87과 스트론튬-86을 각각 같은 양만큼 함유하고 있었다(스트론튬-87=110밀리그램, 스트론튬-86=200밀리그램). 그런데 이 결과는 운석의 생성 초기에 우리가 예상

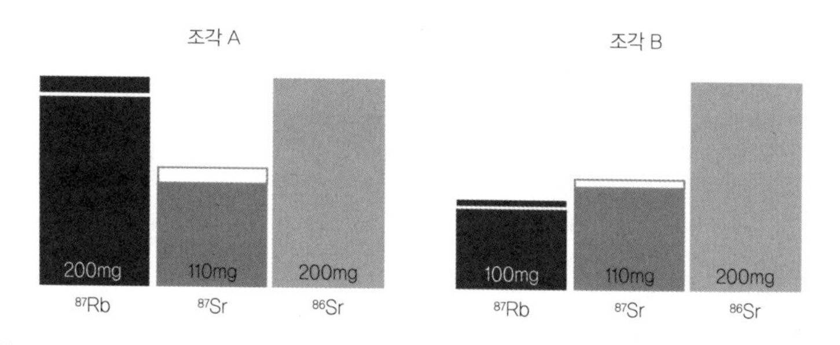

[그림 9-2] 35억 년 전의 운석 측정 결과. 계산 결과 35억 년 전에 두 조각은 스트론튬-87과 스트론튬-86을 각각 같은 양만큼 함유하고 있었다.

했던 분포와 정확하게 일치한다. 따라서 이 운석은 35억 년 전에 형성되었다고 결론지을 수 있다. 5퍼센트가 아닌 다른 수치에 대하여 동일한 계산을 반복해 봐도 2개의 샘플 조각에 스트론튬-87과 스트론튬-86이 각각 같은 양만큼 함유되어 있는 시점은 오직 35억 년 전 뿐이다. 조각 A와 조각 B는 원래 하나의 운석이었으므로 같은 시기에 동일한 환경에서 형성되었다. 따라서 운석의 나이는 35억 살임이 분명하다.

이러한 분석 과정은 운석과 바위의 생성 연대를 추정하는 아이소크론(isochron, 등시간법)의 가장 기초적인 버전에 속한다. 이 사례에서는 운석의 두 부분이 같은 시간대에 같은 환경에서 형성되었다고 가정했지만 실제로는 그렇지 않은 경우도 많다. 그러나 다행히도 여러 종류의 광물질이 동시에 뭉쳐졌는지 아니면 시간을 두고 서서히 뭉쳤는지는 운석 안에 들어 있는 다른 정보를 통해 알 수 있다. 즉 우리가 세운 가정의 진위 여부를 판단하는 데 필요한 정보까지도 운석 안에 들어 있다는 뜻이다.

우주화학자들은 이 연대측정법의 신뢰도를 최대한으로 높이기 위해 샘플에 들어 있는 각 광물질마다 루비듐-87과 스트론튬-87 그리고 스트론튬-86의 함량을 따로 측정하고 있다. 이 데이터로부터 각 광물질마다 스트론튬-86 1그램당 루비듐-87과 스트론튬-87이 몇 그램씩 함유되어 있는지 계산한 후, 스트론튬-87 함량에 대한 루비듐-87의 함량을 그래프로 나타낸다. 흔히 '아이소크론 플롯(isochron plot)'이라고 부르는 이 그래프가 완성되면 바위나 운석의 생성 연대뿐만 아니라 계산 결과의 신뢰도까지 알 수 있다.

긴 세월 동안 다양한 환경에서 형성된 운석의 생성 연대를 추적한다고 가정해 보자. 이런 경우에 각 광물질 속의 루비듐-87과 스트론

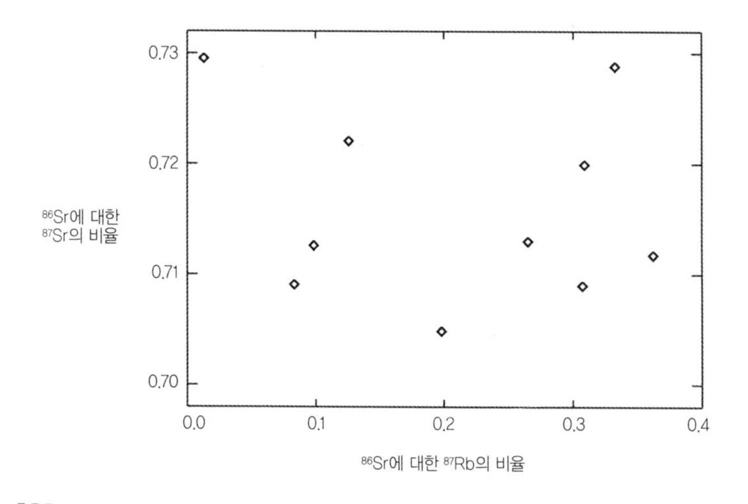

[그림 9-3] 긴 세월 동안 다양한 환경에서 형성된 바위(운석)의 아이소크론.

튬-87, 스트론튬-86의 함유량을 측정하여 아이소크론 플롯을 그려 보면 딱히 눈에 띌 만한 상호관계 없이 〈그림 9-3〉과 같은 모양이 된다. 그래프상의 각 점들은 운석에 포함된 각 광물질의 루비듐-87, 스트론튬-87, 스트론튬-86 성분비를 나타내고 있다. 아이소크론의 세로축은 스트론튬-86에 대한 스트론튬-87의 비율($^{87}Sr/^{86}Sr$)이고, 가로축은 스트론튬-86에 대한 루비듐-87의 비율($^{87}Rb/^{86}Sr$)이다. 〈그림 9-3〉은 점들의 위치가 너무 무작위적이어서 스트론튬-87과 루비듐-87의 관계가 쉽게 눈에 띄지 않는다.

그다음으로 최근에 하나의 원재료에서 형성된 광물질의 집합, 즉 바위를 어떻게든 손에 넣었다고 가정해 보자. 만일 원재료에서 스트론튬-86 10그램당 스트론튬-87이 7그램 들어 있었다면 이로부터 만들어진 모든 광물질에서 스트론튬-86과 스트론튬-87의 함량비는 똑같을

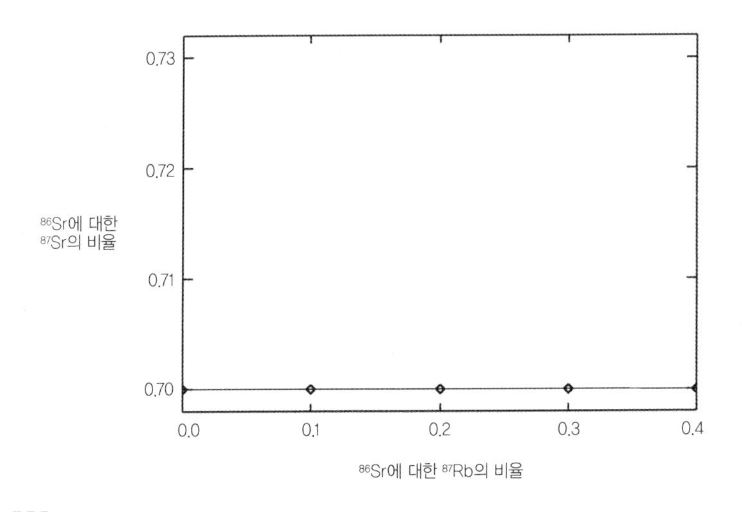

[그림 9-4] 최근에 하나의 원재료에서 형성된 광물질의 아이소크론.

것이다.

이 샘플의 아이소크론은 〈그림 9-4〉와 같다. 모든 광물질들에 대하여 스트론튬-86에 대한 스트론튬-87의 비율값이 같기 때문에 모든 점들은 수평선 위에 놓이게 된다. 따라서 아이소크론의 점들이 배열된 형태는 광물질들이 공통 원재료에서 생성되었는지의 여부에 따라 달라지며 이 차이는 바위가 나이를 먹어도 크게 달라지지 않는다.

이제 50억 년이 지난 후에 이 바위를 발견한 후손들이 루비듐과 스트론튬의 함유량을 측정한다고 생각해 보자. 이 기간 동안에는 루비듐-87의 7퍼센트가 스트론튬-87로 변환된다. 예를 들어 초기에 스트론튬-86 1그램당 0.3그램의 루비듐-87이 함유되어 있었다면, 50억 년이 지난 지금은 스트론튬-86 1그램당 루비듐-87은 0.28그램이고 스트론튬-87은 50억 년 전보다 0.02그램이 증가했을 것이다. 똑같은 논리로, 초기에 루비듐-87의 양이 0.4그램이었다면 지금은 0.37그램으로 줄어들고 스트론튬-87은 0.03그램만큼 증가했을 것이다. 이 결과를 아이소크론으로 나타내면 〈그림 9-5〉와 같다(회색 점들은 지난 50억 년 동안 각 광물질의 성분비가 변해 온 과정을 보여 주고 있다). 이 경우에도 모든 점들은 하나의 직선 위에 놓여 있지만 초기에 루비듐-87 함유량이 많았던 광물질일수록 스트론튬-87의 잔량도 많기 때문에 더 이상 수평선을 따라가지 않는다.

한 가지 주목할 것은 〈그림 9-5〉도 〈그림 9-4〉와 마찬가지로 Y축 0.7에서 출발한다는 점이다. 이것은 바위가 처음 생성되었을 무렵에 스트론튬-86에 대한 스트론튬-87의 비율값이 0.7이었음을 의미한다. 이 그래프에서 Y축은 루비듐-87을 전혀 함유하고 있지 않은 광물질의 경우에 해당되므로, 시간이 아무리 흘러도 스트론튬-87의 양은 변하지 않는다. 따라서 그래프의 직선이 Y축과 만나는 점은 바위가 생성된 초기에 모

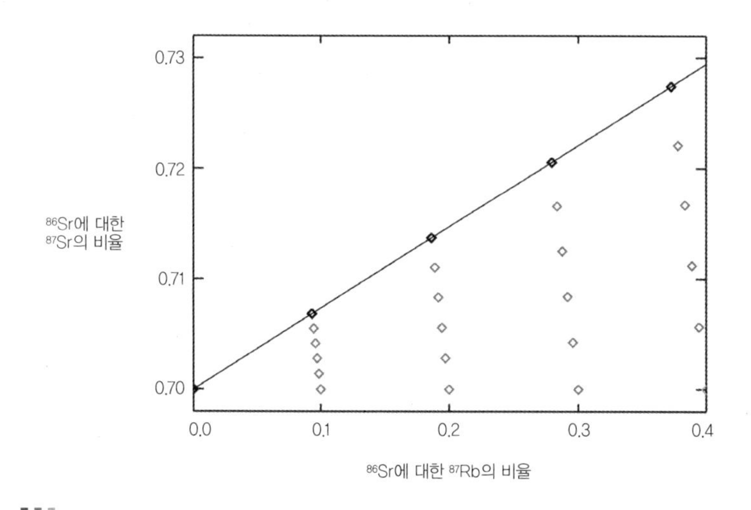

[그림 9-5] 50억 년 전에 하나의 원재료에서 형성된 광물질의 아이소크론 플롯(회색점들은 지난 50억 년 동안 각 광물질의 성분비가 변해온 과정을 나타낸다).

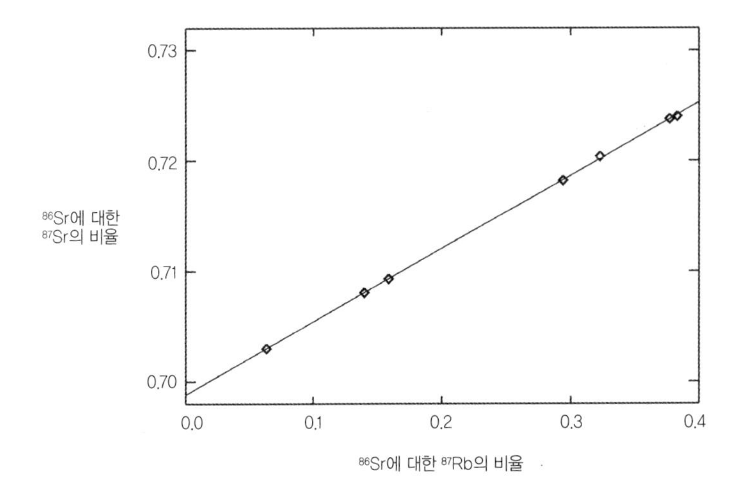

[그림 9-6] 티시츠로 불리는 실제 콘드라이트(석질운석)의 아이소크론 플롯.

든 광물질에 들어 있었던 스트론튬-87의 양을 나타낸다. 이 숫자를 알고 있으면 임의의 광물질에 포함된 스트론튬-87 중 루비듐-87의 붕괴로 생성된 양이 얼마나 되는지 알 수 있으며, 바위(운석)의 나이도 계산할 수 있다. 또는 그래프에 나타난 직선의 기울기로부터 바위의 나이를 알아낼 수도 있다. 직선의 기울기는 바위의 나이와 함께 꾸준하게 증가한다.

〈그림 9-6〉은 티시츠(Tieschitz)로 불리는 실제 콘드라이트(석질운석)의 아이소크론 플롯이다.[2] 보다시피 모든 점들이 일직선상에 놓여 있으므로 운석을 이루는 다양한 성분들이 같은 시기에 동일한 원재료에서 나왔음을 알 수 있다. 직선과 Y축의 교점으로 미루어 볼 때 생성 초기의

2) 출처 : J. F. Minster and C.J. Allegre, "^{87}Rb-^{87}Sr Chronology of the H Chondrites……", *Earth and Planetary Science Letters* 42, 1979, pp.333-347.

스트론튬-86에 대한 스트론튬-87의 비율값은 약 0.7이었으며, 직선의 기울기로부터 추정되는 나이는 약 45억 년 전이다. 지금까지 발견된 대부분의 콘드라이트와 아콘드라이트 운석들은 지구에 있는 가장 오래된 바위보다 적어도 수천만 년 이상 전에 생성된 것으로 판명되었다. 따라서 지구로 떨어진 운석들은 태양계 생성 초기에 떨어져 나온 파편들로 태양계의 형성 과정과 관련된 중요한 정보를 담고 있다.

반감기가 짧은 동위원소를 이용한 운석 연대 보정

천문학 입문서를 보면 갓 태어난 태양을 원반 모양으로 에워싸고 있던 먼지와 기체가 행성, 위성, 운석, 혜성 등으로 변화되었다고 간단하게 적혀 있지만 사실 그 과정은 복잡하기 이를 데 없다. 과학자들은 태양계의 형성 과정을 이해하기 위해 지금 형성되고 있는 다른 태양계를 찾아 먼지원반을 관측하고 여기에 고도의 컴퓨터 시뮬레이션을 적용하고 있다. 또한 운석(특히 석질운석)의 나이는 태양계와 거의 비슷하기 때문에 이 분야에서 중요한 역할을 하고 있다.

석질 운석, 즉 콘드라이트는 밀리미터 단위의 작은 콘드률이 바위 성분과 함께 뭉쳐진 것이다. 학자들은 태양에 가까운 천체들이 이런 작은 물체들로부터 탄생했을 것이라고 추측한다(〈그림 9-7〉). 이 모형에 따르면 콘드률을 비롯한 작은 물체들은 용해된 먼지 입자와 압축된 기체의 혼합물로 우주 공간을 빠른 속도로 돌아다니다가 서로 충돌하여 합쳐지면서 다양한 크기로 진화했다. 개중에는 많은 물질을 축적하지 못하여 콘

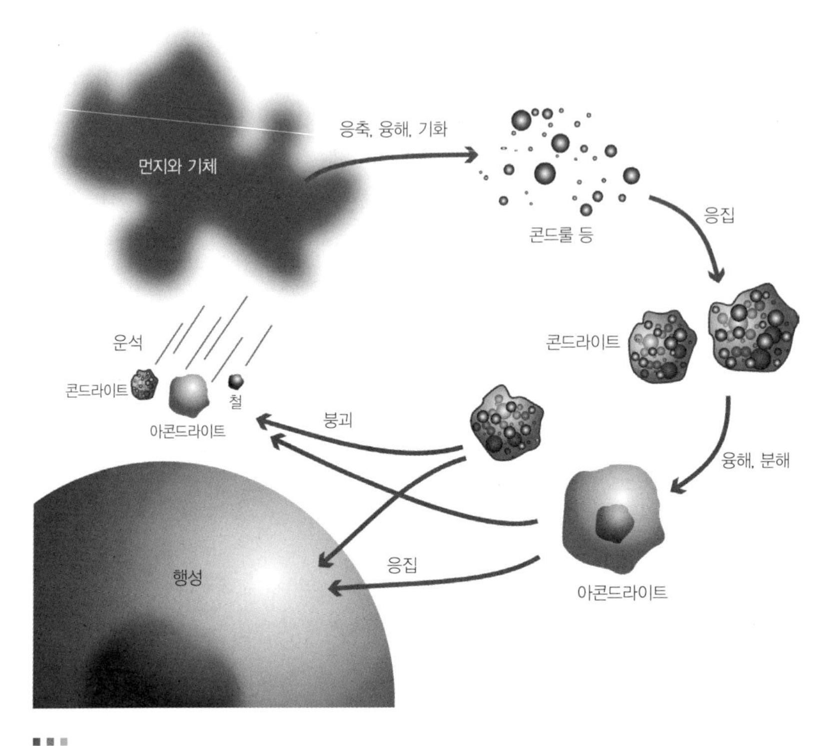

[그림 9-7] 내행성계(태양계 중 태양에 가까운 지역)에서 고형 물질이 형성되는 과정. 제일 먼저 태양을 에워싸고 있던 먼지와 기체구름이 자체 중력으로 응축되고 용해되면서 콘드룰과 같은 작은 알갱이들이 형성된다(직경=약 1밀리미터). 그 후 이 물체들이 응집되면서 덩치가 큰 콘드라이트가 만들어진다. 이들 중 일부는 녹거나 분해되어 내부에 있는 콘드룰이 붕괴된다. 그 후 이 물체들은 서로 충돌하여 운석과 같이 작은 조각으로 흩어지기도 하고 일부는 충돌 후 그냥 들러붙는 경우도 있다. 극히 일부이긴 하지만 계속 덩치를 키워서 거의 행성 규모로 커지기도 한다.

드룰과 먼지로 뭉친 작은 돌멩이로 남은 것도 있고 다량의 물질을 축적하여 덩치를 키운 것도 있었다.

이들은 핵붕괴와 강력한 충돌을 수시로 겪으면서 다량의 열을 발생시켰는데 덩치가 큰 바위들은 과도한 열을 외부로 방출하지 못했기 때문에 내부가 완전히 녹은 상태였다. 이런 상황에서는 바위의 콘드라이트적 성질이 붕괴되고 그동안 누적되어 온 방사성원소 연대는 처음으로 되돌아가며 구성물질은 화학적 특성에 따라 전체적으로 재배열된다. 즉 금속 성분은 중심부로 뭉치고 규산염이 풍부한 성분들은 표면 쪽에 밀집된다.

작은 바위들은 한데 뭉치면서 서서히 덩치를 키워 나간다. 큰 물체는 중력도 강하기 때문에 주변의 작은 물체를 더 많이 끌어모으게 되고, 결국에는 행성만 하게 덩치를 키운다. 그러나 개중에는 운석과 같이 작은 크기로 남는 것도 있다. 이것이 충돌을 일으키면 작은 조각으로 흩어지고 그 일부가 지구의 대기 속으로 진입하는 것이다. 크기가 아주 작거나 온도가 낮은 운석들이 충돌하면 콘드라이트가 생성되고 온도가 너무 높아서 부분 또는 전체적으로 융해된 물체들끼리 충돌하면 아콘드라이트나 석철질 운석이 생성된다.

물론 모든 운석들이 지구와 충돌하는 것은 아니다. 특정한 궤도를 따라 움직이는 운석들만이 지구와 충돌할 가능성을 가지고 있다. 따라서 지구에 떨어진 운석만으로는 태양계의 역사를 완전히 복원할 수 없다. 예를 들어 태양에서 아주 먼 궤도를 돌고 있는 바위형 천체들은 다량의 얼음을 포함하고 있으므로 이들의 역사는 지구 근처를 배회하는 운석과 많이 다를 것이다. 그러므로 위에서 언급한 운석의 생성 과정은 수성, 금성, 지구, 화성, 소행성 띠 등 태양에 가까운 지역에 한하여 적용되는 가설이다.

〈그림 9-7〉에 제시된 일련의 과정들이 관측으로 얻어진 데이터와 일치한다고 해도,[3] 개개의 과정이 진행되는 방식에는 의문의 여지가 많이

3) 일부 행성 과학자들은 먼지와 기체로부터 콘드룰이 직접 형성되지 않고 부분적으로 융해된 큰 물체들이 서로 충돌하면서 형성된다고 믿고 있다. 이들의 주장에 의하면 충돌 과정에서 액체 상태의 바위가 우주 공간으로 흩어지고 이것이 식으면서 작은 콘드룰이 생성된다.

남아 있다. 먼지는 왜 융해되는가? 콘드룰은 어떤 과정을 거쳐 소행성 크기의 천체에 유입되는가? 큰 물체가 분해될 때까지 시간은 얼마나 걸리는가? 과학자들은 이런 질문에 답하기 위해 콘드라이트 운석의 다양한 성분들을 철저하게 분석하고 있다.

콘드라이트의 화학적 성분은 전체적으로 태양과 비슷하지만 여기 포함된 광물질들은 성분이 매우 다양하고 결정 구조도 복잡하다. 콘드룰에서 발견되는 광물질과 다양한 성분들은 그 주변 물질의 성분과 같지 않으며 심지어는 콘드룰의 내부에 뜻밖의 동위원소가 들어 있는 경우도 있다. 이 동위원소와 광물의 성분을 세밀히 분석하면 운석이 형성되던 무렵의 온도 및 화학적 환경과 관련된 흥미로운 정보를 얻을 수 있다. 그리고 여기에 더욱 정확하게 개선된 연대측정법을 적용하면 콘드라이트와 아콘드라이트가 만들어진 일련의 과정과 각 사건의 소요 시간을 추정할 수 있다.

〈그림 9-7〉의 시나리오에 의하면 일반적으로 콘드라이트는 아콘드라이트보다 먼저 생성된다. 그리고 콘드라이트의 내부에서 화학적 특성이 다른 부분들은 응축된 시기도 각기 다르다. 예를 들어 어떤 운석의 내부에는 칼슘과 알루미늄이 다량 함유된 영역이 불규칙적으로 분포되어 있는데, 이것을 흔히 CAI(calcium-and-aluminum-rich inclusions)라고 한다. CAI에 함유된 광물질은 콘드라이트의 다른 부분에서 발견되는 물질보다 융점이 높다. 또한 이 광물질은 액체나 기체 상태에서 비교적 빠르게 응축되었기 때문에 CAI는 콘드룰이나 다른 콘드라이트보다 일찍 형성되었을 것으로 추정된다.

이 가설을 증명하려면 먼저 CAI와 콘드룰 그리고 아콘드라이트의 생성 연대 차이를 정확하게 알아야 한다. 그러나 안타깝게도 앞에서 소개했던 루비듐-스트론튬 연대측정법은 이 경우에 별로 도움이 되지 않는다. 루비듐-87의 반감기가 엄청나게 길어서 바위나 운석의 나이를 측정할 때는 유용하지만, CAI와 콘드룰, 아콘드라이트의 '나이 차이'는 상대적으로 짧은 시간이기 때문에 루비듐-87의 붕괴량이 너무 작아서 측정할 수 없다. 이런 경우에는 반감기가 짧은 방사성 동위원소가 적당하다. 행성 과학자들은 알루미늄-27(^{27}Al)의 동위원소인 알루미늄-26을 주로 사용하고 있는데, 이 원소는 핵붕괴를 거쳐 마그네슘-26(^{26}Mg)으로 변환되고 반감기는 73만 년밖에 되지 않는다.

언뜻 보기에는 알루미늄-26같이 반감기가 짧은 동위원소에 45억 년이 넘는 옛날 정보가 들어 있을 것 같지 않다. 실제로 CAI나 콘드룰에 함유되어 있던 알루미늄-26은 이미 옛날에 모두 붕괴되어 없어졌다. 그래서 지구에 떨어진 운석을 아무리 분석해 봐도 알루미늄-26은 관측되지 않는다. 그러나 콘드룰이나 CAI가 처음 생성되던 무렵에 그들이 주변에서 취할 수 있었던 알루미늄-26의 양은 시간이 흐를수록 감소했을 것이다. 왜냐하면 알루미늄-26은 불안정한 원소여서 꾸준한 핵붕괴를 통해 마그네슘-26으로 변했기 때문이다. 즉 다른 시간대에 생성된 물체들은 알루미늄-26의 함유량도 각기 다르다. 그러므로 임의의 물체의 알루미늄-26 초기 함유량을 알 수만 있다면 각 물체들이 생성된 순서를 복기할 수 있을지도 모른다.

바위가 처음 생성되던 무렵의 알루미늄-26 함유량을 직접 알아낼 방법은 없지만, 다행히도 현재 바위에 남아 있는 마그네슘과 알루미늄의 함유량을 측정하면 알루미늄-26 초기 함유량의 흔적을 읽을 수 있다.

좀 더 정확하게 말하자면, 초기에 존재했던 알루미늄-26이 다양한 광물 속에 자신의 흔적인 마그네슘-26을 남겨 놓는 것이다. 이것은 루비듐-87의 흔적으로 스트론튬-87이 생성되는 것과 같은 현상이다.

앞에서 우리는 여러 가지의 광물질에서 얻은 데이터를 이용하여 바위의 생성초기부터 원래 존재했던 스트론튬-87과 루비듐-87이 붕괴되면서 나중에 생성된 스트론튬-87을 구별할 수 있었다. 이와 비슷한 논리를 적용하면 바위에 함유된 마그네슘-26 중 생성 초기부터 존재했던 양과 알루미늄-26이 붕괴되면서 나중에 추가된 양을 계산할 수 있다. 이를 위해서는 다양한 광물 속의 마그네슘-26 함유량을 안정한 원소인 마그네슘-24 및 알루미늄-27의 양과 비교해야 한다.

예를 들어 주어진 운석 샘플에서 하나의 콘드룰 또는 CAI를 추출하여 그 안에 포함된 다양한 광물질에서 마그네슘-24, 마그네슘-26, 알루미늄-27의 함유량을 각각 측정했다고 가정해 보자. 이 측정값으로부터 각 광물질에서 마그네슘-24 1밀리그램당 알루미늄-27과 마그네슘-26의 함유량을 계산하여 아이소크론 플롯을 그릴 수 있다. 〈그림 9-8〉은 알렌데(Allende) 운석의 CAI와 인만(Inman) 운석의 콘드룰에서 수집한 데이터를 분석한 결과이다. 마그네슘-24와 마그네슘-26은 화학적 특성이 거의 동일하므로, 이 운석들이 같은 환경에서 만들어졌고 같은 원천에서 마그네슘을 취했다면 처음 생성되던 무렵에 마그네슘 동위원소는 같은 비율로 섞여 있었을 것이다.[4] 그런데 최근 발견된 알렌데 운석의 CAI와 인만 운석의 콘드룰을 분석해 보면 광물질 속에 알루미늄이 많을수

---

4) 실제로는 서로 다른 광물질들 사이에서 질량이 분리될 가능성까지 고려해야 한다. 제5장에서 언급된 탄소-14의 경우와 마찬가지로, 마그네슘-26, 마그네슘-25, 마그네슘-24의 양을 모두 비교해야 이러한 사실을 확인할 수 있다.

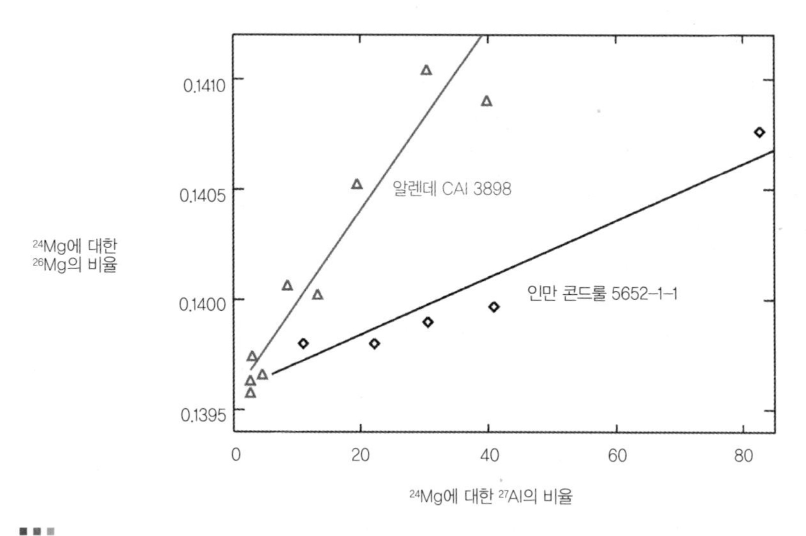

[그림 9-8] CAI와 콘드룰의 알루미늄-26 초기 함유량을 보여 주는 아이소크론 플롯. 작은 삼각형은 알렌데(Allende) 운석의 CAI에서 추출한 데이터이고, 작은 사각형은 인만(Inman) 운석의 콘드룰에서 추출한 데이터이다. 그래프 속의 직선은 편의상 그려 넣은 것으로, 특별한 의미는 없다. 알렌데 CAI와 인만 콘드룰 모두 마그네슘-26과 알루미늄-27의 상호관계가 분명하게 나타나 있는데, 이는 두 운석이 생성될 때 알루미늄-26이 함유되어 있었음을 의미한다. CAI 데이터의 기울기가 더 큰 것은 처음 생성되던 무렵에 CAI가 콘들룰보다 알루미늄-26을 더 많이 갖고 있었다는 뜻이며, 따라서 알렌데 운석이 인만 운석보다 먼저 형성되었을 가능성이 높다.

록 마그네슘-24에 대한 마그네슘-26의 비율값도 크게 나타난다. 따라서 이 광물질 속의 마그네슘 함유량은 운석이 고체화된 후부터 꾸준히 변해 왔음을 알 수 있다. 마그네슘-26의 함유량은 알루미늄-27의 함유량과 연관되어 있으므로, "알루미늄-26이 붕괴되어 마그네슘-26으로 변했기 때문에 마그네슘의 성분비가 변했다."는 것이 가장 그럴 듯한 설명이다.

이제 운석 내부의 광물질이 처음 생성될 때 알루미늄-26과 알루미늄-27을 모두 함유하고 있었다고 상상해 보자. 마그네슘의 경우와 마찬가지로 알루미늄-26과 알루미늄-27은 화학적 특성이 거의 같기 때문에 현재 알루미늄-27을 더 많이 함유하고 있는 광물질은 처음 생성되던 무렵에 알루미늄-26을 더 많이 함유하고 있었다. 그로부터 수백만 년이 지난 후 알루미늄-26이 마그네슘-26으로 붕괴되어 샘플 속의 마그네슘-24에 대한 마그네슘-26의 비율값이 증가하고, 그 결과 알루미늄이 많은 광물질일수록 알루미늄-26의 함유량도 많아진다. 이것은 실제 운석을 분석한 결과와 정확하게 일치한다.

루비듐-스트론튬 아이소크론 플롯의 경우와 마찬가지로 데이터가 늘어선 직선의 기울기로 살펴보면 다양한 광물질이 생성 초기에 함유하고 있던 마그네슘-26과 알루미늄-26의 양을 알 수 있다. 직선이 Y축과 만나는 점은 알루미늄을 전혀 함유하고 있지 않은 광물질의 마그네슘-26 함유량을 나타낸다. 알루미늄이 없는 광물질은 핵붕괴로부터 마그네슘-26을 만들 수 없으므로 처음 생성된 후로 지금까지 마그네슘-24에 대한 마그네슘-26의 비율값이 변하지 않았을 것이다. 각 운석에 포함된 모든 광물질들이 동일한 환경에서 생성되었다면 이 값은 모든 광물질의 마그네슘-26 초기 함유량으로 간주할 수 있다. 〈그림 9-8〉의 경우, 두 물체의 초기 마그네슘-24에 대한 마그네슘-26의 비율값은 약 0.139로 거의 비슷했다. 그러나 현대에 이르러 CAI의 마그네슘-26 함유량은 콘드룰의 마그네슘-26 함유량보다 확실히 많아졌다. 따라서 생성 초기에 CAI는 콘드룰보다 더 많은 양의 알루미늄-26을 함유하고 있었다. 그리고 임의의 마그네슘-24에 대한 알루미늄-27의 비율값에 대하여 CAI의 마그네슘-26 초과량(현재 함유량에서 초기 함유량을 뺀 값—옮긴이)은 콘드룰의 4배에 가깝다. 그러므로 CAI는 생성초기에 콘드룰보다 4배나 많은 알루미늄-26을 함유하고 있었음이 분명하다.

CAI와 콘드룰이 서로 다른 시간대에 동일한 환경에서 생성되었다면 두 물체의 알루미늄-26 함유량 차이로부터 이들의 나이 차를 계산할 수 있다. 예를 들어 CAI와 콘드룰이 알루미늄-26을 함유한 먼지와 구름으로부터 서로 다른 시간대에 생성되었다고 가정해 보자. 수천 년이 지나는 동안 구름 속 알루미늄-26 함유량은 서서히 줄어들고, 새로 형성되는 바위들이 흡수할 수 있는 알루미늄-26의 양도 그만큼 줄어든다. 그런데 CAI는 처음 생성될 때 콘드룰보다 더 많은 알루미늄-26을 가지고 있었으므로, CAI는 구름 속 알루미늄-26 함유량이 더 많던 시기, 즉 콘드룰보다 먼저 생성되었다고 할 수 있다. 또한 콘드룰의 초기 알루미늄-26 함유량이 CAI의 4분의 1이라는 것은 CAI가 생성된 후 콘드룰이 생성될 때까지 구름 속의 알루미늄-26 함유량이 4분의 1로 떨어졌음을 의미한다. 알루미늄-26의 반감기는 약 73만 년이므로, 콘드룰은 CAI가 생성되고 약 150만 년이 지난 후에 탄생했다는 논리가 가능하다.

CAI와 콘드룰의 초기 알루미늄-26 함유량은 매우 흥미로운 패턴을 가지고 있다. 알렌데의 CAI와 같이 전형적인 CAI는 알루미늄-26 초기 함유량이 알루미늄 1그램당 약 45마이크로그램인 반면, 지금까지 우주화학자들이 분석해 온 콘드룰의 대부분은 알루미늄-26 초기 함유량이 20마이크로그램을 넘지 않는다. 그런가 하면 일부 아콘드라이트의 알루미늄-26 초기 함유량은 극히 미미한 것으로 알려져 있다(수 마이크로그램 정도이다). 이것은 CAI가 태양계에서 가장 먼저 형성된 물체임을 의미하는데 CAI의 화학 성분들이 잘 용해되지 않는 것을 보면 꽤 타당한 결론이라고 할 수 있다.

최근 들어 알루미늄-26의 함유량이 CAI와 거의 비슷한 콘드룰이 발견되었는데 이는 적어도 몇 개의 콘드룰이 CAI와 거의 비슷한 시기에 만들어졌음을 의미한다. 그러나 대부분의 콘드룰은 알루미늄-26의 함유량이 CAI보다 적으므로, 시기적으로 CAI보다 수백만 년 늦게 탄생했다고 보는 것이 타당하다. 그리고 일부 아콘드라이트에서 알루미늄-26이 거의 발견되지 않는 것은 이들이 콘드룰보다 나중에 탄생했다는 증거이며 콘드룰이 재구성된 물체일 가능성도 있다는 뜻이다. 이것은 〈그림 9-7〉에 제시된 각 물체의 형성 과정과 거의 일치한다.

물론 이 연대 측정은 모든 물체들이 초기 태양계의 전역에 걸쳐 균일하게 퍼져 있던 공통된 원천으로부터 알루미늄-26을 취했다는 가정을 전제하고 있다. 또한 이 원천 속에 함유된 알루미늄-26이 꾸준하게 붕괴되었으며, 새로 보충되지 않았다는 가정도 필요하다. 그렇다면 이 알루미늄-26은 어디서 왔으며 왜 하필 CAI가 생성될 무렵에 거기 존재하고 있었을까? 알루미늄-26의 공급원으로 가능한 후보 중 하나는 다름 아닌 태양이다. 젊은 별에서 탄생한 고에너지 입자가 별을 에워싸고 있는 먼지-기체층과 충돌하면 알루미늄-26이 만들어질 수 있다. 만일 이것이 사실이라면 초기 태양계의 성운 속으로 알루미늄-26이 꾸준하게 유입되었을 것이므로 알루미늄-26을 이용한 연대 측정을 더 이상 신뢰할 수 없게 된다.

사실 우리의 태양이 알루미늄-26의 원천이었다면 CAI와 콘드룰의 차이점으로부터 이들이 생성된 시기와 장소까지 알아낼 수 있다. 알루미늄-26을 더 많이 함유하고 있는 CAI는 태양에 더 가까운 곳에서 탄생했고, 콘드룰은 좀 더 먼 곳에서 탄생했을 것이다. 그러나 반감기가 짧은 다른 동위원소(망간, 망간-53 등)의 분석 결과를 보면 반드시 그렇지만도 않다. 원리적으로 모든 동위원소들은 CAI나 콘드룰의 생성 연대를 추정하는 데 사용될 수 있으며, 각 동위원소들은 태양계 탄생 초기에 일련의 사건을 겪으면서 비슷한 흔적을 남겨 놓았다. 그런데 콘드룰과 CAI에 남아 있는 동위원소의 분포 상태를 보면, 태양에서 고에너지 입자가 방출되어 이들이 형성되었다는 가설과 일치하지 않는다.

또 한 가지 가능한 시나리오는 태양계의 형성 초기에 태양계 바깥에서 초신성이 폭발하여 그로부터 알루미늄-26을 비롯한 반감기가 짧은 동위원소들이 태양계 안으로 유입되었다는 가설이다. 이 이론은 2가지 면에서 우리의 관심을 끈다. 첫째는 초신성이 폭발하면서 우주 공간으로 쏟아져 나온 입자들은 알루미늄-26이나 다른 불안정한 원소 등 태양계의 씨앗이 될 가능성이 매우 크다는 것이고 둘째는 폭발과 함께 발생한 충격파가 원시태양계로 전달되어 알루미늄-26을 잔뜩 머금은 먼지와 기체구름을 크게 요동시켜서 태양계의 형성을 촉발했다는 것이다.

이 시나리오에 의하면 반감기가 짧은 동위원소에 기초한 연대 측정은 맞을 가능성이 높다. 그러나 초신성이 초기 태양계에 알루미늄-26을 공급했다고 해도, 태양이 알루미늄-26의 일부를 공급했을 가능성도 여전히 남아 있다. 또한 태양계에 알루미늄-26이 균일하게 분포되지 않았을 수도 있다. 초기 태양계의 연구가 어려운 이유는 이런 문제들이 아직 해결되지 않고 있기 때문이다.

다행히도 그사이에 지구화학이 크게 발전하여 알루미늄-26을 비롯한 동위원소들이 초기 태양계에 얼마나 균일하게 분포되어 있었는지를 확인할 수 있게 되었다. 최근 들어 일단의 과학자들이 루비듐-스트론튬과 비슷한 연대측정법을 이용하여 콘드룰과 CAI의 생성 연대를 매우 정확하게 측정하는 데 성공했는데, 이들이 사용한 동위원소는 그 유명한 우라늄(uranium, U)이었다.

우라늄과 납을 이용한 연대 측정

우라늄은 엄청나게 무거운 원소로서 원자핵은 92개의 양성자와 100개가 넘는 중성자로 이루어져 있다. 자연에서 흔히 발견되는 우라늄 동위원소는 우라늄-235와 우라늄-238의 두 종류인데 둘 다 복잡한 과정을 거쳐 납(lead, Pb)으로 붕괴된다. 이 중 우라늄-235는 납-207로 붕괴되고 반감기는 약 7억 년이며, 우라늄-238은 납-206으로 붕괴되고 반감기는 약 45억 년이다.

우라늄 동위원소는 반감기가 충분히 길기 때문에 일부는 지금까지 콘드라이트 운석에 남아 있다. 그래서 운석에 포함되어 있는 다양한 광물질로부터 우라늄과 납 성분을 추출하여 운석의 나이를 추정할 수 있는 것이다(앞서 언급했던 루비듐-스트론튬 연대측정법과 비슷하다).

또한 우라늄 동위원소의 반감기는 루비듐의 반감기(500억 년)보다 상대적으로 훨씬 짧기 때문에 우라늄-납 데이터는 루비듐-스트론튬 데이터보다 더욱 정확한 결과를 가져올 수 있다. 그러나 주어진 데이터를 잘 활용하면 계산의 신뢰도를 더욱 크게 향상시킬 수 있다. 앞에서 말한 대로 두 종류의 우라늄 동위원소는 두 종류의 납으로 붕괴되는데 이들의 반감기는 각각 7억 년과 45억 년으로 무려 38억 년의 차이가 있다. 따라서 바위에 남아 있는 납의 함유량을 측정하면 바위가 생성된 연대를 알아낼 수 있다.

몇 가지 광물질로 이루어진 운석이 지금 막 탄생했다고 가정해 보자. 이 운석에서 광물질을 추출하여 납-206과 납-207 그리고 납-204의 함유량을 각각 측정한다. 이 3가지 동위원소들은 화학적 특성이 같으므로, 모든 광물질에 거의 동일한 비율로 들어 있을 것이다. 그러므로 이 운석에서 채취한 여러 개의 샘플에는 동위원소들이 같은 비율로 섞여 있으며, 각 샘플에서 납-204에 대한 납-206과 납-207의 비율을 그래프로 나타내면 모든 데이터가 〈그림 9-9〉의 왼쪽 위 그래프처럼 하나의 점에 집중된다.

그러나 이 간단한 상황은 그리 오래 가지 않는다. 시간이 흐르면 광물질 속의 우라늄이 납으로 붕괴될 것이고, 이로 인해 납 동위원소의 성

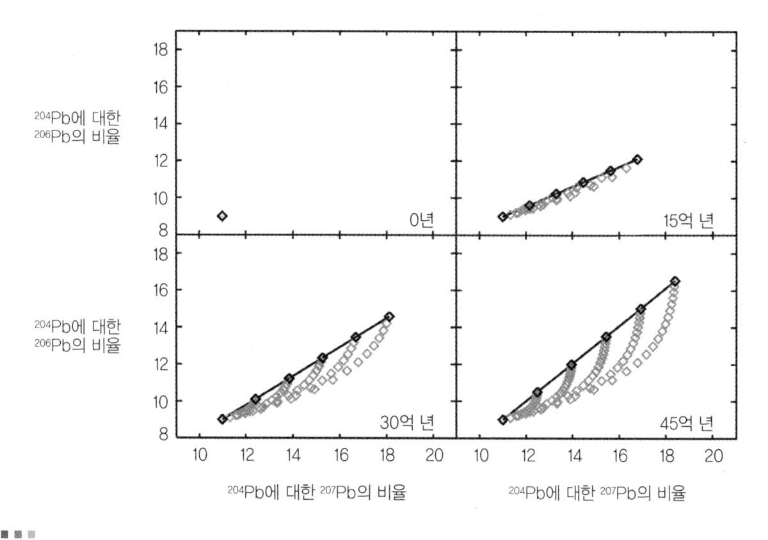

[그림 9-9] 납-납 아이소크론 플롯. 각 그래프는 임의의 운석이 처음 생성되던 무렵(0년)을 포함한 몇 가지 시간대에서 납 동위원소의 혼합율을 보여 주고 있다. 회색점은 각 광물질 속의 동위원소 혼합율이 시간에 따라 변하는 과정을 나타낸 것이다. 직선의 기울기는 시간이 흐를수록 증가하고 있다.

분비에 변화가 생긴다. 납 동위원소 중에서 납-204는 핵붕괴로 생성되지 않으므로 각 샘플의 납-204 함유량은 항상 일정하다. 그러나 우라늄-235와 우라늄-238이 붕괴됨에 따라 납-206과 납-207의 양은 꾸준하게 증가한다. 우라늄-235와 우라늄-238은 같은 원소의 동위원소이므로 모든 광물질은 초기에 이들의 성분비가 동일했다. 그 후 시간이 흘러 우라늄이 붕괴되면서 모든 광물질은 동일한 양의 납-206과 납-207을 갖게 된다. 그러나 우라늄의 총량은 샘플마다 다르기 때문에 납-206과 납-207의 총량도 샘플마다 다른 값을 갖게 된다.

이제 이와 동일한 운석을 15억 년 후에 관측한다면 그 결과는 〈그림 9-9〉의 우측 상단 그래프와 비슷할 것이다. 모든 데이터들이 하나의 직선 위에 놓인 이유는 모든 광물질에서 납-206에 대한 납-207의 비율값이 동일하기 때문이다. 또한 우라늄-235의 반감기가 우라늄-238의 반감기보다 짧기 때문에 납-207의 양은 모든 샘플에서 납-206보다 빠르게 증가하며 그 결과 직선의 기울기가 완만하게 나타난다. 그러나 시간이 흐를수록 많은 양의 우라늄-238이 납-206으로 변환되면서 〈그림 9-9〉의 아래쪽 그래프와 같이 직선의 기울기가 커진다. 그러므로 직선의 기울기를 알면 운석이 형성된 시기를 알 수 있다.

앞에서 루비듐-스트론튬 연대측정법을 설명할 때에도 이와 동일한 논리를 펼쳤었는데 원리적으로는 우라늄-납 연대측정법이 훨씬 정확하고 믿을 만하다. 우라늄의 반감기가 짧을 뿐만 아니라 측정 과정에 오차가 개입될 여지가 별로 없기 때문이다. 루비듐-스트론튬 연대측정법을 적용할 때에는 각 샘플에서 2가지 원소를 측정해야 하는데 이들은 화학적 성질이 서로 다르기 때문에 루비듐에 더 민감하게 반응하거나 스트론튬에 더 민감하게 반응하는 관측 장비를 사용해야 한다. 그러나 우라늄-납 연대측정법에서는 화학적 성질이 동일한 3가지 동위원소만 관측하면 된다. 이것은 훨씬 간단한 작업이기 때문에 그만큼 신뢰도가 높고 결과도 정확하다.

1992년에 한 연구팀이 측정한 아콘드라이트는 45억 5,800만 년 전에 생성된 것으로 판명되었고 오차는 불과 50만 년이었다. 그 후 2002년에 또 다른 연구팀이 콘드라이트에서 추출한 콘드룰을 분석하여 45억 6,400만 년 전의 것으로 결론지었으며, 다른 콘드라이트에서 추출한 두 개의 CAI는 45억 6,700만 년 전에 생성된 것으로 판명되었다(오차는 100만 년 이하였다. 시간의 스케일을 고려할 때 이 정도면 엄청나게 정확한 결과이다). 이 수치로 미루어 볼 때 CAI가 생성되고 수백만 년이 지난 후에 콘드룰이 생성되었고 아콘드라이트는 이보다 훨씬 뒤에 만들어졌다. 그러므로 앞 절에서 짧은 원자핵으로 추정한 연대는 기본적으로 옳다고 할 수 있으며 태양계 생성 초기에 외계에서 대형 폭발이 일어나 다량의 알루미늄-26이 유입되었다는 가설도 어느 정도 설득력을 얻는다. 즉 태양계로부터 그리 멀지 않은 곳에서 폭발한 초신성이 태양계의 형성에 결정적인 역할을 했다는 것이다.

수명이 짧은 동위원소와 우라늄-납에서 얻은 데이터 그리고 앞에서 다뤘던 다양한 연대측정법 및 CAI와 콘드룰의 광물질구조 등을 종합해 볼 때, 우리의 태양계는 약 45억 년 전에 탄생한 것으로 추정된다. 예를 들어 CAI와 콘드룰이 동시에 생성되지 않았다는 것은 이들이 초신성의 폭발과 같은 일회성 사건에서 비롯되지 않았음을 뜻한다. 그보다는 수백만 년에 걸쳐 꾸준하게 진행된 어떤 과정을 통해 생성되었을 것이다. 디

스크 내부의 충격파와 태양의 섬광, 충돌, 성운 안에서 치는 번개 등이 그 후보로 거론되고 있다.

먼지와 기체로 이루어진 구름이 단단한 고체로 압축되는 과정에 대해서는 아직도 밝혀야 할 부분이 많이 남아 있다. 예를 들어 과학자들이 지금까지 연대 측정을 시도한 CAI와 콘드룰은 몇 개 되지 않는다. 한 번 측정하는 데 시간이 오래 걸릴 뿐만 아니라 운석이나 바위에 함유된 알루미늄이나 우라늄의 양이 최소한 측정 가능할 정도는 되어야 하기 때문이다.

그동안 관련 기술이 꾸준히 개선되면서 우주화학자들은 콘드라이트 운석의 생성 연대를 더욱 정확하게 계산할 수 있게 되었고 직경이 밀리미터 단위밖에 되지 않는 입자들이 뭉쳐서 커다란 물체가 되는 과정도 이해할 수 있게 되었다. 일부 학자들은 태양계 초기의 기체들이 콘드룰과 CAI의 이동속도를 늦춰서 태양으로 빨려 들어가게 만들었다고 주장하고 있다. 그렇다면 CAI는 자신의 후배격인 콘드룰이 생성될 때까지 어떻게 수백만 년 동안 태양에 빨려 들어가지 않고 버틸 수 있었을까? 이 기간 동안 CAI가 큰 물체 뒤에 숨어 있었을 수도 있고, 갓 태어난 태양에서 태양풍이나 유출물이 날아와 CAI가 운석이나 원시행성으로 자랄 때까지 수백만 년 동안 추락을 막아 주었을 수도 있다. 하나의 운석에 포함된 여러 개의 CAI와 콘드룰이 각각 어느 시기에 생성되었는지 일일이 계산하여 전체적인 연대 분포가 파악된다면, 이 가능성 중 어느 쪽이 사실인지 확인할 수 있을 것이다.

이 분야는 지금도 꾸준히 발전하고 있다. 지난 2004년에 하나의 운석에서 추출한 CAI와 콘드룰의 알루미늄-26 함유량에 관한 논문이 발표되었는데, 바위 속에 들어 있는 거의 모든 CAI의 초기 알루미늄-26 함유율은 전체 알루미늄 양의 100만 분의 50이었고, 콘드룰은 100만 분의 20~50 사이였다. 즉 이 운석을 구성하는 물질들은 동시에 탄생한 것이 아니라 다양한 시간대에 걸쳐 만들어 졌다는 뜻이다.

2005년에는 다른 연구 팀이 "콘드룰과 생성 연대가 비슷한 아콘드라이트 운석도 존재한다."고 발표했다. 이들의 주장이 사실이라면 콘드라이트 운석이 우리가 아는 시기보다 훨씬 먼저 분해되었을 수도 있다. 지금은 관련 정보들이 이곳저곳에 흩어져 있어서 다소 산만한 느낌을 주지만 앞으로 더 많은 관측이 체계적으로 이루어지고 분석 방법이 개선되면 태양계의 기원과 역사를 분명하게 밝힐 수 있을 것으로 기대된다.

물론 우리의 은하(Milky Way galaxy, 은하수)에는 태양을 포함하여 수천 억 개의 별들이 흩어져 있고, 모든 별들은 저마다 탄생 비화를 가지고 있다. 우리는 그들을 먼 거리에서 바라볼 수밖에 없기 때문에 관련 정보를 수집하기란 결코 쉬운 일이 아니다. 그러나 별에서 방출된 빛의 특성을 추적하면 그들의 생성 연대와 역사를 알아낼 수 있다. 이 내용은 제10장에서 다룰 것이다.

· S. B. Simon, "The Fall, Recovery, and Classification of the Park Forest Meteorite", *Meteorites and Planetary Science* 39, no.42, 2004, pp.625-634.(파크포리스트 운석에 관한 자세한 내용)

· Harry McSween, *Meteorites and Their Parent Planets*, Cambridge University Press, 2000.(운석에 관한 기초적인 입문서)
· J. Kelly Beatty et al, *The New Solar System*, Cambridge University Press, 1999.(운석에 관한 기초적인 입문서)
· Paul Weissman and Lucy-Ann L. McFadden, *Encyclopedia of the Solar Syatem*, Academic Press, 1999.(운석에 관한 기초적인 입문서)

· Robert Hutchinson, *Meteorites*, Cambridge University Press, 2004.(운석과 관련하여 좀 더 기술적인 내용)
· Vincent Mannings et al, *Protostars and Planets*, University of Arizona Press, 2000.(운석과 관련하여 좀 더 기술적인 내용)
· H. D. Holland and K. K. Turekian, "Meteorites, Comets, and Planets", *Treatise on Geochemistry* vol. 1, Pergamon, 2004.(운석과 관련하여 좀 더 기술적인 내용)

· A. H. Brownlow, *Geochemistry*, Prentice Hall, 1996.(아이소클론 플롯과 동위원소를 이용한 연대측정법의 자세한 내용)
· www.talkorigins.org/faqs/isochron-dating.html(아이소클론 플롯과 동위원소를 이용한 연대측정법의 자세한 내용)

· Frank Podossek et al, "Correlated Study of the Initial 87Sr/86Sr and

Al-Mg Isotopic Systematics and Petrologic Properties in a Suite of Refractory Inclusions from the Allende Meteorite", *Geochimica et Cosmochimica Acta* 55, 1991, pp.1,083-1,110.(〈그림 9-8〉에서 인용한 데이터)

· G. J. MacPherson et al, "The distribution of 26-aluminum in the early solar system-a reappraisal", *Meteoritics* 30, 1995, pp.365-386.(알루미늄-26 연대측정법에 대한 입문서)

· G. W. Lugmair and S. J. G Galer, "Age and Isotopic Relationship among the Angrites", *Geochimica et Cosmochimica Acta* 56, 1992, pp.1,673-1,694.(우라늄-납을 이용한 가장 최신 버전의 연대측정법)

· Joel Baker et al, "Early Planetesimal Melting from Age of 4.5662Gyr for Differentiated Meteorite", *Nature* 436, 2005, pp.1,127-1,131.(우라늄-납을 이용한 가장 최신 버전의 연대측정법)

· Yuri Amelin et al, "Lead Isotopic Ages of Chondrules and Calcium-Aluminum-Rich Inclusion", *Science* 297, 2002, pp.1,678-1,683.(우라늄-납을 이용한 가장 최신 버전의 연대측정법)

· Yuri Amelin et al, "Unraveling the Evolution of Chondrite Parent Asteroids by Precise U-Pb Dating and Thermal Modeling", *Geochimica et Cosmochimica Acta* 69, 2005, pp.505-518.(우라늄-납을 이용한 가장 최신 버전의 연대측정법)

· Alexander N. Krot et al, "Chronology of the Early Solar System from Chrondrule-Bearing Calcium-Aluminum-Rich Inclusions", *Nature* 434, 2005, pp.998-1,001.(크로눌과 CAI의 알루미늄-26 함유량에 관한 최신 연구 결과)

· Martin Bizzarro et al, "Mg Isotope Evidence for Contemporaneous

Formation of Chronules and Refractory Inclusions", *Nature* 431, 2004, pp.275-278.(크로눌과 CAI의 알루미늄-26 함유량에 관한 최신 연구 결과)

· http://www.lpi.usra.edu/resource(운석과 초기태양계의 형성 과정에 대한 최근 연구 동향)

제 10 장

별의 나이

1987년 2월 24일, 우주 공간에서 펼쳐지는 희귀한 천문 쇼에 전 세계의 이목이 집중되었다. 그 전까지는 망원경이 있어야 관측할 수 있었던 어떤 별이 갑자기 수천 배 이상 밝아지면서 맨눈으로도 볼 수 있게 된 것이다. 이 천체는 근 하루 동안 찬란한 빛을 발하다가 한 달에 걸쳐 서서히 사라져 갔다. '1987A'로 명명된 그 초신성은 하늘의 별들이 결코 영원하지 않다는 사실을 분명하게 보여 주었다. 우주에 존재하는 모든 별들은 영원히 빛나는 보석이 아니라 우리 인간들처럼 탄생과 죽음을 반복하고 있다.

태양을 포함한 모든 별들은 수소 기체가 자체 중력에 의해 수축되면서 만들어진 거대한 구형 천체(다른 성분도 있지만 대체로 수소가 제일 많다)이며 중심부에서는 격렬한 핵반응이 일어나고 있다. 그 결과로 생성된 에너지는 사방으로 방출된다. 핵반응 용광로에서 연료가 고갈되면 별은 더 이상 빛을 발하지 못한다. 그러므로 지금 우리의 눈에 보이는 별들은 그동안 무한히 긴 삶을 살아온 것이 아니라, 과거에 격렬한 탄생 과정을 겪었던 시절이 있었다. 심지어 천체물리학자들은 우주 초기에 별이 하나도 없었다고 주장하기도 한다. 천문학자들은 다양한 별의 나이를 계산하여 최초의 별이 우주 공간을 밝혔던 시점을 추적하고 있다.

별빛의 정체

별을 연구하는 천문학자들에게 가장 큰 장애가 되는 것은 상상할 수 없을 정도로 광활한 우주 공간, 그 자체이다. 태양계에서 가장 가깝다는 별도 무려 30조 킬로미터나 떨어져 있다. 이것이 얼마나 먼 거리인지 감이 안 잡힌다면 이렇게 생각해 보라. 빛은 1초당 30만 킬로미터라는 엄청난 속도로 내달리고 있다. 이 정도면 태양에서 지구까지 날아오는데 채 10분도 걸리지 않는다. 그러나 태양에서 출발한 빛이 가장 가까운 별에 도달하려면 무려 4년이나 걸린다. 밤하늘에 반짝이는 별들은 너무 멀리 떨어져 있어서 가장 성능이 좋은 망원경으로 들여다봐도 작은 점으로 보일 뿐이다. 그러니 별의 크기나 모양을 광학 장비로 직접 관측한다는 것은 상상도 못할 일이다.

그럼에도 불구하고 천문학자들은 별에서 방출된 빛을 분석하여 별이 가지고 있는 다양한 특성을 알아내고 있다. 이 정보의 대부분은 별빛을 단색광으로 분리한 스펙트럼(spectrum)에 저장되어 있다. 빛을 프리즘에 통과시켜도 단색광을 얻을 수 있지만 회절격자(diffraction grating)나 간섭계(interferometer)를 사용하는 것이 훨씬 효율적이다. 빛은 전자기파(electromagnetic wave)이고, 빛과 물체(프리즘이나 회절격자 등) 사이의 상호작용은 파장에 따라 조금씩 다르게 나타나기 때문에, 관측 장비에 입사되면 붉은색에서 보라색에 이르는 무지개색 단색광으로 분리된다. 이 과정을 거치고 나면 각 파장에 해당하는 단색광의 밝기를 측정하여 별의 스펙트럼 데이터를 수치로 정량화할 수 있다. 빛의 파장은 색상과 관련되어 있으므로 이것은 별의 색상에 대한 일반적인 서술이라고 할 수 있다.

일반적으로 별의 스펙트럼은 넓은 파장대에 걸쳐 완만한 피크를 형성하고 있다(곳곳에 작은 골짜기도 나타난다. 〈그림 10-1〉 참조). 피크의 폭과 위치는 별마다 다르지만, 기본적인 형태는 원자와 전자 그리고 원자핵이 무작위로 움직이면서 빛을 만들어 내는 열복사의 특성을 그대로 반영하고 있다. 열복사의 스펙트럼은 물체의 구성 성분이나 구조에 거의 무관하며 주로 온도에 따라 크게 좌우된다. 온도가 올라가면 입자의 운동 속도가 빨라지면서 스펙트럼의 피크가 짧은 파장 쪽으로 이동한다. 따라서 푸른빛을 발하는 물체는 붉은빛을 발하는 물체보다 뜨거운 상태이다. 이 원리에 따라 스펙트럼을 분석하면 별의 온도를 측정할 수 있다.

그러나 하나의 별을 관측하여 정확한 스펙트럼을 얻어 내려면 엄청난 시간을 투자해야 하고 모든 별의 스펙트럼을 일일이 구한다는 것은 거의 불가능에 가깝다. 그래서 천문학자들은 몇 종류의 필터로 빛을 걸러내어 스펙트럼의 일부만을 분석하기도 한다. 이 필터는 통과시키는 빛의 파장에 따라 각자 이름을 가지고 있는데(〈그림 10-1〉의 윗부분), 예를 들어 푸른색 빛만 통과시키는 필터를 'B필터'라 하고, 가시광선을 모두 통과시키는 필터를 'V필터'라고 한다.

필터를 통과한 빛의 양은 이 분야의 전통에 따라 겉보기등급(apparent magnitude)으로 나타낸다. 이 등급은 센티미터나 초(second)와 같이 선형적으로 증가하는 단위가 아니기 때문에 일반인들이 보기에는 잘

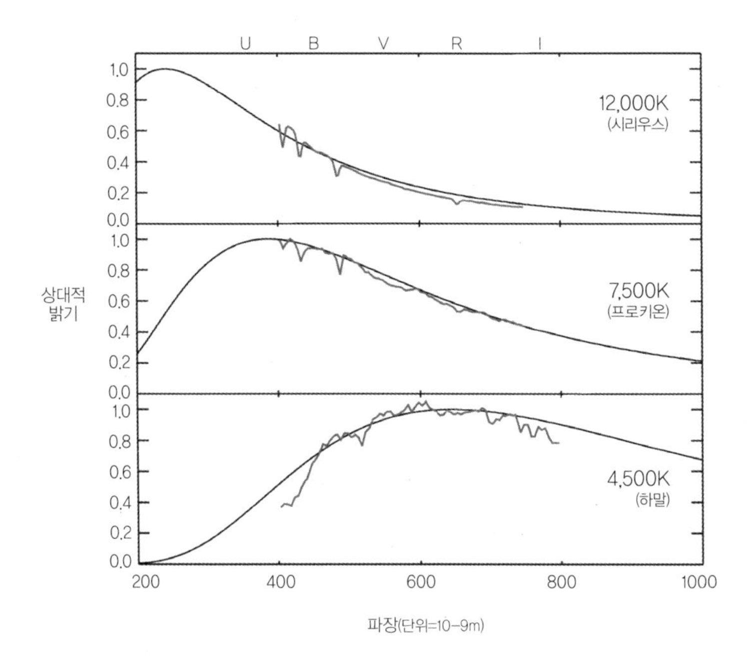

[그림 10-1] 별빛에서 얻은 스펙트럼의 예. 파장에 따라 빛의 강도(밝기)가 다름을 알 수 있다(왼쪽으로 갈수록 푸른색에 가까워지고, 오른쪽으로 갈수록 붉은 색에 가까워진다). 실제 스펙트럼(회색선)은 구불구불하고 간간이 깊은 골짜기도 나타난다. 그러나 스펙트럼의 기본적인 형태는 열복사법칙을 그대로 따르고 있다. 그림에서 매끈한 곡선으로 나타낸 것이 열 스펙트럼인데, 보다시피 넓은 파장대에 걸쳐 완만한 피크를 형성하고 있다. 피크의 위치는 열원의 온도에 따라 다르다. 각 곡선에 첨부된 데이터는 관측된 별의 유효온도(절대온도, K)이다. 별의 온도가 높을수록 스펙트럼의 피크는 짧은 파장 쪽으로 이동한다. 그래프의 꼭대기에 있는 문자들은 별을 관측할 때 흔히 사용되는 필터를 해당 파장에 맞춰 나열해 놓은 것이다[U=적외선(ultraviolet), B=푸른색(blue), V=가시광선(visible), R=붉은색(red), I=적외선(infrared)].

출처 : Burnashev catalogue, 1985, http://vizier.cfa.harvard.edu/viz-bin/VizieR?-source=III/126

이해가 가지 않을 수도 있다. 500미터 트랙은 100미터 단거리 트랙보다 5배 길고, 3시간짜리 콘서트는 1시간짜리 단발 콘서트보다 공연 시간이 3배 길지만 별의 겉보기등급이 4등급이라는 것은 2등급짜리 별보다 2배 밝다는 뜻이 아니다. 천문학자들이 정한 규칙에 따르면 1등성은 2등성보다 2.5배 밝고, 2등성은 3등성보다 2.5배 밝다. 등급을 나타내는 숫자가 클수록 희미한 별임을 기억하기 바란다. 또한 두 별 사이의 등급 차이는 밝기가 아니라 '밝기의 비율'이다. 즉 23등성은 24등성보다 2.5배 밝고, 이 비율은 1등성과 2등성 사이의 밝기 비율과 같다.

이런 식으로 밝기를 나타내는 것이 다소 혼란스럽고 생소하게 보이겠지만 천문학자들에게는 여러 가지 면에서 매우 편리하고 효율적인 방법이다. 예를 들어 두 별의 밝기가 100만 배 차이 나는 경우에도 겉보기등급으로 따지면 불과 15등급 차이밖에 나지 않는다. 즉 지나치게 크거나 작은 수를 쓰지 않고서도 밝기가 천차만별인 모든 별들을 하나의 척도로 나타낼 수 있는 것이다.

특수한 필터를 통해 관측된 별의 등급은 스펙트럼에 따라 다르다. 예를 들어 상대적으로 차가운 별(〈그림 10-1〉의 아래쪽 곡선)은 B부분보다 V부분에 해당하는 빛을 더 많이 방출하기 때문에 B-띠(B-band) 등급이 V-띠 등급보다 높게 나타난다. 이와는 반대로 뜨거운 별에서는 스펙트럼의 B부분에 해당하는 빛이 주로 방출되어 B-띠 등급이 V-띠 등급보다 낮다. 따라서 B등급과 V등급의 차이, 즉 B-V를 알면 스펙트럼의 대략적인 형태를 파악할 수 있을 뿐만 아니라 별의 온도까지 알 수 있다. 천문학자들은 이 값을 해당 별의 '색(colors)'이라고 부른다. 등급이 낮을수록 밝다는 뜻이므로 B-V가 작을수록 별빛은 푸른 쪽에 가깝고 온도가 더 높다.

별들 사이의 공간이 완전한 진공상태라면 별의 색은 거리와 무관할 것이다. 100광년 거리에서 붉게 보인 별은 200광년에서도 여전히 붉게 보일 것이다.[1] 그러나 별의 전체적인 밝기는 지구로부터의 거리에 따라 천차만별로 달라진다. 일단 빛이 별에서 출발하면 멀리 갈수록 넓게 퍼지기 때문에 단위면적당 도달하는 빛의 양은 작아지고 별은 그만큼 희미하게 보인다. 그러나 우리의 눈에 별이 희미하게 보인다고 해서 그 별이 멀리 있다는 뜻은 아니다. 당연한 이야기지만 별의 밝기는 별이 방출하는 빛의 양하고도 관련되어 있다. 방출하는 빛의 양이 적으면 가까이 있는 별도 희미하게 보인다. 예를 들어 고대 이집트 인들이 새해의 기준으로 삼았던 별(오늘날에는 시리우스로 알려져 있다)은 두 개의 별이 서로 상대방 주변을 공전하는 연성계인데 지구에서의 거리는 둘 다 비슷하지만 시리우스가 파트너 별보다 무려 1만 배 이상 밝다. 두 별에서 방출되는 빛의 양이 그만큼 차이가 난다는 뜻이다.

별에서 방출되는 빛의 총량은 스펙트럼의 형태 못지않게 많은 정보를 담고 있다. 그러나 이 변수는 별까지의 거리를 알아낸 후에야 계산이 가능하다. 별들은 지구에서 너무 멀리 떨어져 있기 때문에 거리를 측정하려면 특별한 방법을 사용해야 한다. 물론 천문학자들은 지난 수백 년 동안 다양한 방법을 개발해 왔다. 그중 가장 직접적인 방법은 밤하늘에서 특정한 별의 위치를 1년 중 몇 차례에 걸쳐 관측하는 것이다. 그러면 관측이 행해질 때마다 지구의 위치가 변하기 때문에 마치 별의 위치가 달라진 것처럼 보일 것이다. 이런 현상을 시차(視差, parallax)라고 하는데 여기에 간단한 삼각측량법을 적용하면 별까지의 거리를 계산할 수 있다.

삼각측량법의 원리를 이해하기 위해 한 가지 예를 들어 보자. 지금 우

---

1) 광년(light-year)은 천문학에서 자주 사용되는 거리 단위이다. 1광년은 빛이 1년 동안 진행하는 거리로 약 9조 5,000억 킬로미터이다. 별들 사이에 먼지가 끼어 있으면 멀리 있는 별의 색이 달라질 수도 있다.

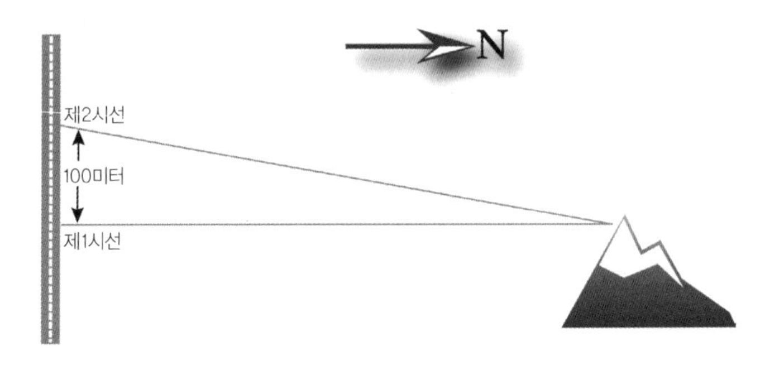

[그림 10-2] 시차를 이용한 거리 측정법. 두 시선 사이의 각도와 두 관측점 사이의 거리를 알면 멀리 있는 산까지의 거리를 계산할 수 있다(그림의 축척은 실제와 다르다).

리는 동서 방향으로 뻗어 있는 도로 위에 서 있다. 도로상의 한 지점에서 사방을 둘러보니 정북 방향에 커다란 산봉우리가 눈에 들어왔다. 이 지점에서 서쪽으로 100미터를 걸어간 후에 다시 그 산봉우리를 바라보았더니 방위가 정북 방향에서 1도만큼 어긋나 있었다. 이 상황을 도식적으로 표현하면 〈그림 10-2〉와 같다. 두 개의 시선(視線)이 교차하는 지점에 산봉우리가 위치하고 있으므로 두 개의 관측 지점과 산봉우리가 기다란 삼각형을 이루게 된다. 두 관측 지점 사이의 거리(100m)가 이 삼각형의 짧은 변에 해당되고 두 개의 시선이 긴 변에 해당된다. 그런데 우리는 두 개의 긴 변 사이에 낀 각을 알고 있으므로(1°) 삼각형을 이루는 세 변의 길이를 모두 알 수 있다. 이런 식으로 계산하면 산까지의 거리는 약 16킬로미터이다. 이와 비슷한 논리를 이용하면 별까지의 거리를 계산할 수 있다. 다만 도로에서 이동한 거리가 지구의 이동거리로 대치되고 산봉우리가 별로 바뀐 것뿐이다. 몇 주 또는 몇 달 간격으로 별의 위치를 측정한 후 앞에서 했던 것과 비슷한 계산 과정을 거치면 별까지의 거리를 알아

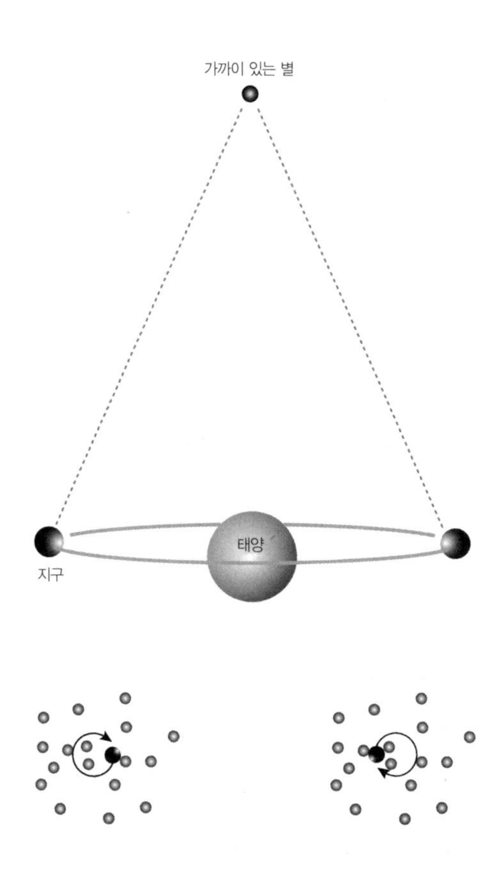

■■■
[그림 10-3] 지구에서 가까운 별까지의 거리는 시차를 이용하여 측정할 수 있다. 지구가 태양 주변을 공전하는 동안 지구에 있는 관측자가 비교적 가까운 거리에 있는 별을 관측한다면 배경 별들과의 상대적 위치가 계절에 따라 조금씩 달라진다. 멀리 있는 별(배경 별)들이 전혀 움직이지 않는다고 가정했을 때 지구의 공전에 의해 나타나는 가까운 별의 겉보기운동 궤적은 하단부의 그림과 같다. 여기에 약간의 삼각측량법을 적용하면 가까운 별까지의 거리를 계산할 수 있다.

낼 수 있다(〈그림 10-3〉).

별의 시차를 이용하면 별까지의 거리를 알아낼 수 있지만 이 방법에는 분명히 한계가 있다. 누구나 한 번쯤 경험했겠지만 기차를 타고 가면서 창밖을 바라보면 가까이 있는 가로수들은 빠르게 스쳐 지나가는 반면 멀리 있는 산이나 언덕은 아주 느리게 움직인다. 이와 마찬가지로 멀리 있는 별일수록 겉보기운동(apparent motion, 실제 운동이 아니라 관측자의 눈에 보이는 운동—옮긴이)은 작게 나타난다. 따라서 지구로부터 너무 멀리 떨어져 있는 별들은 시차에 의한 움직임이 관측 불가능할 정도로 작기 때문에 이 같은 방법으로는 거리를 측정할 수 없다. 즉 시차를 이용한 거리 측정은 비교적 가까이에 있는 별에만 적용 가능하다. 그러나 지난 수십 년 동안 관측 장비가 크게 개선되어 다소 멀리 있는 별까지도 이 방법으로 거리를 측정할 수 있게 되었다. 1990년대에 발사된 히파르코스(Hipparcos) 위성은 수만 개의 별을 대상으로 거리를 측정했는데 그중에는 수천 광년이나 떨어진 별도 있었다.

일단 별까지의 거리를 알아내는 데 성공했다면 지구에서 관측된 밝기에 기초하여 별에서 방출된 빛의 총량을 계산할 수 있다. 이 값을 '별의 광도(luminosity)'라고 하는데, 흔히 태양의 광도에 대한 상대적인 값으로 표기한다. 예를 들어 시리우스의 광도는 태양의 23배이고 그 파트너별의 광도는 0.002이다. 엄밀히 말하자면 광도는 별에서 방출된 모든 파장의 빛을 하나로 합친 양이지만 이 값은 별로 쓸데가 없기 때문에 대부분의 경우 '특정 필터를 거친 후 렌즈에 도달한 빛의 양'이라는 뜻으로 통용되고 있으며 그 값은 '등급'이라는 단위로 표기한다. 물론 이 등급은 눈이나 망원경에 보이는 대로 값을 매긴 겉보기등급과 전혀 다르다. 지구에서 관측한 별의 겉보기등급은 별까지의 거리를 감안하여 절대등급(absolute magnitude)으로 변환될 수 있다. 절대등급이란 모든 별이 지구로부터 32.6광년 떨어져 있다는 가정하에 매긴 광도이다. 예를 들어 지구로부터 약 9광년 떨어져 있는 시리우스의 V-띠 겉보기등급은 -1.5인데, 거리를 32.6광년으로 통일하면 광도가 12분의 1로 작아지면서 절대등급으로 +1.5가 된다. 참고로 태양의 절대등급은 +4.8이다.

별빛을 세밀하게 분석하면 광도나 온도 외에 다른 정보도 얻을 수 있다. 별의 스펙트럼을 고해상도로 분해하면 그래프 곳곳에 골짜기처럼 움푹 패인 지점이 나타나는데(〈그림 10-1〉의 회색선), 여기에 해당하는 파장을 알면 별의 주위를 에워싸고 있는 대기의 성분까지 알 수 있다. 또한 스펙트럼선에 나타난 데이터로부터 별의 구성 성분을 알 수 있으며 이들의 위치가 변하는 정도로부터 주변 행성의 존재 여부도 판단할 수 있다. 그러나 이 책에서 우리에게 필요한 정보는 별의 색과 절대등급뿐이다. 이 2개의 변수에는 별의 내부 구조 및 진화 과정과 관련된 중요한 정보가 담겨 있다.

별은 종류에 따라 광도의 패턴이나 표면 온도가 모두 다른데 이 특성을 색-등급 다이어그램[헤르츠슈프룽-러셀 다이어그램(Hertzsprung-Russel diagram)이라고도 한다]으로 표현하면 종류에 따른 별의 분포를 개괄적으로 파악할 수 있다. 이 다이어그램은 별의 (절대)등급에 대한 색의 분포를 나타낸 일종의 상관도인데 수평선은 별의 색과 온도를 수직선은 별의 절대등급을 나타낸다. 따라서 하나의 별은 하나의 점에 대응되는데 왼쪽으로 갈수록 푸르고 뜨거운 별이고 오른쪽으로 갈수록 붉고 차가운 별이다. 또한 위로 갈수록 밝은 별이고 아래쪽은 어두운 별에 해

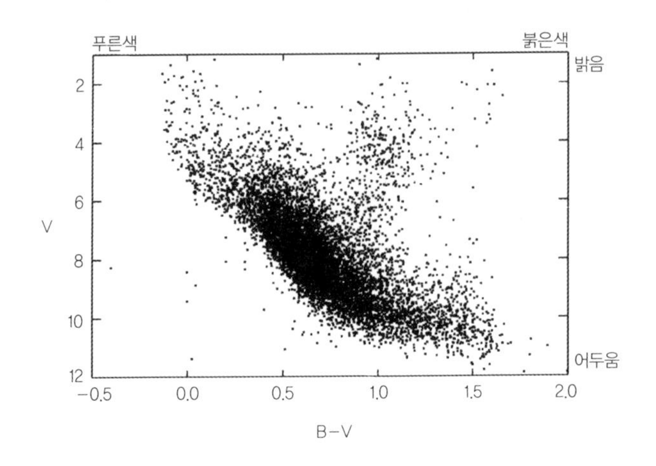

[그림 10-4] 가까운 별들의 색-등급 다이어그램. 이 데이터는 히파르코스(Hipparcos) 위성이 관측한 것이다. 이 그림은 V-띠 등급에 대한 B-V색 분포를 나타낸 다이어그램으로 개개의 점은 하나의 별에 대응된다. 왼쪽에 있는 점들은 푸른색 계열의 별이고 오른쪽으로 갈수록 붉은색 계열로 이동한다. 그리고 위쪽에 있는 별은 아래쪽에 있는 별보다 밝다. 대부분의 별들은 왼쪽 위에서 오른쪽 아래로 이어지는 대각선을 따라 배열되어 있는데, 이들을 주계열성이라고 한다.
출처 : http://vizier.cfa.harvard.edu/viz-bin/VizieR?-source=I/239

당된다. 히파르코스 위성이 관측한 약 1만 개의 별들을 색-등급 다이어그램으로 표현한 결과는 〈그림 10-4〉와 같다. 보다시피 대부분의 별들은 왼쪽 위에서 오른쪽 아래로 이어지는 대각선상에 놓여 있다. 여기 속하는 별들을 주계열성(main sequence stars)이라 하며 이들은 표면 온도와 광도 사이에 특별한 관계가 성립하는 별이다. 즉 뜨거운(푸른) 별은 차가운(붉은) 별보다 광도가 높다. 이러한 성질이 나타나는 이유는 주계열성들이 어떤 근본적인 특성을 공유하고 있기 때문이다. 이 특성 중 하나는 별의 중심부에서 수소원자가 핵융합반응을 일으켜 헬륨으로 변하고 그 여파로 에너지를 방출하고 있다는 점이다.

주계열성의 생애

수소는 우주에서 가장 흔한 원소이자 별을 이루는 주원소이다. 그래서 대부분의 별들은 수소를 연료로 삼아 일련의 핵반응 과정을 거쳐 에너지를 방출하고 있다. 수소는 우주에 존재하는 원소들 중 구조가 가장 단순하지만(수소의 원자핵은 달랑 양성자 하나로 이루어져 있다), 별에서 방출되는 빛과 열의 원천으로서 부족함이 없다. 이들이 핵융합반응을 일으켜 헬륨원자핵으로 변하는 과정에서 엄청난 양의 에너지가 생성되기 때문이다.

〈그림 10-5〉는 4개의 양성자가 헬륨원자핵으로 변하는 여러 가지 방법들 중 하나를 보여 주고 있다. 우선 2개의 양성자가 결합하여 중성자 하나와 양성자 하나로 이루어진 중수소(deuterium)의 원자핵이 된다. 이 과정에서 양성자가 중성자로 변하면서 양전자와 뉴트리노를 방출한다. 그다음에 또 하나의 양성자가 중수소의 원자핵과 결합하면서 양성자 2개와 중성자 하나로 이루어진 가벼운 헬륨원자핵이 만들어지는데, 이 과정에서 에너지 및 운동량 보존을 위해 광자 하나가 방출된다. 마지막으로 이형 헬륨원자핵 2개가 합쳐지면서 양성자 2개를 방출하고, 2개의 양성자와 2개의 중성자로 이루어진 정상적인 헬륨원자핵이 탄생한다.

헬륨원자핵의 질량은 양성자 4개의 질량을 합한 것보다 약 0.7퍼센트가 작다. 즉 핵융합이 일어나는 과정에서 질량이 어디론가 사라진 것이다. 0.7퍼센트의 질량은 어디로 갔을까? 아인슈타인의 에너지 보존 법칙($E=mc^2$)을 통해 에너지로 전환되었다. 수소원자핵이 융합하면 질량의 일부가 에너지로 전환되며 이 에너지는 전자기파나 입자의 운동으로 나타

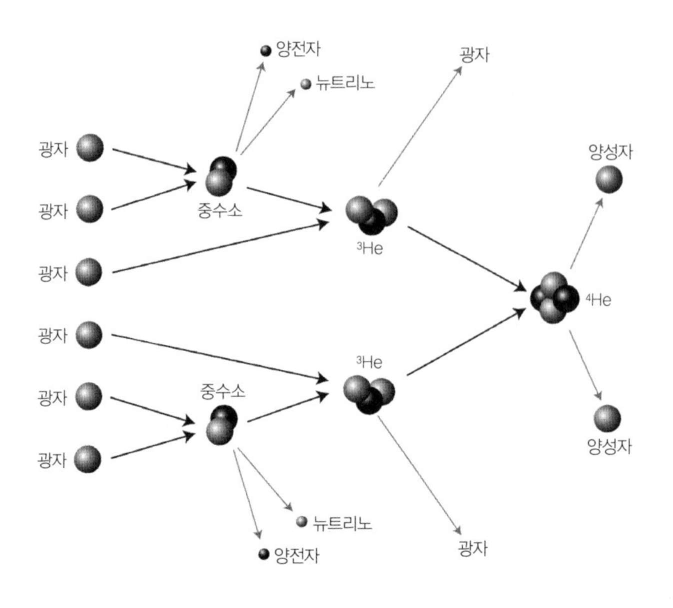

[그림 10-5] 수소원자가 핵융합반응을 거쳐 헬륨로 변하는 과정. 수소원자핵(왼쪽 끝의 양성자)이 헬륨원자핵으로 변하는 방법은 여러 가지가 있는데 이 그림은 그중에서 가장 간단한 과정에 속한다(다른 과정에서는 무거운 원자핵이 촉매 역할을 한다). 각 단계에서 반응이 일어날 때마다 질량이 감소하며 이때 발생한 에너지가 다양한 입자의 운동을 촉발시킨다.

난다. 0.7퍼센트는 그다지 큰 양이 아닌 것 같지만 비례상수 c^2이 워낙 크기 때문에 질량결손이 아무리 작아도 발생하는 에너지는 실로 막대하다.

예를 들어 1그램의 수소원자가 헬륨으로 바뀔 때 방출되는 에너지는 석탄 20톤을 태울 때 발생하는 에너지와 맞먹는다. 이런 점에서 보면 수소는 막대한 에너지원임이 분명하다. 그러나 이 에너지를 활용하려면 매우 까다로운 조건이 만족되어야 한다. 수소원자가 핵반응을 일으키려면 원자핵들이 매우 가깝게 근접해야 하는데 앞서 말한 대로 수소원자핵은 양성자 하나로 이루어져 있고 양성자는 플러스(+)전하를 띠고 있으므로 가까이 접근할수록 밀어내는 힘도 강해진다. 따라서 핵융합이 일어나려면 이들을 강제로 밀어서 접근시키거나 매우 빠른 속도로 충돌하게 만들어야 한다. 그런데 이 과정에 투입되는 에너지가 핵융합으로 얻을 수 있는 에너지보다 많기 때문에 핵융합 발전소가 아직 상용화되지 않고 있는 것이다. 그러나 별의 내부에서는 수소가 매우 풍부하고 막강한 중력이 이들을 끌어당기고 있으므로 핵융합이 자연스럽게 일어날 수 있다.

태양에 포함된 만큼의 수소와 헬륨이 우주 공간에 구름처럼 넓게 펴져 있다고 가정해 보자. 근처에 다른 천체가 없다면 개개의 원자는 자신을 제외한 모든 원자에 중력을 행사하여 자신이 있는 쪽으로 잡아당길 것이다. 모든 원자가 이런 식으로 힘을 행사하면 구름은 중심을 향해 뭉쳐진다. 일단 구름이 뭉치기 시작하면 중심부에는 더욱 많은 원자들이 모여들게 되고 시간이 흐를수록 중심부의 밀도는 꾸준히 증가한다.

이런 식으로 질량이 밀집되다 보면 원자들 사이의 거리가 어느 한계 이상으로 가까워지면서 온도가 크게 상승하고 결국은 핵융합반응이 자발적으로 일어나게 된다. 이 시점이 바로 아기별이 탄생하는 순간이다. 핵반응으로 생성된 초고속 입자와 복사에너지는 별의 중심에서 표면을 향해 뻗어 나가고 이 과정에서 중력으로 뭉친 물질과 격렬한 충돌을 일으킨다. 중심부의 밀도가 높아질수록 핵융합반응이 더욱 빠르게 진행되다가 결국에는 핵반응에 의해 밖으로 밀어내는 힘과 안으로 당기는 중력이 균형을 이루면서 별은 평형상태에 놓이게 된다.

별이 평형상태에 이르면 중심부의 수소원자가 핵융합반응을 일으키면서 꽤 오랜 시간 동안 균형을 유지할 수 있다. 그러나 수소원자가 고갈되어 핵반응 속도가 느려지면 중력에 의해 더 많은 물질들이 중심부로 유입되고 별의 수축이 멈출 때까지 별의 핵반응 속도는 다시 빨라진다. 이와는 반대로 핵융합반응으로 생성된 에너지가 지나치게 커지면 구성물질들이 바깥쪽으로 밀려나면서 중심부의 압력이 작아진다. 별이 안정을 되찾을 때까지 핵반응속도가 느려진다. 주계열성들은 바로 이런 과정을 통해 안정된 상태를 유지하고 있다.

주계열성이 정말로 평형상태에 가깝다면 그 나머지 영역은 거의 정상상태(steady state)를 유지하고 있을 것이다. 별의 내부에서는 다양한 원자들이 안쪽이나 바깥쪽으로 움직이고 있겠지만 평균적으로 보면 안이나 바깥으로 흐르는 알짜흐름(net flow)은 거의 0에 가깝다. 즉 임의의 영역에서 입자의 평균속도가 거의 0이라는 뜻이다. 그러므로 별의 내부에서 격렬한 핵반응이 일어나 엄청난 양의 에너지를 방출하고 있음에도 불구하고 별의 바깥층은 에너지를 얻지도 잃지도 않는다.

그런데 에너지는 새로 창출되거나 소멸되지 않기 때문에 별에서 방출되는 빛이나 다른 형태의 복사는 중심에서 생성된 만큼의 에너지를 우주 공간으로 실어 나르고 있다. 따라서 별빛(특히 광도)의 특성은 중심부에서 진행되는 핵융합반응의 속도와 밀접하게 관련되어 있다. 또한 핵반응 속도는 중력과 균형을 이룰 만큼 충분히 빨라야 하므로 주계열성의 표면 온도와 광도는 별의 질량에 따라 크게 달라진다.

천문학자들은 주계열성의 질량과 광도 그리고 표면 온도가 밀접하게 관련되어 있다는 사실을 확인했다. 서로 가까운 거리에 있는 별 중 거의 절반 정도는 상대방을 중심으로 공전하는 연성계(binary system)를 이루고 있는데 이들이 자신의 궤도를 따라 움직이는 모습은 실제로 관측이 가능하다. 지구가 태양 주변을 공전하는 데 걸리는 시간이 태양의 질

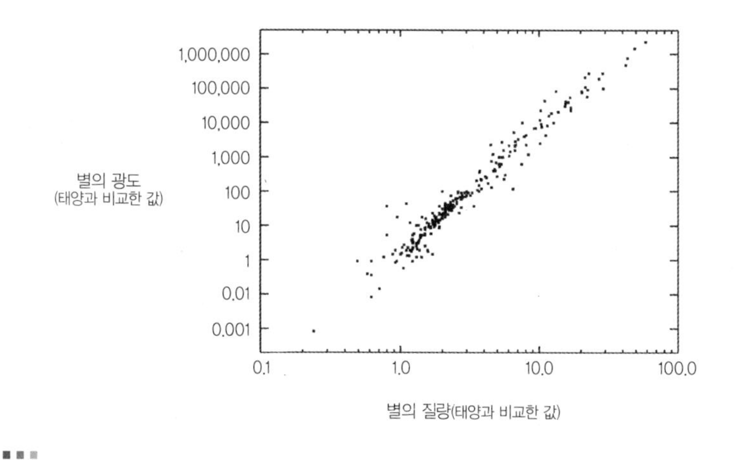

[그림 10-6] 주계열성의 질량과 광도의 상관관계. 가로축은 태양의 질량을 1이라고 했을 때 별의 질량이고, 세로축은 태양의 광도를 1이라고 했을 때 별의 광도이다. 태양보다 질량이 10배 큰 별은 광도가 태양의 수천 배에 달한다. 이 그림은 스페츠니코프(Svechnikov)와 베소노바(Bessonova)가 1984년에 구한 데이터에 기초한 것이다.
출처 : http://vizier.cfa.harvard.edu/viz-bin/VizieR?-source=V/42

량에 좌우되는 것처럼 연성계의 공전주기는 질량에 따라 달라진다.

천문학자들은 이러한 특성을 이용하여 주계열성 중 수백 개에 달하는 질량과 광도를 알아내는 데 성공했다. 그중 일부가 〈그림 10-6〉에 제시되어 있는데, 한눈에 봐도 질량이 큰 별일수록 광도가 크다는 사실을 알 수 있다. 이 그림을 '질량에 대한 표면 온도의 분포도'로 바꿔서 그린다 해도, 이들 사이에는 비슷한 관계가 성립한다. 즉 무거운 별일수록 빛은 푸른색 계열 쪽으로 치우치고 온도는 더욱 높아진다. 이것은 별이 평형 상태에 있다면 쉽게 예측할 수 있는 결과이다. 별의 질량이 클수록 핵융합이 빠르게 진행되고 이것은 별이 자체 중력에 의해 붕괴되는 것을 막아 준다. 따라서 단위시간당 에너지 생산량이 많을수록 광도가 높아지고 표면 온도도 그만큼 올라가는 것이다.

별의 질량과 광도의 상관관계는 주계열성의 특징을 서술하는 기본 변수이며 이로부터 주계열성의 질량이 광도에 그냥 비례하는 것이 아니라 엄청나게 큰 영향을 미친다는 사실을 알 수 있다. 예를 들어 질량이 태양보다 10배 큰 별의 광도는 태양 광도의 10배가 아니라 무려 1만 배에 달한다. 무거운 별은 핵융합 원료가 많을 뿐만 아니라 모든 입자를 잡아당기는 중력도 강하기 때문이다. 게다가 무거운 별에 속한 입자는 자신의 현 상태를 유지하기 위해 매우 빠른 속도로 움직여야 해서 우주 공간으로 방출되는 에너지의 양도 그만큼 많아진다. 이것은 별의 일생과 수명을 결정하는 중요한 요소이기도 하다.

주계열성의 최후

평형상태에 이른 별들은 꽤 오랜 시간 동안 그 상태를 유지한다. 즉 특정한 색이나 광도를 갖는 별은 최근 들어 평형상태에 도달했거나 수십억 년 전부터 중심부에서 핵융합반응을 일으켜 왔다는 뜻이다. 그러나 주계열성은 지금의 빛을 영원히 간직할 수 없다. 핵융합반응의 주원료인 수소가 언젠가는 바닥날 것이기 때문이다. 따라서 망원경으로 관측된 주계열성의 수명을 알고 있으면 다양한 별의 연대기를 작성할 수 있다.

주계열성의 수명은 핵융합반응이 지속될 수 있는 기간에 의해 결정된다. 앞서 말한 대로 핵융합반응이 일어난 후의 질량이 반응 전의 질량보다 '작아야' 에너지가 방출될 수 있다. 그런데 헬륨-4의 원자핵과 관련된 대부분의 반응은 핵의 질량을 증가시키기 때문에 별의 평형상태를 유지

시키지 못한다.[2)]

별이 헬륨-4의 핵융합반응으로 수명을 유지하려면 반응의 결과물로 탄소-12가 생성되어야 한다. 양성자 6개와 중성자 6개로 이루어진 탄소-12의 원자핵은 헬륨원자핵보다 훨씬 무겁기 때문에, 헬륨-4가 탄소-12로 변하는 핵융합반응도 별을 유지시키는 데 필요한 에너지를 양산할 수 있다. 그러나 이 반응이 일어나려면 3개의 헬륨원자핵이 같은 시간에 같은 장소에 있어야 하므로 온도와 밀도가 수소 융합반응 때보다 훨씬 높아야 한다. 주계열성의 경우 수소 핵융합반응으로 생성된 에너지는 중심부에 있는 물질들이 더 뜨겁고 밀집된 상태로 수축되는 것을 방지해 준다. 즉 주계열성의 실질적인 에너지원은 수소이며 이것이 고갈되면 더 이상 평형상태를 유지할 수 없게 된다. 젊은 주계열성이 90퍼센트의 수소로 이루어져 있다고 해도 이들 중 연료로 사용되는 것은 중심부에 있는 일부에 불과하다.

수소의 핵융합반응은 온도와 밀도가 상상을 초월할 정도로 높은 극한상황에서 일어나기 때문이다. 헬륨원자핵은 수소보다 무겁기 때문에 별의 내부에서 생성된 헬륨은 바깥층으로 쉽게 밀려나지 않고 중심부에 똘똘 뭉치게 된다. 그리고 수소 핵융합반응은 '헬륨 덩어리'의 외곽에서 계속 진행된다. 이곳에서 생성된 열은 당분간 헬륨 덩어리를 유지시킬 수 있지만 시간이 흐르면서 헬륨의 양이 계속 증가하면 중심부의 중력도 점점 강해지다가 결국에는 중심부가 내파되거나 헬륨-4가 탄소-12

2) 단, 헬륨-3과 헬륨-4가 융합하여 양성자 4개와 중성자 3개로 이루어진 베릴륨-7로 변하는 경우만은 예외이다. 그러나 베릴륨-7이 생성된 후에는 다른 수소원자핵과 반응하여 결국 헬륨-4 원자핵이 다시 만들어진다. 그러므로 베릴륨-7의 생성 과정은 헬륨-4를 만드는 또 하나의 방법에 불과하며 별에 별도의 에너지를 공급하지는 못한다.

로 변하는 핵융합반응 제2라운드가 시작된다. 이는 너무나도 극적인 변화여서 별의 크기는 물론이고 방출되는 빛의 종류와 온도 등 총체적인 특성이 크게 달라진다. 이때 일반적으로는 붉은 계열의 빛을 강하게 방출하는 적색거성(red giant)이 된다. 별이 전성기를 지나 적색거성이 되었을 때 나타나는 극적인 변화는 죽음을 알리는 전조라 할 수 있다. 결국 별은 초신성처럼 폭발하여 우주 공간에 산산이 흩어지거나 백색왜성(white dwarf)과 같은 조그만 잔해로 남게 된다.

이 책에서는 별이 적색거성으로 변하는 참혹한 과정을 생략하고 중심부에 누적된 헬륨에 의해 별의 구조가 바뀌는 과정을 간단한 주계열성 모델을 통해 알아보기로 한다.

여기 수소와 헬륨으로 이루어진 별이 하나 있다. 헬륨은 중심부에 뭉쳐 있고 그 주변을 수소가 에워싸고 있으며 두 층이 만나는 영역에서 수소 핵융합반응이 일어나 중심부를 포함한 별 전체에 에너지를 공급하고 있다. 핵융합의 부산물은 헬륨이므로 중심부의 헬륨은 시간이 흐를수록 많아진다. 그러나 헬륨의 질량이 전체 질량의 극히 일부분에 불과하다면 별은 커다란 변화를 겪지 않고 그 상태를 유지할 것이다. 이 기간 동안 핵융합반응은 거의 균일한 속도로 진행되며 중심부의 온도와 표면의 광도도 일정한 값을 유지한다.

이와 같은 유사평형상태(quasi-equilibrium)에서 중심부의 온도는 중력에 의한 수축을 저지할 수 있을 정도로 충분히 높다. 다시 말해서 핵융합반응으로 생성된 에너지 때문에 헬륨원자핵의 이동속도가 빨라져서 바깥층의 수소원자가 중심부로 유입되는 것을 막아 주고 있다. 그러나 시간이 흘러 중심부가 커지면 중력에 의한 내파도 견딜 수 있어야 한다.

헬륨의 질량은 수소의 4배나 되기 때문에 별의 중심으로 당겨지는 중력을 견뎌 내려면 운동에너지도 훨씬 커야 한다. 즉 별의 중심부에 있는 헬륨입자의 운동에너지는 바깥층의 수소뿐만 아니라 헬륨 자신의 중력도 견딜 수 있을 정도로 커야 한다는 뜻이다. 수소와 헬륨을 고전적인 기체로 간주했을 때 별의 형태가 유지되는 한도 내에서 중심부 질량과 전체 질량의 최대 비율은 중심부의 입자와 주변 입자의 평균 질량에 따라 달라진다.

중심부의 주성분이 헬륨이고 바깥층의 주성분이 수소인 경우, 중심부가 가질 수 있는 최대 질량은 전체의 10퍼센트 정도이다. 이 값은 1942년에 쇤베르크(Schönberg)와 찬드라세카르(Chandrasekhar)가 처음 계산한 후로 '쇤베르크-찬드라세카르 한계'라는 용어로 불리고 있다.[3] 중심부의 질량이 이 한계를 넘어서면 별은 안으로 붕괴되면서 내부 구조에 심각한 변화를 초래한다.

사실 별의 내부에서 실제로 진행되는 사건은 이보다 훨씬 복잡하다. 처음부터 다른 질량으로 출발한 별, 즉 '체급이 다른' 별은 완전히 다른 삶을 살게 된다. 예를 들어 질량이 태양보다 작은 별들은 중심부의 온도가 낮고 밀도는 높기 때문에 양자역학적 효과가 고려되어야 한다. 따라서 쇤베르크와 찬드라세카르가 얻은 계산 결과를 모든 별에 일률적으로 적용할 수는 없다. 그래서 천문학자들은 중심부에 축적된 헬륨의 양이 증가함에 따라 별의 내부 구조가 어떤 식으로 달라지는지 파악하기 위해 다양한 방법과 기술을 개발해 왔다. 그런데 놀라운 것은 이렇게 복잡한 계산법을 주계열성에 적용해도 이전과 마찬가지로 "전체 질량의 10퍼

3) 백색왜성과 같은 천체의 한계 밀도를 뜻하는 '찬드라세카르의 한계'와 혼동하기 쉬우니 주의하기 바란다.

센트가 헬륨으로 변했을 때부터 별은 더욱 밝아지고 붉은 쪽으로 치우친다."는 결과가 얻어졌다는 점이다.

주계열성들이 자신이 가지고 있던 수소의 10퍼센트가 헬륨으로 바뀔 때까지 살 수 있다면 이들의 질량과 광도로부터 수명을 계산할 수 있다. 예를 들어 태양의 질량은 2×10^{30}킬로그램이고 광도(단위시간당 방출되는 에너지의 총량)는 약 4×10^{26}와트이다. 현재 태양은 평형상태를 유지하고 있으므로 핵융합반응을 통해 생성되는 에너지는 광도와 거의 일치한다. 그러므로 여기에 아인슈타인의 에너지 보존 법칙을 적용하면 태양에서는 매 초마다 40억 킬로그램(4×10^{10}킬로그램)의 질량이 에너지로 변환되고 있는 셈이다.

헬륨원자핵의 질량은 수소원자핵 4개를 합한 질량보다 0.7퍼센트 정도 작으므로 이 정도의 질량이 소모되려면 매 초당 6,000억 킬로그램(6×10^{11}킬로그램)의 수소가 헬륨으로 변해야 한다. 다시 말해서, 우리의 태양은 1년마다 1.8×10^{19}킬로그램의 수소를 핵융합반응으로 소모하고 있는 셈이다. 이 정도면 엄청나게 많은 양이지만 크게 걱정할 필요는 없다. 이런 속도로 핵융합반응이 진행되어 태양 질량의 10퍼센트가 헬륨으로 변하려면 앞으로 110억 년은 족히 걸릴 것이기 때문이다. 다시 말해서 태양은 앞으로 110억 년 후에 적색거성으로 변할 운명이다. 여기에 다른 변수들을 고려하여 좀 더 세밀하게 계산해 보면 태양의 수명은 앞으로 100억 년 정도 남은 것으로 추정된다. 그러므로 당분간은 마음 놓고 일광욕을 즐겨도 무방하다.

질량과 광도가 알려진 다른 주계열성에도 이와 비슷한 계산을 적용하면 남은 수명을 계산할 수 있다. 그런데 주계열성의 질량은 광도와 밀접하게 연관되어 있기 때문에(〈그림 10-6〉), 광도만 가지고도 별의 수명을 계산할 수 있다. 예를 들어 주계열성 중에 광도가 태양의 1만 배나 되는 별이 있다고 가정해 보자. 〈그림 10-6〉의 분포에 의하면 이 별의 질량은 태양의 약 10배 정도일 것이다. 즉, 이 별은 핵융합반응을 하면서 태양보다 1만 배나 빠른 속도로 수소를 소모하고 있지만, 정작 가지고 있는 수소의 양은 태양의 10배에 불과하다는 뜻이다. 따라서 이 별의 10퍼센트가 헬륨으로 변하는 데 걸리는 시간은 태양보다 1,000배가량 짧다. 태양의 남은 수명이 100억 년이었으므로 이 별은 앞으로 1,000만 년쯤 후에 적색거성이 된다고 결론지을 수 있다.

이 계산에 의하면 주계열성의 수명은 질량(또는 광도)에 의해 크게 좌우된다. 무겁고 밝은 별일수록 적색거성이 될 날이 얼마 남지 않았다는 뜻이다. 이것만으로는 특정한 별의 현재 나이를 알 수 없지만 어떤 '별의 집단'의 생성 연대를 추정할 수는 있다.

주계열성 중 어떤 한 무리의 별들이 과거 어느 시점에 거의 동시에 탄생했다고 가정해 보자. 이 별들은 질량이 다양할 것이므로 생성된 직후에 광도와 온도를 측정했다면 〈그림 10-4〉와 같은 주계열성 데이터가 얻어졌을 것이다. 그러나 이들 중 가장 밝고 가장 푸른 계열에 가까웠던 별은 (천문학자들의 표현을 빌면) 얼마 지나지 않아 연료를 소진하고 적색거성이 된다. 즉 주계열성의 색-등급 다이어그램에서 가장 위쪽에 있던 별이 시간이 지나면 오른쪽(붉은쪽)으로 이동하게 되는 것이다. 여기서 시간이 더 흐르면 더 어둡고 더 붉었던 별들마저도 오른쪽으로 이동하기 시작한다. 따라서 아직도 오른쪽으로 치우치지 않고 남아 있는 별의 개수로부터 이 별 무리의 나이를 추정할 수 있다.

그런데 한 무리의 별들이 과연 동시에 탄생할 수 있을까? 언뜻 생각하기엔 그럴 가능성이 별로 없을 것 같지만, 실제로 성단(星團, cluster)에서는 동시에 탄생한 별들이 거대한 집단을 이루고 있다. 성단은 형태에 따라 여러 종류로 나눠지는데 이 책에서는 구상성단(globular cluster)만을 다루기로 한다.

구상성단의 생성 연대

쌍안경이나 소형 천체망원경으로 바라보았을 때 솜털로 덮인 공처럼 보이는 별의 집단을 구상성단이라 한다. 이것은 약 100광년의 영역 안에 수백만 개의 별들이 모여 있는 형태를 갖고 있으며 밀도는 태양계 근처보다 수백 배나 높다. 〈그림 10-7〉은 M3 구상성단의 색-등급 다이어그램인데 그림의 하단부에는 별들이 오른쪽 아래에서 왼쪽 위로 향하는 대각선을 따라 나열되어 있다. 이것은 다른 주계열성에서도 흔히 볼 수 있는 패턴이다. 그러나 이 그림에서는 주계열성 특유의 패턴이 중간쯤에서 갑자기 방향을 틀어 오른쪽으로 치우치는 경향을 보이고 있다. 즉 이 구상성단에는 푸른빛을 강하게 방출하는 별이 거의 없다는 뜻이다. 그 대신 붉은 빛을 강하게 방출하는 적색거성이 오른쪽 위 곳곳에 위치하고 있으며 푸른 계열 쪽으로는 100여 개의 별들이 수평 방향으로 길게 늘어서 있다.[4)]

4) 푸른 계열의 밝은 별들은 주계열이 아닌 수평선을 따라 나열되어 있으므로 주계열성이 아니라 적색거성이다. 이들은 현재 수소와 헬륨을 동시에 소모하고 있다.

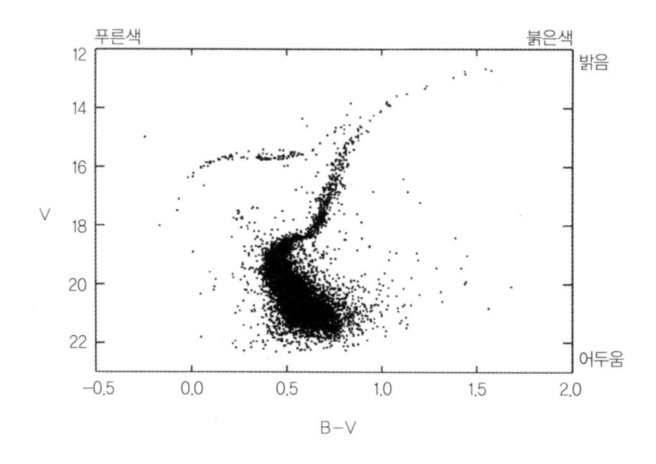

[그림 10-7] M3 구상성단의 색-등급 다이어그램(그림 10-4의 다이어그램과 비교해 볼 것). 오른쪽 아래에서 대각선을 따라 왼쪽 위를 향해 나열된 주계열성이 푸른색 근처에서 오른쪽으로 치우쳐 있다. 이는 곧 구상성단의 나이가 무한하지 않다는 것을 의미한다. 이 그림에서는 별의 밝기를 절대등급이 아닌 겉보기등급으로 나타냈기 때문에 세로축의 V값이 그림 10-4보다 크다(그림에 나타난 모든 별들은 지구에서 동일한 거리에 있으므로, 모두 같은 양만큼 등급이 조절되었다). 이 데이터는 페라로(Ferraro) 등이 1997년에 관측한 것이다.
출처: http://vizier.cfa.harvard.edu/viz-bin/VizieR-2?-source=J/A%2bA/320/757

〈그림 10-7〉의 분포는 과거에 한 지점에서 탄생한 별들의 스펙트럼 분포와 일치한다. 그러므로 우리는 주계열성의 특성에 입각하여 이 별들의 나이를 추정할 수 있다. 그림에 예시된 구상성단의 주계열성에서 가장 푸르고 가장 밝은 별은 우리의 태양보다 조금 더 붉은 쪽에 가깝다. 즉 이 별들의 광도와 질량 그리고 수명은 우리의 태양과 거의 비슷하다. 이 구상성단에는 태양보다 푸르고 더 밝은 주계열성이 거의 없으므로 많은 별들이 이미 수명을 다하여 적색거성이 되었다는 추리가 가능하다. 또한 이 구상성단에는 우리의 태양보다 붉고 희미한 별이 많이 있으므로 성단의 나이는 그리 많지 않을 것으로 추정된다. 그렇지 않다면 이런 별들

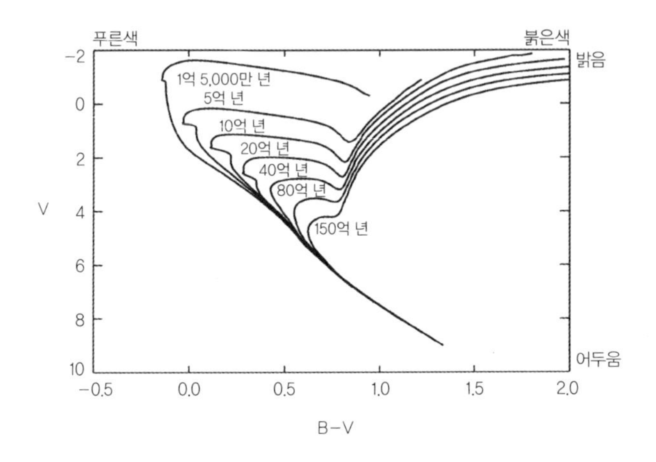

[그림 10-8] 동시에 탄생한 여러 별들의 시대에 따른 색-광도 다이어그램의 변화. 시간이 흐를수록 주계열성의 많은 부분이 적색거성으로 변해 가는 것을 알 수 있다. 가장 밝고 푸른 별이 제일 먼저 수명을 다하여 적색거성이 되고 이보다 붉고 희미했던 별들도 시간이 흐르면 주계열성을 이탈하여 적색거성이 된다.

도 이미 적색거성이 되었을 것이다. 다시 말해서 M3 구상성단의 나이는 주계열성에서 이미 죽은 밝고 푸른 별의 수명보다 길고 아직 살아 있는 희미하고 붉은 별보다는 짧다. 따라서 성단의 나이는 주계열성의 끝에서 밝고 푸르게 빛나는 별(이들은 곧 적색거성이 될 운명이다)의 수명과 같다고 할 수 있다. M3 구상성단에서 이런 별들은 우리의 태양보다 약간 더 붉은 색을 띠고 있으므로, 성단의 현재 나이는 태양의 전체 수명보다 조금 더 긴 100억 년 이상일 것이다.

이런 방법으로는 성단의 '대략적인' 나이만 알 수 있을 뿐이다. 성단의 생성 연대를 더욱 정확하게 알아내기 위해서는 스펙트럼 데이터를 이론적으로 예견된 값과 비교해야 한다. 핵물리학과 유체역학 등을 고려하여 이론적으로 계산된 별의 배치도는 〈그림 10-8〉과 같다. 여기 나타난 일련의 곡선들은 주계열성 끝 부분에 있던 밝고 푸른 별들이 적색거성으

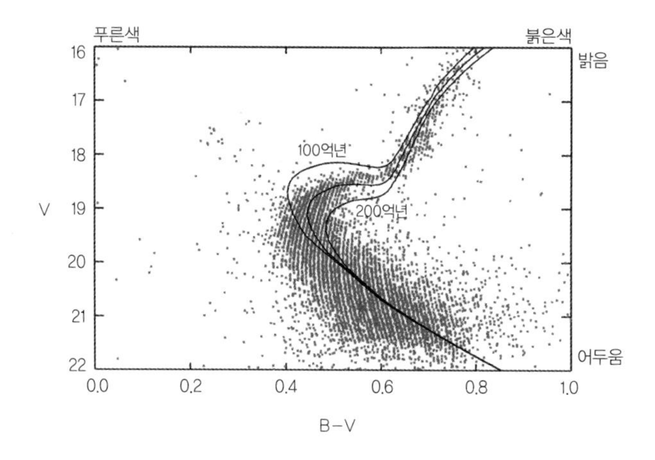

[그림 10-9] M3 구상성단의 주계열성(〈그림 10-7〉)을 확대한 그림. 이론적으로 계산된 곡선(100억 년, 150억 년, 200억 년)이 함께 표시되어 있다. 구상성단은 지구에서 너무 멀리 떨어져 있기 때문에 시차를 이용한 거리 측정이 현실적으로 불가능하다. 그래서 천문학자들은 색과 관련된 정보와 수평 방향으로 뻗어 나온 가지의 위치를 분석하여 겉보기등급을 절대등급으로 환산한 후 관측 데이터와 이론을 비교하고 있다. M3의 주계열성 대각선이 끊어진 위치와 그 근방의 구체적인 배열 형태를 이론 곡선과 비교해 보면 성단의 나이는 100억~120억 년 보다 150억 년에 더 가깝다. 천문학자들은 한층 더 세밀한 분석을 통해 M3 구상성단의 나이가 130억 년이라는 결론을 내렸다(오차의 범위는 10억 년 정도이다).

로 변해 가는 패턴을 보여 주고 있다. 이 그림에서 보면 80억~150억 년에 해당되는 곡선이 관측 결과와 가장 가까우므로 앞에서 했던 계산이 크게 틀리지 않았음을 알 수 있다.

〈그림 10-9〉는 스케일을 확대하여 관측 데이터와 이론적 예견치를 함께 그려 넣은 것이다. 그림을 자세히 보면 관측 데이터는 100억 년이나 200억 년 곡선보다 150억 년 곡선에 더 가깝다. 그러나 데이터가 꽤 넓게 퍼져 있어서 오차 범위가 10억 년이나 된다. 천문학자들은 통계적인 분석법을 이용하여 오차를 줄여 나가고 있다.

주계열성의 방향이 바뀌는 부분을 아무리 정확하게 관측한다고 해도 이론의 적용 가능성과 신뢰도가 떨어지면 여기서 내린 결론도 믿을 수 없게 된다. 이론을 통해 계산된 곡선의 형태는 성운에 포함된 별의 성분(헬륨과 산소의 성분비 등)에 따라 달라진다. 하나의 성운에 여러 그룹의 별들이 동시에 존재하는 경우도 있는데 이런 성운에서는 주계열성이 끊기는 위치도 그룹에 따라 다르게 나타난다. 성운의 나이를 정확하게 계산하려면 이런 요소까지 신중하게 고려해야 한다.

천문학에서는 사소해 보이는 변수 때문에 결과가 심각하게 달라지는 경우가 종종 발생한다. 예를 들어 2004년에 일단의 핵물리학자들은 질소-14와 양성자가 핵융합반응을 거쳐 산소-15가 생성되는 과정을 연구하던 중 이 반응이 과거에 생각했던 것처럼 쉽게 일어나지 않는다는 사실을 알게 되었다. 그런데 탄소와 질소, 산소 등이 풍부한 환경에서 수소가 핵융합을 일으켜 헬륨으로 변할 때에는 위의 과정이 핵융합의 진행 속도에 커다란 영향을 미치기 때문에 과거에 계산했던 구상성단의 나이가 이로 인해 10억 년 이상 상향 조정되었다.

멀리 있는 별의 생성 연대를 태양계 못지않은 정확도로 알아내기 위해서는 아직도 해결해야 할 문제가 많이 남아 있다. 그러나 별의 나이를 추정하는 기본 아이디어는 확실히 논리적이며 이로부터 얻은 결과는 다양한 경로를 통해 이미 검증되었다. 천문학자들은 성단의 내부에 있는 백색왜성의 특징을 이용하여 성단의 나이에 어떤 제한조건을 부여하거나 별에서 발견된 소량의 방사성 원자핵을 이용하여 성단의 연대를 측정할 수도 있다. 이런 방법으로 가장 오래된 구상성단에서 가장 오래된 별의 나이를 구해 보면 약 120억~130억 년(±10억 년)이라는 결과가 얻어진다. 이 값은 위에서 서술한 방법으로 얻은 결과와 거의 일치한다. 물론 여기에는 무려 10억 년이라는 오차가 있지만 우리의 태양계보다 훨씬 오래됐다는 점에서 특별한 관심을 끈다. 130억 년이면 현재 알려진 우주의 나이와 거의 비슷하다.

더 읽을 거리

· Roger A. Freedman and William J. Kaufmann, *Universe* 6th ed, Freeman and Co, 2001.(일반인을 위한 천문학 입문서)

· R. J. Taylor, *Stars : Structure and Evolution*, Cambridge University press, 1994.(전문적인 수준의 천문학 서적)

· R. Kippenhahn and A. Weigart, *Stellar Structure and Evolution*, Springer-Verlag, 1994. (전문적인 수준의 천문학 서적)

· http://vizier.cfa.harvard.edu/vizier(다양한 별의 관측 자료 조회)

· www.arxiv.org(천문 기술과 관련된 다양한 기사)

· K. M. Ashman and S. E. Zepf, *Globular Cluster System*, Cambridge University press, 1998.(구상성단에 관한 자세한 내용)

· B. W. Carney and W. E. Harris, *Star Clusters*, Springer, 2000.(구상성단의 연대측정법)

· B. Chaboyer, "The Age of Everything", *Physics Reports* 307, 1998, pp.23-30.(주계열성의 분포를 이용한 연대측정법)

· Ed H. V. Klapdor-Kleingrothaus and L. Baudis, *Dark Matter in Astrophysics and Particle Physics*, Institute of Physics Publishing, 1999.(주계열성의 분포를 이용한 연대측정법)

· R. Gratton et al, "Age of Globular Clusters in Light of Hipparcos : Resolving the Age Problem?", *Astronomical Journal* 494, 1998, pp.96-110.(주계열성의 분포를 이용한 연대측정법)

· Brad Hansen et al, "White Dwarf Cooling Sequence of the Globular Cluster Messier 4", *Astrophysical Journal* 574, no.2, 2002, pp.L155-L158.(구상성단의 나이를 측정하는 다른 방법)
· J. Truran et al, "Probing the Neutron-Capture Nucleosynthesis History of Galactic Matter", *Publications of the Astronomical Society of the Pacific* 114, 2002, pp.1,293-1,308.(구상성단의 나이를 측정하는 다른 방법)

· www.arxiv.org/abs/astro-ph/0205087(한센의 논문)

제 11 장

우주의 나이

우주는 언제 어떻게 태어났는가? 이 질문은 오랜 세월 동안 다양한 분야의 학자들을 끊임없이 괴롭혀 왔다. 지난 20세기에 천체망원경의 성능이 크게 개선되면서 우주는 먼지와 기체 그리고 은하들이 곳곳에 산재해 있으며 미지의 물체들이 수십 억 광년에 걸쳐 퍼져 있는 방대한 공간임이 밝혀졌다. 또한 우주의 역사는 무한하지 않으며 계측 가능한 과거의 어떤 순간에 아주 작은 무언가가 폭발을 일으키면서 탄생했다는 사실도 알게 되었다(이것을 빅뱅이라고 한다). 빅뱅의 개념이 탄생한 지는 100년도 넘었지만 빅뱅이 일어난 시기를 알게 된 것은 불과 10년 전이다.

우주의 역사와 관련하여 현재 우리가 가지고 있는 가장 귀중한 데이터는 은하의 색과 분포에 관한 정보이다. 수십 억 개의 별과 기체로 이루어진 은하는 수십 억 광년이나 떨어진 곳에서도 관측이 가능할 정도로 밝은 빛을 방출하고 있다. 따라서 우주 곳곳에 흩어져 있는 은하를 관측한다는 것은 우주 공간의 다양한 지점을 다양한 시간대에서 관측한다는 의미를 갖는다. 멀리 있는 은하는 현재가 아닌 과거의 모습을 우리에게 보여 주고 있기 때문이다. 여기서 얻은 데이터는 빅뱅의 난해한 특성과 발생 시기를 규명하는 데 필요한 결정적인 정보를 담고 있다.

적색편이

우주론학자들이 은하를 관찰할 때 가장 눈여겨보는 부분이 바로 적색편이(red shift)이다. 은하에서 방출된 빛을 관측하여 스펙트럼으로 펼쳤을 때, 은하의 적색편이는 〈그림 11-1〉과 같은 형태로 나타난다. 그림 속의 피크는 특정한 원자나 분자에서 방출된 단색광으로 원자의 지문과 같은 역할을 한다. 모든 원자는 에너지 상태에 따라 특정 파장의 빛을 흡수하거나 방출하고 있다. 예를 들어 나트륨(Na)원자는 파장이 589나노미터(nm)인 노란색 빛을 방출하고, 수은(Hg)원자는 파장이 436나노미터인 푸른색 빛을 방출한다. 이렇게 특정 파장의 빛들이 방출되는 원인을

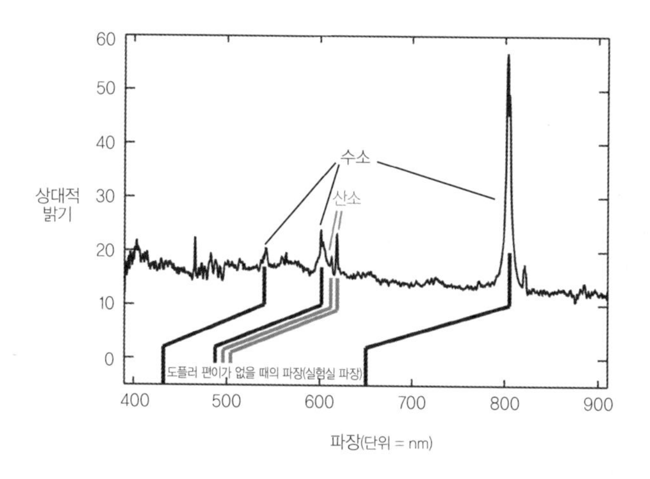

[그림 11-1] 슬론 디지털 우주 관측(Sloan Digital Sky Survey)에서 얻은 특정 은하의 스펙트럼. 은하에서 방출된 빛의 양을 파장대별로 보여 주고 있다. 그래프에 나타난 날카로운 피크는 특정 원자가 특정한 전이를 일으키면서 특정 파장의 빛을 방출한 결과이다. 이 그림에서는 수소와 산소원자에서 방출된 빛이 감지되었다. 그러나 이 피크들은 실험실에서 흔히 관측되는 파장 대역에 있지 않고 긴 파장 쪽으로 이동했다(그래프 아래쪽의 꺾어진 선 참조).
출처 : www.sdss.org

이해하려면 양자역학의 방정식을 풀어야 하는데, 이 책의 의도와는 다소 거리가 있으므로 자세한 설명은 생략하기로 한다.

양자역학에 의하면 원자핵을 에워싸고 있는 전자들은 임의로 배열되는 것이 아니라 지극히 한정된 배열만 취할 수 있다. 어느 특정한 배열에서 다른 배열로 전자가 이동하면[이것을 전이(transition)라 한다] 원자는 에너지와 운동량 그리고 각각의 운동량을 보존하기 위해 복사에너지를 흡수하거나 방출한다. 이 복사에너지(빛)의 파장은 원자의 처음 상태(복사 전)와 나중 상태(복사 후)에 따라 달라질 수 있다. 그러므로 원자에서 방출된 빛의 스펙트럼을 분석하면 원자의 정체를 주기율표에서 찾을 수 있는 것이다.

물론 원자가 은하에만 있는 것은 아니다. 원자는 지구에도 얼마든지 있다. 그래서 과학자들은 각종 원자에서 방출된 빛의 스펙트럼을 일일이 분석하여 피크가 나타나는 지점을 각 원자별로 정확하게 분류해 놓았다. 이 데이터를 이용하면 멀리 있는 은하에서 어떤 종류의 원자가 빛을 방출했는지 알 수 있다.

〈그림 11-1〉의 스펙트럼은 800나노미터와 600나노미터 그리고 530나노미터에서 피크가 발생했다. 이 3개의 숫자는 우주에서 가장 흔한 수소원자의 스펙트럼과 밀접하게 관련되어 있다. 즉 800, 600, 530은 각각 (2/1)×400, (3/2)×400, (4/3)×400으로 표현된다. 그러나 피크가 연속되는 패턴은 수소원자와 일치하는 반면 피크의 위치는 엉뚱한 곳으로 이동했다. 실험실에서 관측했을 때 수소원자 스펙트럼의 피크는 항상 (2/1)×328나노미터, (3/2)×328나노미터 그리고 (4/3)×328나노미터에서 발생한다. 다시 말해서 은하에서 방출된 빛의 파장이 지구에서 관측한 것

보다 23퍼센트 정도 길어진 것이다.

그렇다면 이 은하에서 빛을 방출한 주인공은 수소가 아닌 다른 원자일까? 별로 그럴 것 같지 않다. 수소뿐만 아니라 다른 원자의 스펙트럼도 이와 동일한 양상을 보이기 때문이다. 〈그림 11-1〉에는 620나노미터 근처에서도 2개의 피크가 등장하는데 이들 사이의 간격은 산소원자의 원래 스펙트럼과 일치하지만 피크의 위치가 수소의 경우처럼 오른쪽(긴 파장 쪽)으로 이동해 있다. 실험실에서 관측했을 때 산소원자 스펙트럼의 피크는 약 500나노미터에서 나타난다. 산소원자 역시 피크의 위치가 오른쪽으로 23퍼센트 이동한 것이다. 그 외에 몇 가지 원소의 스펙트럼을 분석해 보면, 한결같이 23퍼센트 어긋난 위치에서 피크가 발생한다. 따라서 이것은 은하를 구성하는 원자의 종류가 다른 것이 아니라 무언가 다른 요인에 의해 빛의 파장이 일괄적으로 변했다고 생각할 수밖에 없다.

다른 은하에서 온 빛을 분석해 봐도 모든 단색광들은 실험실에서 관측한 것보다 긴 파장 쪽에서 피크를 형성한다. 이런 현상을 적색편이라고 하는데, 그 이유는 가시광선에서 파장이 제일 긴 빛이 붉은색 단색광이고, 스펙트럼에 나타나는 모든 피크가 이쪽 방향으로 치우쳐 있기 때문이다. 〈그림 11-1〉의 은하는 적색편이된 정도가 23퍼센트였지만 다른 은하들은 이 값에서 1~7퍼센트까지 차이가 난다.[1] 은하의 적색편이는 우주의 역학과 역사를 연구하는 데 매우 중요한 정보이다. 자세한 이야기는 나중에 하고, 지금 당장은 은하의 적색편이가 은하의 위치 및 지구로부터의 거리와 어떤 관계가 있는지 알아보기로 하자.

---

1) 지구와 가까운 은하 중에는 짧은 파장 쪽으로 편이가 일어나는 은하도 있다.

거리 측정

적색편이는 스펙트럼을 분석하면 쉽게 찾아낼 수 있지만 은하까지의 거리를 알아내는 것은 또 다른 문제이다. 제10장에서 말한 바와 같이 간단한 삼각측량법을 이용하면 천체까지의 거리를 알아낼 수 있다. 그러나 우리의 은하 바깥에 있는 천체는 겉보기운동이 너무 미미하여 이 방법을 적용할 수 없다. 따라서 은하 간 거리를 측정하려면 직접 관측이 아닌 간접적인 방법을 동원해야 한다.

은하까지의 거리를 측정하는 대부분의 방법들은 어떤 특정한 천체의 밝기에 의존하고 있다. 제10장에서 말한 대로 천체의 밝기는 거리의 제곱에 반비례한다. 예를 들어 200미터 거리에 있는 발광체는 100미터 거리에 있는 동일한 물체보다 4배나 어둡게 보인다. 그러므로 광원에서 방출되는 빛의 양을 알고 있으면 겉으로 보이는 밝기로부터 광원까지의 거리를 역으로 산출할 수 있다[이것을 '광도 거리(luminosity distance)'라고 한다]. 물론 은하계 바깥에 있는 천체의 광도를 정확하게 계산하는 이론은 아직 개발되지 않았지만 어떤 특정한 타입의 천체는 망원경에 들어온 빛의 특성을 분석함으로써 광도를 알아낼 수 있다.

그 대표적인 사례로 케페우스형 변광성(Cepheid variable)을 들 수 있다. 이 별들은 일정한 주기로 광도가 변하는데 처음에는 급격하게 밝아졌다가 서서히 흐려진 후 다시 같은 주기를 반복한다(〈그림 11-2〉). 광도가 변하는 주기는 별에 따라 조금씩 다르며 보통 하루에서 일주일 정도 걸린다. 케페우스형 변광성은 태양보다 수천 배나 밝아서 아주 먼 곳 심지어는 다른 은하에서도 관측이 가능하다. 또한 이 별들은 다른 별과 쉽

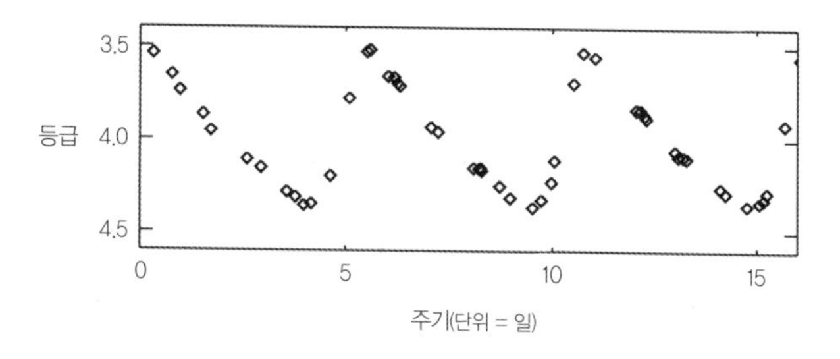

[그림 11-2] 케페우스형 변광성의 대표적 사례인 케페우스 델타(Delta Cephei) 변광성의 광도 변화. 처음에는 빠른 속도로 밝아지다가 서서히 흐려진 후 다시 같은 주기를 반복한다. 그림에 나타난 변광성의 주기는 약 5.3일이다. 변광성 중에는 주기가 한 달이 넘는 것도 있다. 그러나 모든 변광성들은 이 그림과 비슷하게 밝기가 수시로 변하고 있다.
출처 : T. J. Maffett and T. G. Barnes, "Observational Studies of Cepheids II : BVRI Photometry of 112 Cepheids", *Astrophysical Journal Supplement Series* 55, 1984, pp.389-432.

게 구별되기 때문에 원래의 광도만 알고 있으면 천체 간 거리를 판별하는 좋은 지표가 될 수 있다. 그런데 다행히도 우주에는 케페우스형 변광성의 특성을 관찰할 수 있는 천연의 실험실이 존재한다. 그것이 바로 마젤란 성운(Magellanic Cloud)이다.

대마젤란 성운과 소마젤란 성운은 은하수의 주변을 공전하고 있는 위성 은하로 두 은하를 구성하는 별들은 지구로부터 거의 같은 거리에 있다. 따라서 모든 변광성들이 같은 광도를 가지고 있다면 대(또는 소)마젤란 성운에 속해 있는 변광성들은 모두 동일한 겉보기등급으로 보일 것이다. 실제로 관측을 해 보면 대마젤란 성운의 변광성들은 〈그림 11-3〉과 같이 5개 등급에 걸쳐 있다. 즉 이 천체는 가장 밝을 때와 어두울 때의 광도 차이가 거의 100배에 달한다는 뜻이다.

케페우스형 변광성의 광도가 넓은 영역에 걸쳐 있다고 해도 밝기와 주기가 밀접하게 연관되어 있으므로 거리를 가늠하는 척도로 사용될 수

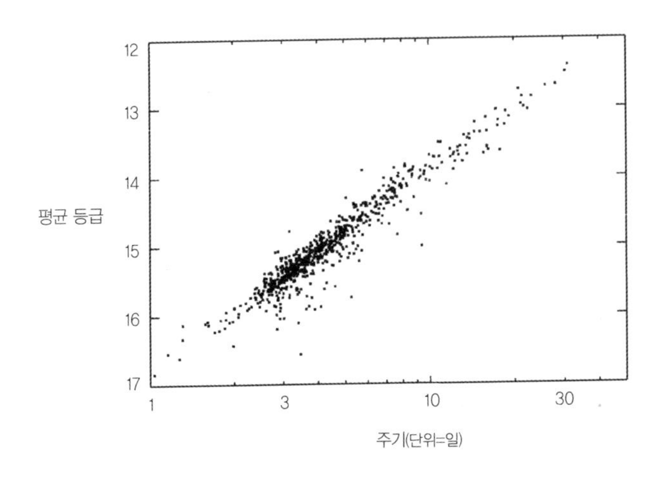

[그림 11-3] 대마젤란 성운에 속한 케페우스형 변광성들의 평균등급과 광도 변화 주기의 상호관계. 모든 변광성들은 지구에서 거의 비슷한 거리에 있기 때문에 겉보기등급의 변화는 변광성의 실제 광도 변화와 일치한다. 이 천체들의 밝기는 주기와 관련되어 있으므로 변광성의 밝기가 변하는 속도를 측정하면 광도를 알 수 있다.
출처 : A. Udalski et al, *Acta Astronomica* 49, 1999, p.223.

있다. 〈그림 11-3〉을 자세히 보면 밝은 변광성일수록 광도 변화의 주기가 길다는 사실을 알 수 있다. 즉 변광성이 밝을수록 그다음 밝아질 때까지 시간이 오래 걸린다는 뜻이다. 따라서 변광성의 주기를 알면 광도를 알 수 있고, 지구로부터의 거리도 알아낼 수 있다. 예를 들어 다른 은하에서 주기가 10일이고 평균 등급이 25인 변광성이 발견되었다고 가정해 보자. 이 변광성은 대마젤란 성운에 있는 주기 10일짜리 변광성보다 등급이 10 정도 낮으므로 밝기로 따지면 1만 분의 1배로 희미하다. 따라서 이 변광성(그리고 변광성을 포함하고 있는 은하)은 대마젤란 성운보다 100배 먼 거리에 있다고 결론지을 수 있다.

이 은하와 지구 사이의 거리를 광년 단위로 알고 싶다면 대마젤란 성운까지의 거리를 알아야 한다. 다행히도 우리 은하(은하수)에도 변광성이 있는데, 거리도 꽤 가까운 편이어서 시차를 이용한 거리 측정이 가능하다. 천문학자들은 이 변광성까지의 거리를 정확하게 측정해 놓았다. 이로부터 광도까지 알아 놓은 상태이다. 이 결과를 대마젤란 성운의 변광성에 적용한 결과 지구로부터 약 15만 광년 떨어져 있는 것으로 판명되었다(다른 방법으로 측정한 거리도 이 값과 거의 비슷하다). 그러므로 위에서 예로 들었던 은하는 지구로부터 1,500만 광년 떨어져 있다고 할 수 있다.

케페우스형 변광성은 태양보다 훨씬 밝은 별이지만 지구로부터 1억 광년 이내의 거리에 있어야 판별이 가능하다. 이 정도면 충분히 먼 거리 같지만 대부분의 은하들은 이보다 훨씬 먼 곳에 있다. 따라서 1억 광년 이상 떨어져 있는 은하까지의 거리를 가늠하려면 변광성보다 훨씬 밝은 천체를 기준으로 삼아야 하는데 최근 들어 Ia형 초신성(type one A supernovae, 원 에이 형 초신성)이 강력한 후보로 떠오르고 있다.

초신성은 특정한 별을 일컫는 말이 아니라 별이 진화의 마지막 단계에 이르러 초대형 폭발을 일으키는 '사건'을 통칭하는 용어이다. 초신성이 한 번 폭발하면 태양보다 수십 억 배나 밝은 빛을 몇 주 동안 쉬지 않고 방출한다. 이 폭발은 별의 중심부에서 일어나는 핵융합반응이 중력에 의한 수축을 더 이상 막을 수 없게 되었을 때 일어나는데 폭발에 이르는 과정에 따라 몇 가지 유형으로 나눠지며, 각 유형은 스펙트럼을 통해 구별할 수 있다.

Ia형 초신성은 스펙트럼에서 수소에 해당하는 선이 드문 것으로 보아 수소를 거의 포함하지 않은 별이 폭발한 것으로 추정된다. 폭발하기 전에는 주계열성의 중심부가 다 타고 남은 백색왜성이었을 것으로 추정된다.

이런 천체에서는 핵융합반응이 거의 일어나지 않지만 인접한 별에서 질량이 유입되면 평형상태가 붕괴되면서 대대적인 폭발이 일어날 수 있다.

초신성 폭발은 한 은하에서 100년에 한 번 정도 관측될 정도로 드문 사건이지만 그동안 여러 개의 은하에서 수차례에 걸쳐 관측된 바 있다. 천문학자들은 여기에 변광성을 비롯한 거리 관련 정보를 종합하여 초신성에서 방출된 빛의 총량을 계산하는 데 성공했다. 이 데이터에 의하면 초신성의 광도는 종류에 따라 3배까지 차이가 난다. 그러나 광도가 높은 초신성일수록 더 빨리 사라지는 경향이 있으므로 변광성의 경우처럼 특별한 초신성의 광도가 변하는 패턴으로부터 폭발하면서 방출된 빛의 양을 계산할 수 있다. 이 값을 겉보기등급과 비교하면 초신성(그리고 초신성

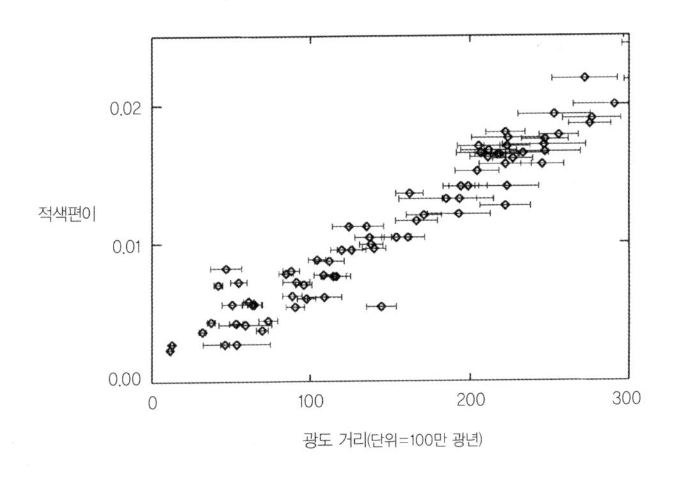

[그림 11-4] Ia형 초신성에서 유추한 허블 다이어그램. 천체의 적색편이와 광도 거리 사이의 관례를 보여 주고 있다. 각 점들은 하나의 은하에 대응되며, 수평 방향으로 그려진 오차선은 거리 측정에 수반된 오차의 범위를 나타낸다(적색편이의 오차는 이보다 훨씬 작다). 그림에서 나타나듯이 멀리 있는 은하일수록 적색편이가 크게 나타난다.
출처 : John J. Tonry et al, "Cosmological Results from High-z Supernovae", *Astrophysical Journal* 594, 2003, pp.1-24.

이 속해 있는 은하)까지의 거리를 산출할 수 있다.

여러 종류의 은하에서 수집한 적색편이와 거리정보를 종합하면 〈그림 11-4〉와 같은 허블 다이어그램(Hubble diagram)을 만들 수 있다. 이것은 임의의 천체에서 방출된 빛이 적색편이가 된 정도를 거리의 함수로 나타낸 그래프인데, 각 점들이 나열된 패턴을 보면 멀리 있는 천체일수록 적색편이가 크게 일어난다는 사실을 한눈에 알 수 있다. 이제 곧 알게 되겠지만 거리와 적색편이의 상호관계 속에는 천체의 움직임을 좌우하는 역학과 우주의 역사가 고스란히 담겨 있다. 그러나 허블 다이어그램은 다양한 방식으로 해석될 수 있으므로 다른 천체 관측 정보를 참고하여 가장 그럴듯한 해석법을 찾아야 한다.

허블 다이어그램의 잘못된 해석

허블 다이어그램의 가능한 해석 중 하나는 은하들이 상대운동을 하면서 도플러효과(Doppler effect)가 발생하여 적색편이가 일어났다고 생각하는 것이다. 이 해석은 매우 직관적이고 설득력도 강해서 우주론을 설명하는 일반 서적에서 쉽게 찾아볼 수 있다. 사실 도플러효과는 지구에서 쉽게 관측되고 분석될 수 있으므로 이러한 해석이 더 자연스럽게 들린다. 우리는 일상생활 속에서 도플러효과를 자주 경험하고 있다. 특히 음파에서 이런 현상이 종종 발생하는데 자동차가 고음의 사이렌을 울리면서 다가오다가 우리를 지나쳐 가면 갑자기 사이렌의 음정이 낮아지는 것을 한 번쯤 경험한 적이 있을 것이다. 이것은 음원과 관측자 사이의 상

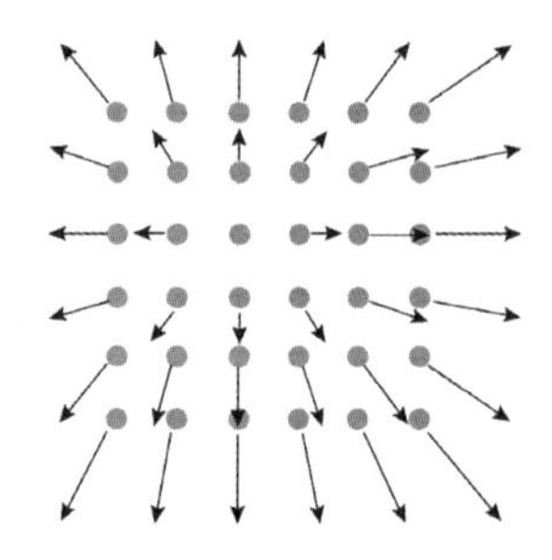

[그림 11-5] 은하가 멀어지는 속도. 멀리 있는 은하일수록 멀어지는 속도도 빠르다.

대속도에 따라 음파의 파장이 달라지기 때문에 나타나는 현상으로 도플러효과의 전형적인 사례이다.

음파뿐만 아니라 전자기파(빛)에서도 도플러효과가 나타날 수 있다. 빛을 방출하는 광원이 관측자에 대하여 움직이고 있으면 빛의 파장이 달라지는데 그 값이 워낙 작아서 맨눈으로는 판별할 수 없고 도플러 레이더시스템이나 GPS 수신기 등을 사용해야 한다.

은하의 적색편이가 도플러효과 때문이라면 빛이 긴 파장 쪽으로 이동했다는 것은 은하들이 우리로부터 멀어지고 있다는 뜻이다(우리로부터 멀어져 가는 구급차의 사이렌 소리가 낮아지는 것과 같은 이치이다). 그렇다면 적색편이가 일어난 정도로부터 은하가 멀어지는 속도까지 구할 수 있다. 적색편이의 값이 1보다 훨씬 작을 때, 이 값은 '광속에 대한 은하의 이동속도'와 거의 일치한다. 예를 들어 어떤 은하의 적색편이가 0.1이라면, 이 은하는 광속의 10분의 1에 해당하는 속도로 우리로부터 멀어지고 있다는 뜻이다. 은하의 속도가 빨라서 적색편이가 커지면 계산이 다소 복잡해지는데(적색편이가 1.0이면 멀어지는 속도는 광속의 5분의 3이다), 이런 경우에도 약간의 대수계산을 수행하면 은하의 속도를 구할 수 있다.

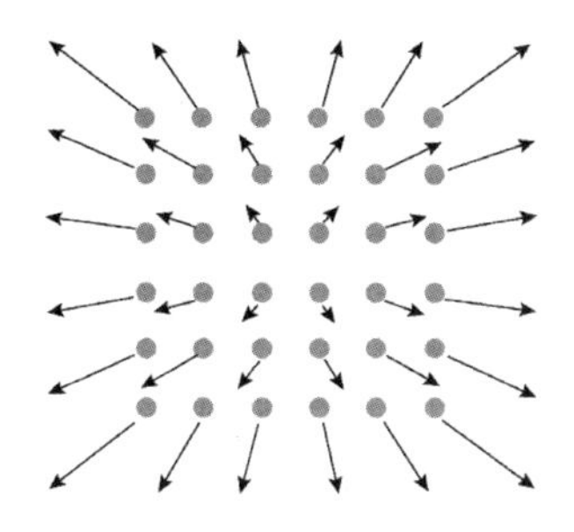

[그림 11-6] 공간 속의 한 점을 중심으로 모든 은하들이 멀어져 가는 상황.

이상의 결과를 종합해 보면 모든 은하들이 우리로부터 멀어지고 있다는 결론이 내려진다. 또한 멀리 있는 은하일수록 멀어지는 속도도 빠르다. 이 상황을 그림으로 표현하면 〈그림 11-5〉와 같다.

이 그림에서 회색점들은 은하를 나타낸다. 화살표가 붙어 있지 않은 중심부의 점은 우리가 속해 있는 은하이고, 화살표가 달려 있는 그 외의 점들은 우리로부터 멀어지고 있는 은하이다. 화살표의 방향은 각 은하의 이동 방향이며, 화살표의 길이는 속도를 나타낸다. 즉 화살표가 길수록 빠른 속도로 멀어진다는 뜻이다.

〈그림 11-5〉에 의하면 이 우주에서 우리 은하만 유일하게 제자리를 지키고 있고, 나머지는 일제히 우리로부터 멀어져 가고 있다. 과연 그럴까? 은하수가 뭐 그리 대단한 (또는 위험한) 존재이길래, 다른 모든 은하들이 우리로부터 도망가고 있다는 말인가? 아무리 생각해 봐도 딱히 그럴 만한 이유는 없을 것 같다. 이제 그림을 조금 바꿔서 공간 속의 한 점을 중심으로 모든 은하들이 멀어져 가는 상황을 만들어 보자. 그림으로 표현하면 〈그림 11-6〉과 같다.

이런 경우라면 어떤 은하에서 관측하건 모든 은하들이 자신으로부터 멀어져 가고 있는 것처럼 보일 것이다. 뿐만 아니라 자신으로부터 멀리 있는 은하일수록 빠르게 멀어진다는 허블 다이어그램의 결과와도 일치한다.

우주 공간에 산재해 있는 은하들이 한 점을 중심으로 일제히 멀어지고 있는 상황은 빅뱅으로 우주가 시작되었다는 가설과 일맥상통하는 것처럼 보인다. 그러나 우주론 학자들이 말하는 빅뱅은 그런 뜻이 아니다. 은하들이 공간 속을 이동하고 있다는 생각은 거시적 스케일에서 수집된 데이터와 일치하지 않는다. 만일 모든 은하들이 우주 공간 속의 특별한 한 점에서 출발하여 일제히 멀어지고 있다면 은하의 특성과 분포 상태는 그 특별한 점으로부터의 거리에 따라 달라져야 한다.

예를 들어 출발점에서 이미 멀리 가 버린 은하는 아직 출발점에 가까이 있는 은하보다 질량이 작을 것이다(또는 형태가 다르거나 화학적 성분이 다를 것이다). 또한 출발점에 가까운 지역은 멀리 떨어진 지역보다 은하의 수가 많아야 한다. 그러나 지금까지 얻어진 관측 결과를 아무리 분석해 봐도 이와 같은 징후는 발견된 적이 없다.

〈그림 11-7〉은 슬론 디지털 우주 관측(Sloan Digital Sky Survey)에서 얻은 은하의 분포도이다. 이 그림을 아무리 들여다봐도 모든 은하의 출발점이라고 할 만한 중심은 존재하지 않는다. 이 데이터를 포함하여 지금까지 얻어진 모든 관측 결과들을 종합해 볼 때, 우주 공간은 전체적으로 균질하며 전 공간에 걸쳐 비슷한 유형의 은하들이 비슷한 밀도로 분포되어 있음이 분명하다. 가끔은 성운이나 은하단이 밀집되어 있는 지역도 존재하지만, 이런 식의 분포가 큰 스케일로 반복되지는 않는다. 그러므로 우리의 우주는 "한 점에서 일어난 폭발의 잔해들이 공간을 통해 사방으로 뻗어나가는 상황"으로 설명될 수 없다.

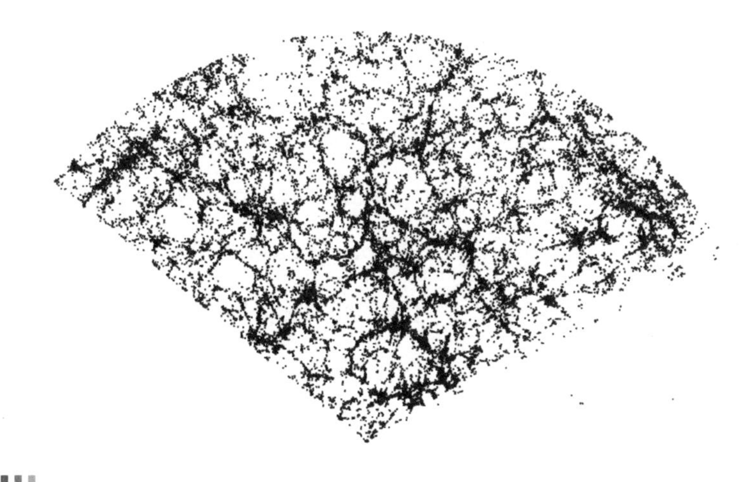

■■■
[그림 11-7] 슬론 디지털 우주 관측에서 얻은 수천 개 은하의 분포도. 부채꼴의 꼭짓점에 지구가 있고 가장 먼 은하까지의 거리는 약 20억 광년이다. 보다시피 은하의 밀도는 모든 영역에서 거의 동일하며 어떤 특별한 지점을 중심으로 은하들이 멀어지는 흔적은 찾을 수 없다.
출처 : http://spectro.princeton.edu/

우주가 거시적 규모에서 균일하다는 것은 은하들의 운동 패턴이 눈에 보이는 것보다 훨씬 포괄적인 현상이며 이 현상이 모든 공간에서 동일하게 진행된다는 것을 의미한다. 그러나 이런 점을 고려한다고 해도 은하들이 공간을 '가로질러' 이동하고 있다는 주장은 여전히 유효하다. 예를 들어 특별한 중심점 없이 모든 은하들이 서서히 멀어지고 있는 무한히 큰 우주를 상상할 수도 있다. 이것이 바로 고전적인 뉴턴식 우주론이다. 이는 교육적인 면이나 계산적인 면에서는 가끔 유용할 수도 있다. 그러나 이 우주 모형은 우주론 학자들이 생각하는 우주와는 전혀 딴판이다. 허블 다이어그램에 대한 가장 적절한 설명은 기존의 폭발 이론보다 훨씬 황당하다. 이 논리를 이해하려면 아인슈타인의 일반상대성이론에 대한 약간의 사전 지식이 필요하다.

간단히 살펴보는 일반상대성이론

일반상대성이론은 중력에 의해 발생하는 물체의 운동을 가장 정확하게 서술하는 이론이다. 이 이론으로부터 무언가를 예견하려면 고난도의 수학에 정통해야 하지만 이론의 근간이 되는 기본 원리는 전공자가 아닌 나도 설명할 수 있을 정도로 간단하다. 그러나 "중력은 힘이 아니라 시공간의 휘어짐, 그 자체이다."라는 말은 여전히 난해하게 들린다.

갈릴레오와 뉴턴의 역학에서 힘(force)은 물체의 운동을 좌우하는 중요한 요소이다. 아무런 힘도 작용하지 않는 공간에서 모든 물체는 등속운동을 한다. 따라서 (외부의) 힘은 물체의 속도와 이동 방향을 바꾸는 원인이 된다. 그러나 물체가 힘에 어떻게 반응하는지 계산하려면 먼저 물체의 특성부터 알고 있어야 한다. 예를 들어 어떤 힘을 물체에 가했을 때 나타나는 가속도는 물체 고유의 특성인 질량에 따라 다르다. 심지어는 여러 개의 물체를 똑같은 환경에 갖다 놓았을 때 이들이 느끼는 힘은 물체의 종류에 따라 다를 수도 있다. 예를 들어 양성자와 전자 그리고 중성자를 커다란 양전하 근처에 갖다 놓는다면 양성자는 밀려나고 전자는 당겨지며 중성자는 아무런 힘도 받지 않는다.

중력의 특징은 중력장 안에 있는 모든 물체를 동일한 방식으로 움직이게 만든다는 점이다. 이 사실은 망치와 깃털을 이용하여 간단하게 증명할 수 있다. 두 물체를 지면에서 똑같은 높이로 들어 올린 후 쥐고 있던 손(또는 물체를 잡고 있는 도구)을 가만히 놓으면 어떻게 될까? 다들 알고 있는 것처럼 진공 중에서는 망치와 깃털이 지표면에 '동시에' 도달한다. 즉 낙하하는 데 걸리는 시간은 질량과 무관하다. 모래알과 덤프트럭,

금조각과 먼지 덩어리 등 어떤 물체로 실험을 해도 진공 속이라면 결과는 달라지지 않는다.

이것은 어떤 면에서 보면 엄청난 우연의 일치라고 할 수 있다. 예를 들어 망치가 깃털보다 1,000배 무겁다고 가정해 보자. 그렇다면 망치에는 깃털보다 1,000배나 강한 중력이 작용한다. 그러나 질량이 큰 망치는 관성도 크기 때문에 힘에 반응하는 속도가 느리다. 이 2가지 효과가 정확하게 상쇄되어 망치와 깃털은 정확하게 같은 가속도로 떨어지게 되는 것이다.

이것이 뉴턴의 고전적인 중력 법칙이다. 그러나 아인슈타인의 일반상대성이론에 의하면 모든 물체들이 중력에 동일한 패턴으로 반응하는 이유는 좀 더 깊은 곳에 숨어 있다. 물체의 운동이 물체 자체의 고유한 성질과 무관하게 일어나는 경우는 힘이 전혀 작용하지 않을 때, 즉 물체가 직선을 따라 등속운동을 하는 경우일 때뿐이다.

유클리드 기하학에 의하면 직선은 두 점 사이를 연결하는 가장 짧은 경로이다. 따라서 힘이 작용하지 않을 때 물체의 이동 경로는 기하학적으로 명확하게 정의될 수 있다. 그런데 일반상대성이론에 의하면 물체가 중력장 안에 놓인 경우에도 기하학적으로 명확하게 정의된 경로를 따라 움직인다. 질량이 큰 물체에 의해 중력장이 형성되면 주변 공간의 기하학적 구조가 휘어지고 이렇게 되면 두 점 사이의 최단 거리는 더 이상 직선이 아니다. 이곳에 놓인 물체는 다른 힘이 작용하지 않는 한 휘어진 경로를 따라 움직이게 된다. 따라서 일반상대성이론에 의하면 중력이란 물체를 직선 궤적에서 이탈시키는 힘이 아니라 직선의 정의 자체를 바꾸는 현상으로 해석되어야 한다.

사실 중력은 공간뿐만 아니라 시간도 변화시킨다. 두 대의 우주선이 우주 공간의 두 지점 사이를 여행하고 있다고 가정해 보자. 한 대는 지구에서 발사된 우주선처럼 전형적인 곡선 비행을 하고 있고, 다른 한 대는 반동 추진 엔진을 사용하여 직선운동을 하고 있다. 여기에 주행거리계나 자를 이용하여 두 우주선의 비행 거리를 측정한다면 곡선 궤적을 따라간 우주선의 비행 거리가 더 작게 나오지는 않을 것이다. 그러나 비행이 끝난 후 두 우주 선을 비교해 보면 주행거리는 물론이고 (출발 전에 미리 맞춰 놓았던) 시계조차도 각기 다른 시간을 가리키고 있다.

이렇게 볼 때 일반상대성이론은 중력을 새로운 관점에서 서술하는 흥미로운 이론이다. 그 속을 들여다보면 난해한 수학이 사방에서 난무하고 있지만 이론에 담긴 메시지의 심오함은 수학의 우아함을 훨씬 능가한다. 일반상대성이론은 수성의 근일점이 이동하는 현상을 비롯하여 태양의 중력에 의해 별빛이 휘어지는 현상까지 정확하게 예측했으며 이 모든 것은 실험이나 관측을 통해 사실로 판명되었다. 따라서 일반상대성이론은 중력의 작용 원리를 설명하는 가장 정확한 이론임이 분명하다. 뿐만 아니라 허블 다이어그램에 나타난 적색편이와 거리의 상호관계도 일반상대성이론으로 설명할 수 있다[저자는 물리학 전문가가 아니기 때문에 이 부분을 집필하면서 다른 물리학자의 도움을 받았을 것이다. 그러나 이 책에서 필요한 내용을 제외한 다른 부분, 특히 일반상대성이론의 근간이 되는 등가원리(equivalence principle)에 대한 설명이 빠져 있어서 다소 공허한 설명이 되어 버렸다. 더 자세한 내용을 알고 싶은 독자들은 이 장의 끝에 소개되어 있는 '더 읽을 거리'를 참고하기 바란다 — 옮긴이].

팽창하는 우주

멀리 있는 은하에서 방출된 빛의 파장이 달라지는 과정도 일반상대성이론으로 설명할 수 있다. '척도 인자(scale factor)가 달라지면서 팽창하는 우주'가 바로 그것이다. 전 공간에 걸쳐 은하들이 균일하게 분포되어 있는 우주(즉 은하의 분포 패턴이 모든 방향으로 똑같이 반복되는 우주)를 상상해 보자.

이런 경우, 은하들 사이의 간격은 우주 공간의 기하학적 구조와 밀접하게 연관되어 있으며, 일반상대성이론에 의하면 이 기하 구조는 우주에 존재하는 물질의 양에 따라 달라진다. 다시 말해서 은하들 사이의 거리가 변할 수도 있다는 뜻이다. 변하는 양상은 제12장에서 자세히 다루기로 하고 지금은 얼마의 시간이 흐른 후에 은하들 사이의 간격이 일제히 2배로 늘어난 경우를 생각해 보자.

간격이 넓어진 것은 은하들이 공간을 가로질러 이동했기 때문이 아니다. 즉 앞에서 언급한 '빅뱅'의 여파로 폭발의 잔해가 흩어지면서 거리가 멀어진 것이 아니라는 이야기이다. 은하들 사이의 간격이 멀어진 진짜 이유는 공간기하학의 기본 변수인 척도 인자가 달라졌기 때문이다. 앞의

[그림 11-8] 은하들이 균일하게 분포되어 있는 모양. 은하들 사이의 간격은 우주 공간의 기하학적 구조와 연관되어 있다.

[그림 11-9] 척도 인자가 2배로 커진 은하 사이의 간격. 이럴 때에는 공간을 가로지르는 전자기파(빛)의 파장도 2배로 늘어난다.

사례에서 척도 인자는 2배로 커졌다.

척도 인자가 2배로 커지면 은하들 사이의 간격이 2배로 증가할 뿐만 아니라, 공간을 가로지르는 전자기파(빛)의 파장도 2배로 늘어난다. 따라서 멀리 있는 은하의 적색편이를 계산할 때에는 척도 인자의 변화를 반드시 고려해야 한다. 지금으로서는 이것이 적색편이에 대한 최선의 설명이다. 지금까지 관측된 천문 관련 데이터들이 척도 인자의 변화를 입증하고 있기 때문이다(자세한 내용은 다음 장에서 다룰 것이다). 이것은 폭발의 여파로 잔해들이 흩어지고 있다는 이론보다 훨씬 그럴듯한 설명이다. 폭발이론을 받아들인다면 우주가 큰 스케일에서 균일한 이유를 설명할 수 없다. 그 대신 우주 전체에 걸쳐 척도 인자가 증가한다고 생각하면 특별한 중심점을 도입할 필요가 없다.

멀리 있는 은하에 방출된 빛이 긴 파장 쪽으로 치우치고 있으므로 우주의 척도 인자는 빛이 방출된 후로 지금까지 증가해 왔다고 봐야 한다. 척도 인자가 커지는 우주를 흔히 '팽창하는 우주'라고 부른다. 그러나 이것은 직관적인 '팽창'과 근본적으로 다르다. 우주가 팽창한다는 것은 바

끝에 있는 더 넓은 공간을 향해 커지고 있다는 뜻이 아니다. 우주가 무한히 크다면 척도 인자가 증가해도 우주는 커지지 않는다(무한대에 2를 곱해도 여전히 무한대이다). 물론 우주가 유한한 고차원 공간일 수도 있지만 이것을 입증할 만한 관측 데이터는 아직 발견되지 않았다. 그리고 이 문제는 우리의 관심사가 아니므로 더 이상 파고들지 않는 게 상책일 것 같다.

진도를 더 나가기 전에 또 한 가지 짚고 넘어갈 것이 있다. 우주가 팽창한다고 해서 그 안에 있는 만물이 커진다는 뜻은 아니다. 여러분도, 나도, 이 책도, 지구도 그리고 우리의 은하도 전혀 커지지 않는다. 앞에서 말한 대로 일반상대성이론에 의하면 물체의 질량은 시간과 공간의 기하학적 구조를 변형시킬 뿐만 아니라 외부의 힘이 작용하지 않을 때 물체가 자연스럽게 움직이는 경로를 변형시킨다. 그러나 두 물체가 전자기력으로 결합되어 있을 때, 공간의 기하학적 구조가 바뀌었다고 해서 이들 사이의 거리까지 달라지는 것은 아니다.

물론 공간 변형이 크게 일어나면 어느 정도 영향을 받겠지만, 블랙홀과 같이 극단적인 경우가 아니라면 거의 무시해도 되는 수준이다. 다시 말해서, 견고한 물체 속의 전자들이나 원자들 사이의 거리는 우주의 팽창에 영향을 받지 않는다. 물론 별들이 중력으로 뭉쳐 있는 은하도 우주와 함께 팽창하지 않는다. 은하 안에서 국소적인 공간 변형이 발생하여 별들이 흩어지는 것을 막아 주기 때문이다. 따라서 우주의 팽창에 영향을 받는 것은 고립된 은하들 사이의 간격뿐이다. 이 은하들은 서로 결합되어 있지 않으므로 우주 공간의 기하학에 의해 정의된 '직선'에 따라 움직이고 있다. 이와 마찬가지로 우주의 팽창은 자유롭게 진행하는 빛의 파장에 영향을 준다. 전자기파의 마루와 마루 사이의 거리(파장)에는 아무런 힘도 작용하지 않기 때문이다.

허블 다이어그램의 재해석

팽창하는 우주의 관점에서 볼 때 적색편이는 은하 자체의 특성이 아니라 은하에서 방출된 빛이 지구에 도달할 때까지 우주가 얼마나 팽창되었는지를 보여 주는 '팽창의 증거'이다. 다시 말해서 적색편이에는 우주 팽창의 역사가 고스란히 담겨 있다. 그 구체적인 관계를 알아 보기 위해 허블 다이어그램을 다시 한 번 살펴보자(〈그림 11-10〉). 이 그림에 의하면 1억 5,000만 광년 떨어져 있는 은하의 적색편이는 약 0.01이다. 즉 이 은

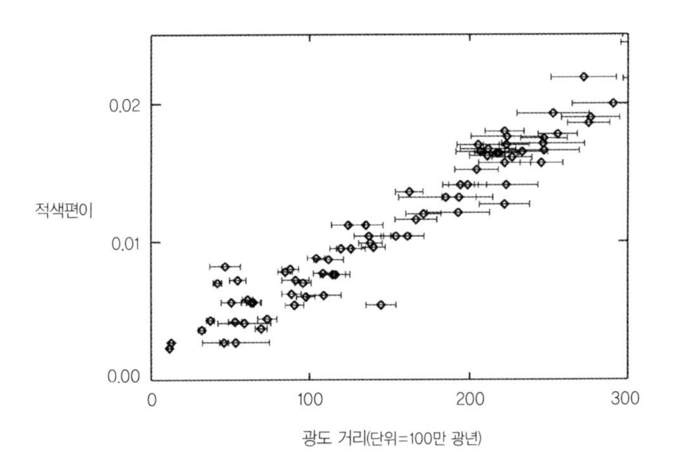

[그림 11-10] 은하까지의 광도 거리(Ia형 초신성으로부터 유추한 거리)와 적색편이 사이의 관계를 보여 주는 허블 다이어그램.
출처 : John J. Tonry et al. "Cosmological Results from High-z Supernovae", *Astrophysical Journal* 594, 2003, pp.1–24.

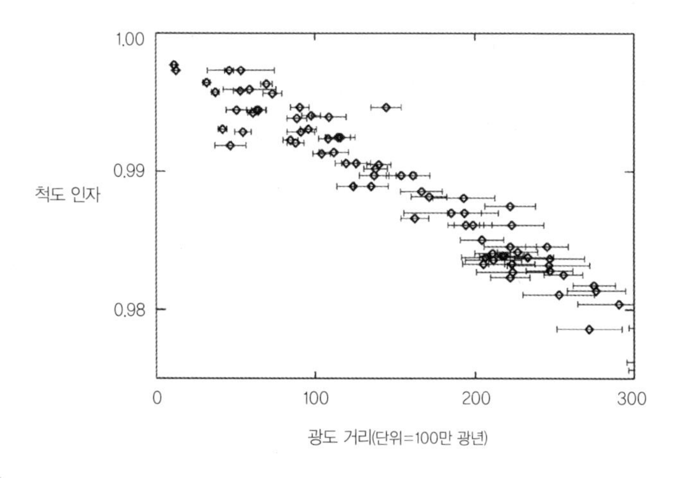

[그림 11-11] 가까운 은하/초신성의 척도 인자와 광도 거리 사이의 관계도.

하에서 방출된 빛이 지구에 도달하는 동안 파장이 1퍼센트 정도 길어졌고, 따라서 이 기간 동안 우주의 척도 인자도 1퍼센트가량 커졌다. 따라서 이 은하가 빛을 방출했던 무렵(1억 5,000만 년 전)에 우주의 척도 인자는 지금보다 1퍼센트 작았을 것이다. 현재 우주의 척도 인자를 1이라고 한다면, 이 은하에서 빛이 방출되었을 때 척도 인자는 0.99이다. 다이어그램에 나와 있는 모든 천체에 대하여 이와 비슷한 논리를 적용하면 지금 우리의 눈에 보이는 빛이 각 은하에서 방출되던 시기에 우주의 척도 인자를 유추할 수 있다. 그 결과를 다이어그램으로 표현하면 〈그림 11-11〉과 같다.

이 그래프에 의하면(기본적으로는 〈그림 11-10〉을 세로 방향으로 뒤집은 그래프와 동일하다) 은하까지의 거리가 멀수록 빛이 방출되던 무렵의 척도 인자는 작은 값을 갖는다. 멀리 있는 은하에서 방출된 빛은 지구에 도달할 때까지 시간이 오래 걸리므로, 우주의 척도 인자는 시간이 흐름에 따라 꾸준하게 증가해 왔다고 할 수 있다. 그러므로 각 은하의 거리를 알고 있으면 빛이 지구로 도달하는 데 걸리는 시간을 알 수 있고, 이로부터 척도 인자의 값이 어떻게 변해 왔는지 알 수 있다.

은하의 거리로부터 빛의 도달 시간을 알아내는 일은 아주 쉽다. 빛의 속도는 1초당 30킬로미터이고 1광년은 빛이 1년 동안 가는 거리이므로 지구로부터 1억 5,000만 광년 떨어진 은하에서 방출된 빛이 지구에 도달하려면 당연히 1억 5,000만 년이 걸릴 것이다. 그러나 팽창하는 우주에서는 상황이 조금 복잡해진다. 빛이 공간을 여행하는 동안에도 은하들 사이의 거리는 계속해서 변하고 있기 때문이다. 그런데 빛이 이동하는 동안 척도 인자는 단 몇 퍼센트밖에 변하지 않기 때문에, 다행히도 〈그림 11-11〉의 허블 다이어그램에는 큰 영향을 주지 않는다. 그러나 최근 들어 적색편이가 1보다 큰 초신성이 여러 개 발견되었는데 이것은 우주의 척도 인자가 2배 이상 커졌음을 의미한다(적색편이가 1이면 빛의 파장이 2배로 길어졌다는 뜻이다).

새로운 관측 데이터는 〈그림 11-12〉에 제시되어 있다. 가장 멀리 있는 은하까지의 겉보기거리는 무려 300억 광년이 넘는다. 그렇다고 해서 빛이 300억 년 동안 여행했다는 뜻은 아니고 빛이 날아오는 동안 우주가 그만큼 크게 팽창되었음을 의미한다. 다행히도 여기에 약간의 가정과 근사식을 적용하면 실제로 빛이 여행하는 데 걸린 시간을 계산할 수 있다.

앞에서 설명한 바와 같이 광도 거리는 초신성의 겉보기등급에서 유추한 거리이다. 고전적으로 거리와 밝기 사이에는 간단한 관계가 성립한다. 거리가 2배로 멀어지면 밝기는 4배로 감소한다. 그러나 팽창하는 우주에서는 상황이 좀 더 복잡해진다. 우주가 팽창할수록 빛은 점점 더 넓게

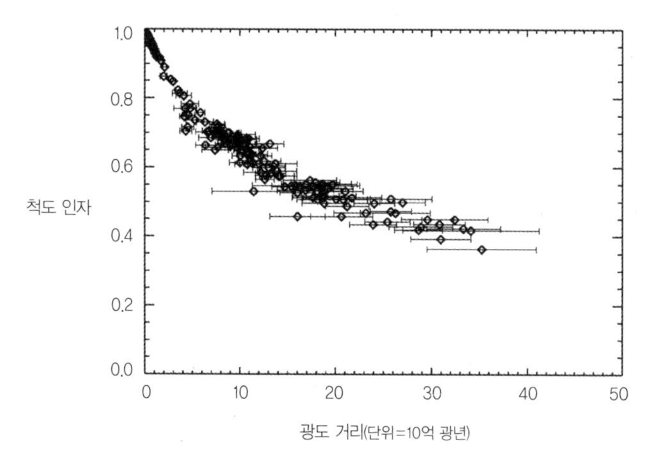

[그림 11-12] 더 멀리 있는 초신성을 기준으로 구한 광도 거리와 척도 인자 사이의 관계.
출처 : A. Riess et al, "Type Ia Supernovae Discoveries at z>1 from the Hubble Space Telescope : Evidence for Past Deceleration and Constraints on Dary Energy Evolution", 2004.
A. Riess et al, "New Hubble Space Telescope Discoveries of Type Ia Supernovae at z>1", 2006(이 논문은 www.arxiv.org/abs/astro-ph/0611572에서 조회 가능).

퍼지고, 광원은 더 희미하게 보인다. 게다가 빛의 파장이 길어질수록 하나의 광자가 실어 나르는 에너지가 작아지기 때문에 지구에서 보이는 광원의 밝기도 낮아진다. 유클리드 기하학(평면 기하학)이 천문학적 스케일에 적용된다고 가정하면(이 가정은 제12장에서 다시 등장할 것이다) 팽창 때문에 희미해진 밝기를 복원하여 '은하까지의 현재 거리[이 거리를 '좌표 거리(coordinate distance)'라고 한다]와 척도 인자 사이의 관계를 그래프로 나타낼 수 있는데 결과는 〈그림 11-13〉과 같다.

이 그림에서 가장 먼 좌표 거리는 150억 광년으로, 〈그림 11-12〉에서 구했던 가장 먼 광도 거리보다 훨씬 가깝다. 그러나 이것 역시 빛의 여행 시간이 150억 년이라는 뜻은 아니다. 좌표 거리는 '지구와 은하 사이의

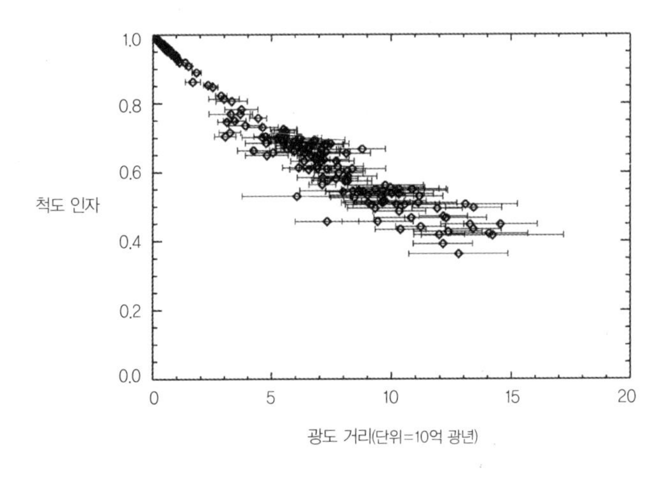

[그림 11-13] (우주 공간에 유클리드 기하학이 적용된다고 가정했을 때) 척도 인자와 광도 거리 사이의 관계.

현재 거리'인데, 우주는 탄생 직후부터 계속 팽창하고 있으므로 빛이 은하에서 방출되었을 무렵에는 지구와 은하 사이의 거리가 지금보다 훨씬 가까웠을 것이고, 따라서 빛이 실제로 여행한 거리는 좌표 거리보다 짧을 것이다.

약간의 수학적 계산을 거쳐 이 효과를 고려해 주면 우리의 최종 목표라 할 수 있는 '빛의 여행 시간과 척도 인자 사이의 관계'를 구할 수 있다(〈그림 11-14〉). 이 그래프를 보면 과거로 거슬러 갈수록 척도 인자가 작아진다는 것을 분명하게 알 수 있다. 전체적으로 데이터들이 직선을 따라가는 경향이 있는데 이것은 지난 100억 년 동안 척도 인자의 증가율이 거의 일정했다는 뜻이다. 더 먼 과거에도 이런 식으로 팽창이 진행되었다면 150억 년 전의 척도 인자는 0이 된다. 이는 곧 은하들 사이의 거리가 0이라는 뜻이므로 지금으로부터 150억 년 전에는 우주의 밀도가 무한히 컸다는 결론에 도달하게 된다. 무한대의 밀도는 바로 빅뱅이 일어

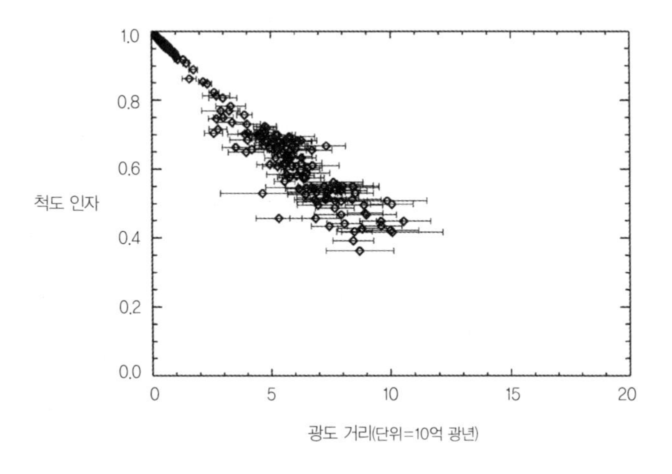

[그림 11-14] 빛의 여행 시간과 척도 인자 사이의 관계.

나던 무렵의 우주를 의미하는데 이 시점으로 가면 모든 우주론이 먹통이 되면서 더 이상 할 말이 없어진다. 그러므로 이 시점을 우주의 탄생으로 간주하여 나이를 매기는 것이 논리적으로 타당할 것이다.

〈그림 11-14〉의 그래프를 직선으로 간주하면 우주의 나이를 쉽게 구할 수 있다. 그러나 지난 몇 년간 새로운 천문 관측이 이루어지면서 그 결과는 크게 개선되었다. 제12장에서는 새로 얻어진 천문 데이터와 빅뱅이 일어난 시기를 추정하는 새로운 방법을 소개할 것이다.

더 읽을 거리

· Roger A. Freedman and William J. Kaufmann, *Universe* 6th ed, Freeman and Co., 2001.(우주론과 우주팽창을 다룬 일반적인 입문서)

· Various authors, "Four Keys to Cosmology", *Scientific American*, 2004.(최신 이론과 실험 결과)

· W. L. Freedman and M. S. Turner, "Cosmology in the New Millenium", *Sky and Telescope*, 2003.(최신 이론과 실험 결과)

· www.arxiv.org(최신 이론과 실험 결과)

· A. Liddle, *An Introduction to Modern Cosmology*, John Wiley, 2003.(우주론을 주제로 한 신간)

· S. Dodelson, *Modern Cosmology*, Academic Press, 2003.(우주론을 주제로 한 신간)

· B. Schutz, *A First Course in General Relativity*, Cambridge University Press, 1994.(일반상대성이론 입문)

· J. Hartle, *Gravity : An Introduction to General Relativity*, Addison-Wesley, 2003.(일반상대성이론 입문)

· S. Carroll, *Spacetime and Geometry : An Introduction to General Relativity*, Addison-Wesley, 2003.(일반상대성이론 입문)

· W. Freedman et al, "Final Results from the Hubble Space Telescope Key Project to Measure the Hubble Constant", *Astrophysical Journal* 553, 2001, pp.47-72.(케페우스 변광성을 이용한 거리 측정 결과)

· A. Riess et al, "New Hubble Space Telescope Discoveries of Type Ia Supernovae at z〉1", 2006.(Ia형 초신성 측정과 관련된 최신 논문, www.arxiv.org/abs/ astro-ph/0611572에서 조회 가능).
· A. Riess et al, "Type Ia Supernovae Discoveries at z〉1 from the Hubble Space Telescope : Evidence for Past Deceleration and Constraints on Dary Energy Evolution", *Astrophysical Journal* 607, 2004, pp.665-687.(Ia형 초신성 측정과 관련된 최신 논문)
· John L. Tonry et al, "Cosmological Results from High-z Supernovae", *Astrophysical Journal* 594, 2003, pp.1-24.(Ia형 초신성 측정과 관련된 최신 논문)
· R. Knop et al, "New Constraints on Ω_M, Ω_Λ, and w from an Independent Set of 11 High-Redshift Supernovae Observed with the Hubble Space Telescope", *Astrophysical Journal* 598, 2003, pp.102-137.(Ia형 초신성 측정과 관련된 최신 논문)
· P. Astier et al, "The Supernova Legacy Survey : Measurement of Ω_M, Ω_Λ, and w from the First Year Data Set", *Astronomy and Astrophysics* 447, 2006, pp.31-48.(Ia형 초신성 측정과 관련된 최신 논문)

· http://cfa-www.harvard.edu/cfa/oir/ Research/supernova/HighZ.html(높은-Z 초신성 관측 프로젝트의 현황 소개)

· http://panisse.lbl.gov(현재 초신성을 찾고 있는 천문연구 팀과 초신성 우주론 프로젝트 소개)

제 12 장

우주의 나이를 좌우하는 변수

이집트 역사학자들이 피라미드의 건축 연대를 정확하게 알아냈던 것처럼 우주론 학자들도 우주의 기원과 나이를 밝히기 위해 방대한 양의 연구 업적을 쌓아 왔다. 이 분야는 하루가 다르게 새로운 관측이 이루어지고 있기 때문에 모든 내용을 한 권의 책에 담는 것은 거의 불가능하다. 독자들이 서가에서 어떤 책을 고르더라도 현재 알려진 우주론의 일부밖에 담겨 있지 않을 것이다.

우주의 기원을 이해하려면 먼저 우주의 구조와 구성 성분을 알아야 한다. 여기에 일반상대성이론까지 고려하면(물론 당연히 그래야 한다) 우주를 구성하는 물질과 시공간의 기하학적 구조가 직접적으로 연관되어 있음을 알게 된다. 따라서 우주 팽창의 역사는 그 안에 존재하는 물질의 특성에 의해 좌우되어 왔다고 할 수 있다.

우주의 구성 물질에 대해서는 아직도 학계의 의견이 분분하고, 개중에는 전혀 밝혀지지 않은 부분도 있다. 지금까지 얻어진 관측 데이터에 의하면 우주의 대부분은 원자나 원자핵 또는 전자와 같이 우리에게 친숙한 물질로 이루어져 있지 않다. 이 미지의 물질에 대한 정체를 규명하기 위해 그동안 수많은 연구가 시도되었지만, 아직도 수수께끼는 풀리지 않고 있다. 우주론학자들은 방대한 데이터에 파묻힌 채 우주의 기원을 찾아 지금도 고군분투하고 있다.

팽창하는 우주-자세히 보기

제11장에서 언급했던 초신성 관측은 우주의 역사를 추적하는 여러 가지 방법 중 하나이다(《그림 12-1》). 여기서 얻어진 데이터에 의하면, 우주의 척도 인자(은하들 사이의 평균 거리)는 지난 수십 억 년 동안 거의 일

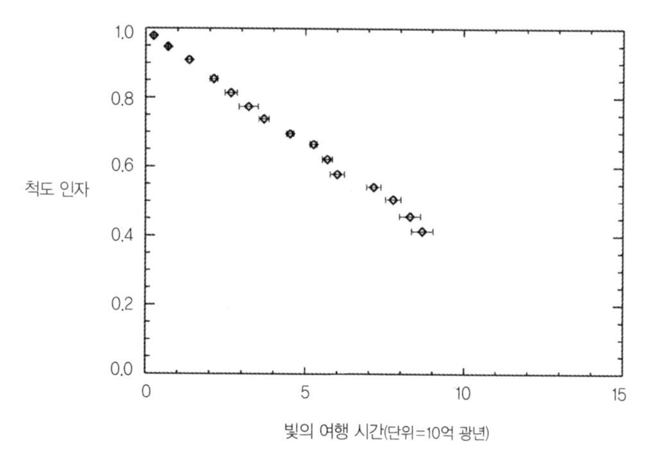

[그림 12-1] 우주의 척도 인자와 시간의 상관관계. 과거의 척도 인자는 초신성을 관측하여 얻은 데이터에서 유추한 것이다. 이 그림은 제11장에 제시된 그래프와 본질적으로 동일하지만 여러 개의 은하들을 평균값으로 간소화하여 가독성을 높였다. 단, 여기에는 우주 공간에 유클리드 기하학이 적용된다는 가정이 깔려 있다.
출처 : Adam G. Riess et al, "Type Ia Supernovae discoveries at z>1", *Astrophysical Journal* 607, 2004, pp.665-687.
Adam G. Riess et al, "New Hubble Space Telescope Discoveries of Type Ia Supernovae at z>1", 2006(이 논문은 www.arxiv.org/abs/astro-ph/0611572에서 조회할 수 있다).

정한 비율로 증가해 왔다. 지금까지 얻어진 데이터는 척도 인자가 현재의 약 2분의 1인 시점(즉 은하들 사이의 평균거리가 지금의 절반이었던 시기)까지로 한정되어 있지만 이것만으로도 우주의 나이와 구성 성분에 가해지는 어떤 제한조건을 찾아낼 수 있다.

우주 공간의 물질 분포가 어디서나 균일하다는 가정하에[1] 일반상대성이론의 장방정식을 풀어 보면 공간의 단위 부피당 함유된 평균에너지(우주의 에너지밀도)와 시간에 대한 척도 인자의 변화율(팽창율) 사이의 관계가 얻어진다. 기본적으로는 에너지밀도가 높을수록 팽창율이 크고, 에너지밀도가 작으면 팽창율도 작아진다.[2] 그러므로 〈그림 12-1〉에 제시된 우주 팽창의 역사는 우주의 평균에너지 변천사와 밀접하게 연관되어 있다. 그런데 데이터를 분석해 보면 우주의 에너지는 일상적인 물질과 전혀 다른 이상한 방식으로 변해 왔음을 알 수 있다.

아인슈타인의 에너지 보존 법칙에 의하면 일상적인 원자가 가지고 있는 에너지의 대부분은 다양한 입자의 '질량'에 밀집되어 있다. 따라서 일상적인 물질의 에너지밀도는 단위 부피에 들어 있는 원자의 수에 비례한다. 우주가 팽창하면서 척도 인자가 커지면 입자들 사이의 간격이 멀어지므로 에너지밀도는 시간이 흐를수록 감소해야 한다.

예를 들어 척도 인자가 2배로 커졌다면 입자들 사이의 평균 거리도 모든 방향으로 2배씩 멀어지고, 에너지밀도는 8분의 1로 감소한다. 즉

1) 물론 우주 공간의 물질 분포가 완전하게 균일하지는 않다. 은하나 은하단이 밀집되어 있는 공간이 있는가 하면, 아무것도 없이 텅 빈 공간도 있다. 그러나 거시적인 스케일에서 평균을 취한 결과, 공간의 밀도는 거의 균일한 것으로 알려져 있다.

2) 이것을 좀 더 정확하게 표현하면 이렇다. 우주가 유클리드 기하학으로 서술된다면 척도 인자의 시간에 따른 변화율은 우주의 평균에너지밀도에 비례한다.

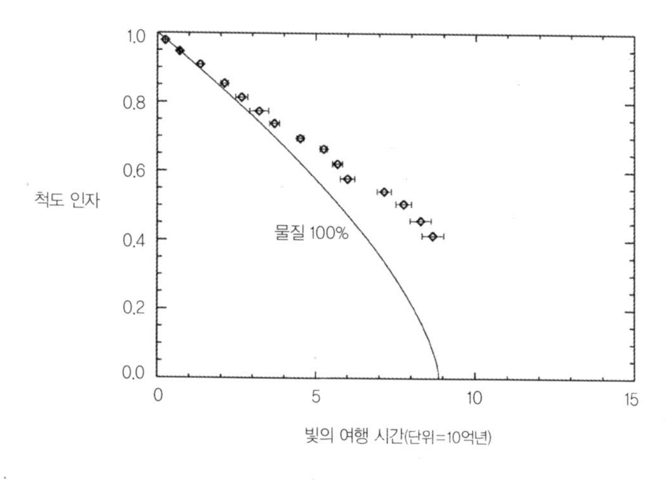

[그림 12-2] 관측을 통해 얻어진 우주 팽창 데이터와 우주가 오직 물질만으로 이루어졌다는 가정하에 이론적으로 계산된 곡선의 비교(유클리드 기하학이 적용).

척도 인자가 커지면 물질 속의 에너지밀도는 척도 인자의 세제곱에 반비례하여 작아진다. 만일 우주에 오직 물질만 존재한다면 에너지밀도가 너무 빠르게 감소하여 팽창 속도에 제동이 걸릴 것이다. 이때가 되면 척도 인자가 커질수록 팽창 속도는 감소하게 된다.

일반상대성이론의 방정식을 풀면 우주에 '오직' 일상적인 물질(원자 등)만 존재할 때 척도 인자가 어떻게 변해 왔는지 알 수 있다. 이 계산 결과는 〈그림 12-2〉에 곡선으로 표시되어 있다. 척도 인자가 작을수록 기존의 데이터(〈그림 12-1〉과 동일)보다 곡선의 경사가 크게 나타나는 것은 과거에 팽창 속도가 더 빨랐다는 뜻이다. 이 그래프는 우주가 오직 물질로만 이루어져 있다는 가정하에 우주의 팽창 속도가 어떻게 변해 왔는지를 보여 주고 있다. 그런데 관측 데이터가 이론적 계산 결과와 일치하지 않고 있으므로, 우리의 우주에 물질이 아닌 다른 무엇이 존재할 가능성을 배제할 수 없다.

이 사실이 처음 밝혀졌을 때, 천문학계는 일대 충격에 휩싸였다. 그러나 가만히 생각해 보면 그렇게 놀랄 만한 일도 아니다. 은하와 은하단의 내부에 원자가 아닌 다른 물질이 존재한다는 증거는 이미 수십 년 전에 발견된 상태였다. 멀리 있는 별이나 별의 집단이 마치 태양 주변을 공전하는 행성들처럼 어떤 점을 중심으로 궤도운동을 하고 있었던 것이다. 천문학자들은 별들이 움직이는 속도를 측정하여 은하계 전체의 질량을 계산했는데 놀랍게도 그 결과는 은하계 안에 있는 별들과 먼지, 기체 등 모든 질량을 합한 것보다 5배나 많은 값이었다.

일부 천문학자들은 이것이 표준 중력이론에서 볼 수 없었던 중력의 특이한 성질 때문이라고 생각했다. 즉 평범한 거리에서는 중력이 우리가 알고 있는 방식대로 작용하지만, 천문학적 스케일에서는 전혀 다른 방식으로 작용할 수도 있다는 것이었다. 그러나 대부분의 천문학자들은 우리의 눈에 보이는 일상적인 물질 이외에 무언가 특이한 물질이 은하계 안에 존재한다고 생각했다.

이 미지의 물질은 빛을 방출하지 않기 때문에 '암흑물질(dark matter)'이라고 명명되었지만 어느 누구도 그 정체를 규명하지 못했다. 우리에게 친숙한 물질을 구성하고 있는 양성자, 중성자, 전자 등은 빛과 상호작용을 하기 때문에 눈이나 광학기계를 통해 볼 수 있다. 따라서 암흑물질을 이루는 기본입자들이 빛이나 원자와 상호작용을 하지 않는다면 눈에 보이지 않을 수도 있을 것이다. 지금도 몇몇 실험실에서는 암흑물질을 직접 관측하는 방법을 연구하고 있으며 암흑물질이 우주 전역에 퍼져 있다는 증거를 찾기 위해 다양한 천문 관측이 시도되고 있다.

눈에 보이지 않는 암흑물질도 신기하지만 초신성을 관측하여 얻은 데이터도 그에 못지않게 신기하다. 암흑물질의 정체가 무엇이건 간에 우주가 팽창할수록 암흑물질의 밀도는 작아져야 한다. 암흑물질이 보통 물질처럼 질량이 있는 기본 입자로 구성되어 있다면 에너지밀도는 입자의 수에 비례할 것이다. 따라서 우주가 팽창함에 따라 암흑물질의 에너지밀도는 평범한 원자의 경우처럼 빠르게 감소해야 한다. 또한 암흑물질이 제아무리 신기한 존재라고 해도, 은하의 내부에 밀집되어 있어야 한다. 그렇지 않으면 지금까지 관측된 별과 기체의 움직임을 설명할 수 없기 때문이다. 우주가 팽창하면서 은하들이 서로 멀어질수록 암흑물질의 에너지밀도는 별이나 기체의 에너지밀도처럼 감소해야 한다. 그렇다면 '암흑물질로 가득 찬 우주'는 '일상적인 물질로 가득 찬 우주'와 근본적으로 같아야 하는데, 관측결과는 그렇지 않다.[3)]

초신성을 관측하여 얻은 데이터는 '우주가 팽창해도 밀도가 빠르게 감소하지 않는' 에너지의 존재를 강하게 시사하고 있다. 천문학의 전문용어를 빌어서 표현하자면 이 에너지는 일상적인 물질이나 암흑물질과 '상태방정식(equation of state)'이 다르다. 천문학자들은 일반상대성이론이 처음 등장했던 무렵부터 이 신기한 에너지의 기원을 추적해 왔다.

사실 아인슈타인이 자신의 장방정식에 도입했던 상수 람다(Λ)는 이 에너지로 해석될 수도 있다. 이 상수가 처음 도입되던 무렵에는 은하의 거리와 적색편이 사이의 관계가 알려지지 않았기 때문에 아인슈타인은 우주가 팽창한다는 사실을 모르고 있었다(몰랐던 게 아니라, 팽창설에 반대하는 입장이었다 — 옮긴이). 그는 람다를 장방정식에 도입하여 정적인 우주

3) 천문학자들은 암흑물질과 원자를 하나로 묶어서 그냥 '물질(matter)'이라고 부르기도 한다.

(팽창하지도, 수축되지도 않는 우주)를 서술하는 해를 구하는 데 성공했다. 방정식을 풀어서 구하기는 했지만 사실 이것은 아인슈타인이 개인적으로 선호하는 우주 모형이기도 했다. 그러나 그는 나중에 우주가 팽창하고 있다는 사실을 알고 난 후 자신이 도입했던 우주상수 람다를 철회하면서 '일생일대의 큰 실수'였음을 인정했다.

사실 아인슈타인의 실수는 나름대로 유용한 점이 있었다. 람다의 가능한 값 중 하나는 우주의 팽창을 동결시키는 역할을 하고, 다른 값들은 좀 더 복잡한 형태로 우주의 팽창 속도에 영향을 준다. 그래서 아인슈타인의 상수는 지금도 다양한 상태방정식을 갖는 에너지장(energy fields)으로 해석되고 있다. 그러나 당시의 과학자들은 이 가상의 장 때문에 엄청난 혼란을 겪었다. 어떤 때는 모순되는 실험 결과를 이해하는 데 결정적인 단서를 제공하는가 하면, 또 어떤 경우에는 이론이나 실험에 내재된 문제를 더욱 모호하게 만들기도 했다.

최근에는 초신성 관측 데이터가 이 괴상한 에너지의 존재와 맞아떨어지면서 가끔씩 '퀸테센스(quintessence, 제5원소)'라는 우아한 이름으로 불리기도 하지만 가장 일반적으로 통용되는 이름은 '암흑에너지(dark energy)'이다(그래서 이 책에서도 이 용어를 사용할 것이다). 이 용어는 앞에서 언급한 '암흑물질'과 발음이 비슷해서 혼동하기 쉬운데, 사실 이들은 매우 다른 특성을 가지고 있다. 암흑물질은 은하에 집중되어 있는 미지의 물질로서 우주가 팽창함에 따라 밀도가 작아진다는 점에서 보통 물질과 비슷하지만 암흑에너지는 이런 식으로 행동하지 않는다.

암흑에너지의 기본적인 형태 중 하나는 공간 자체의 특성과 연관된 진공에너지(vacuum energy, 우주상수라고도 한다)이다. 진공에너지가 존재하면 아무것도 없는 진공 중에서도 단위 부피당 에너지는 0이 아니다. 임의의 부피 안에 함유된 암흑에너지의 양은 그 안에 들어 있는 입자의 개수와 무관하므로 암흑에너지의 밀도는 척도 인자와 상관없이 고유의 값을 갖는다. 그러므로 우리의 우주에 함유되어 있는 에너지의 대부분이 암흑에너지의 형태로 존재한다면, 척도 인자가 커져도 팽창 속도는 감소하지 않을 것이다. 실제로 진공에너지밀도는 시간이 흘러도 변하지 않기 때문에 척도 인자에 대한 팽창 속도의 비율도 변하지 않으며 따라서 척도 인자가 커질수록 팽창 속도도 빨라진다.[4]

우주론학자들은 진공에너지 이외에 다른 형태의 암흑에너지를 가정하고 있는데 이 에너지의 밀도는 척도 인자의 변화에 대하여 완벽한 불변량이 아니다. 그러나 문제를 좀 더 단순화하기 위해 이 책에서는 암흑에너지가 진공에너지와 같은 방식으로 행동한다고 가정할 것이다(그다지 무리한 가정은 아니다).

〈그림 12-3〉은 우주의 모든 에너지가 암흑에너지의 형태로 존재한다는 가정하에 시간에 따른 척도 인자의 변화 곡선을 계산하여 기존의 그래프에 추가한 것이다. 암흑에너지 100퍼센트를 가정한 곡선은 척도 인자가 커질수록 경사가 서서히 급해지는데 이것은 우주의 팽창 속도가 점차 빨라지고 있음을 의미한다. 그래프에 찍힌 데이터들은 '암흑에너지

4) 여기서 독자들은 이런 의문을 떠올릴 수도 있다. "에너지는 보존되는 양이라고 하던데, 우주가 팽창해도 암흑에너지 밀도가 변하지 않는다면 필요한 암흑에너지 추가량은 어디서 조달된다는 말인가?" 물론 이것은 매우 논리적이고 명쾌한 질문이지만, 안타깝게도 해답은 그리 간단하지 않다. 일반상대성이론에 의하면 시간과 공간은 동적인 양이어서 어떤 물리량의 보존여부를 판단하기가 쉽지 않다. 에너지가 우주 공간을 이동하는 과정을 이해하려면 엄청나게 복잡한 수학적 과정을 거쳐야 하는데 이 부분은 나 자신도 이해가 부족하여 설명하기가 곤란하다. 이 문제에 관하여 자세한 내용을 알고 싶은 독자들은 이 장의 끝부분에 첨부된 '더 읽을 거리'를 참고해 주기 바란다.

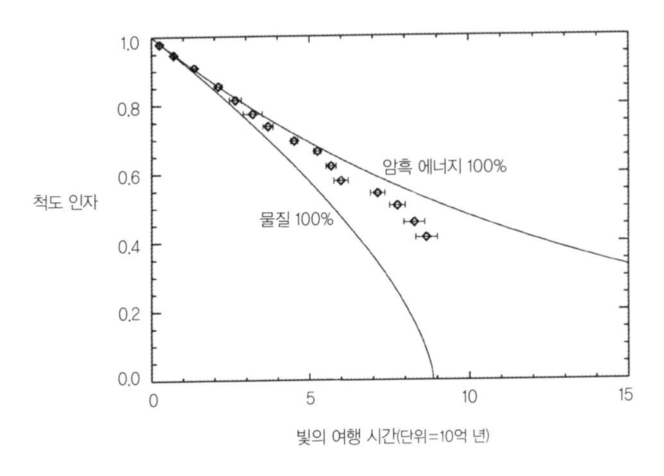

[그림 12-3] 관측을 통해 얻어진 우주-팽창 데이터와 우주가 오직 물질 또는 암흑에너지만으로 이루어졌다는 가정하에 이론적으로 계산된 곡선의 비교(유클리드 기하학이 적용).

100퍼센트' 곡선에 더 가까워졌지만 아직 만족스러운 정도는 아니다. 데이터의 대부분이 두 곡선 사이에 놓여 있다는 것은 우주가 일상적인 물질과 암흑에너지의 혼합으로 이루어져 있음을 의미한다. 은하를 비롯한 천체들은 지구에서 관측이 가능하므로 우주에 물질이 존재한다는 것은 분명한 사실이다. 우주가 팽창하면 물질의 밀도는 감소하지만 암흑물질의 밀도는 변하지 않기 때문에 물질과 암흑에너지가 공존한다는 가정에서 척도 인자의 변화를 계산하려면 복잡한 수학적 과정을 거쳐야 한다.

물론 우주론 학자들은 이 계산도 해 놓았다. 이런 경우에는 총 에너지 밀도가 시간에 따라 변하게 된다. 과정이 다소 복잡하긴 하지만, 물질과 암흑에너지가 다양한 비율로 섞여 있다는 가정하에 실행된 계산 결과는 〈그림 12-4〉와 같다(그림에 표기된 물질과 암흑에너지의 성분비는 과거가 아닌 '현재'의 성분비를 의미한다). 그림을 보면 데이터와 가장 가까운 것이

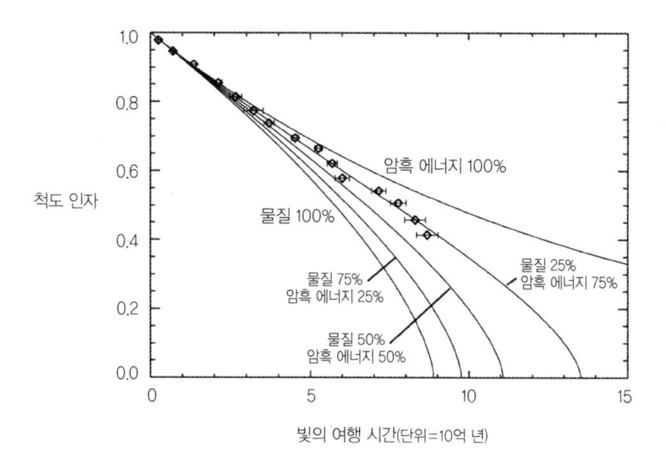

[그림 12-4] 관측을 통해 얻어진 우주 팽창 데이터와 우주가 물질과 암흑에너지의 혼합이라는 가정하에 이론적으로 계산된 곡선의 비교(유클리드 기하학이 적용). 여기 제시된 수치들은 과거가 아닌 현재의 성분비를 나타낸다.

'암흑에너지 75퍼센트'에 해당하는 곡선이므로, 우리의 우주에는 물질과 암흑에너지가 1 대 3으로 섞여 있을 가능성이 높다. 앞서 지적한 바와 같이 이것만으로는 암흑물질과 보통물질의 성분비를 알 수 없지만, 다른 관측 데이터에 의하면 약 5 대 1 정도일 것으로 짐작된다.

그런데 왜 하필 이런 비율로 섞여 있는 것일까? 천문학자들도 아직 마땅한 해답을 찾지 못했다. 혹은 초신성 관측 데이터가 다른 요인에 의해 교란되어 완전히 잘못된 결론에 이른 것일지도 모른다. 우주론 학자들도 이 가능성을 충분히 고려하여 다른 방법을 통한 검증을 시도하고 있다.

이것으로 계산을 마무리 지을 수 있다면 좋겠지만 다른 천문 관측 데이터에 의하면 앞에서 얻은 결과에 약간의 수정이 가해져야 한다. 그런데 이 새로운 데이터는 초신성의 경우처럼 쉽게 얻을 수 있는 정보가 아니다. 예를 들어 초신성 관측 데이터만으로는 우주 공간의 에너지밀도에

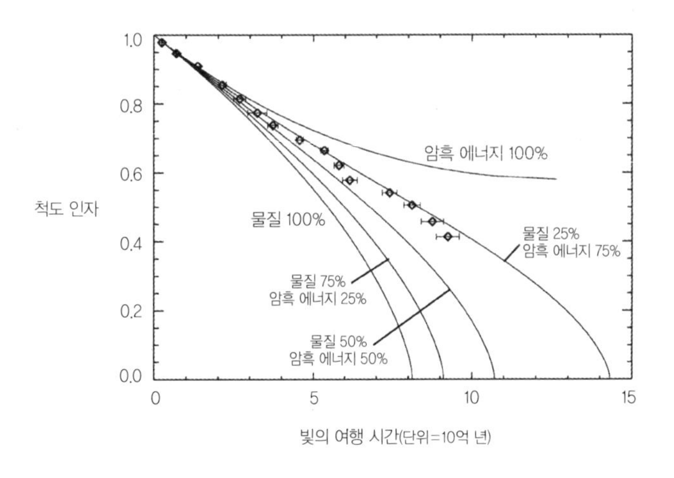

[그림 12-5] 관측을 통해 얻어진 우주 팽창 데이터와 우주가 물질과 암흑에너지의 혼합이라는 가정하에 이론적으로 계산된 곡선의 비교(우주의 에너지밀도가 임계값보다 50퍼센트 크다는 가정하에 비-유클리드 기하학이 적용).

대한 어떤 제한조건도 이끌어 낼 수 없다. 천문학자들은 현재의 에너지 밀도가 어떤 임계값(critical value)과 일치한다고 가정하고 있다.

만일 현재의 총 에너지밀도가 이 임계값보다 50퍼센트 크다면 〈그림 12-4〉의 그래프는 〈그림 12-5〉와 같이 변형된다. 에너지밀도가 달라지면 팽창 속도도 변하기 때문에 곡선의 형태가 이전과 조금 달라졌다. 그러나 이와 함께 데이터의 위치도 조금 달라졌음을 유의하기 바란다(그림 상으로는 눈에 잘 보이지 않을 것이다). 우주의 총 에너지밀도가 공간의 기하학적 구조에 영향을 미쳐서 은하까지의 거리가 달라졌기 때문이다. 제 11장의 끝부분에서 은하까지의 겉보기거리로부터 계산된 빛의 여행 시간도 우주의 총 에너지에 따라 달라진다.

이 경우에도 관측 데이터와 가장 잘 일치하는 것은 '물질 25퍼센트, 암흑에너지 75퍼센트' 곡선이다. 따라서 물질과 암흑에너지의 비율은 우주에 존재하는 만물(물질+암흑에너지)의 총량과 거의 무관하다고 할 수 있다. 그러나 두 경우 모두(〈그림 12-4〉과 〈그림 12-5〉) 데이터와 잘 일치하는 곡선이 존재하기 때문에, 우주의 총 에너지밀도에 대해서는 별다른 정보를 얻을 수 없다. 그리고 이것만으로는 빅뱅이 일어난 시기도 알 수 없다. 우리의 논리에 의하면 빅뱅이 일어났던 순간에 우주의 척도 인자는 0이었다. 현재 우주의 에너지밀도가 임계값과 일치한다는 가정하에 그려진 〈그림 12-4〉에 의하면, 빅뱅이 일어난 시기는 140억 년 전 이내이다. 그러나 에너지밀도를 50퍼센트 높게 가정한 〈그림 12-5〉에서 빅뱅이 일어난 시기는 140억 년이 넘는다.

우주 만물의 성분비와 우주의 역사 그리고 우주의 나이를 정확하게 파악하려면 초신성 이외에 다른 관측 자료를 함께 분석해야 한다. 다행히도 최근에 마이크로파 우주배경복사(cosmic microwave background radiation, CMB)를 관측하여 얻은 데이터들이 우주의 총 에너지밀도와 빅뱅이 일어난 시기에 대하여 중요한 정보를 제공해 주고 있다.

우주배경복사

마이크로파 우주배경복사의 가장 큰 특징은 그 이름 안에 함축되어 있다. 우선 '마이크로파'라는 단어로부터 우주배경복사가 전자기파 복사의 일종임을 알 수 있다. 다시 말해서 우주배경복사는 X선이나 라디오파, 가시광선, 자외선, 적외선 등과 같은 종류라는 뜻이다. 이 파동들은 각기 다른 파장을 가지고 있지만 모두 전자기파에 속한다(〈그림 12-6〉).

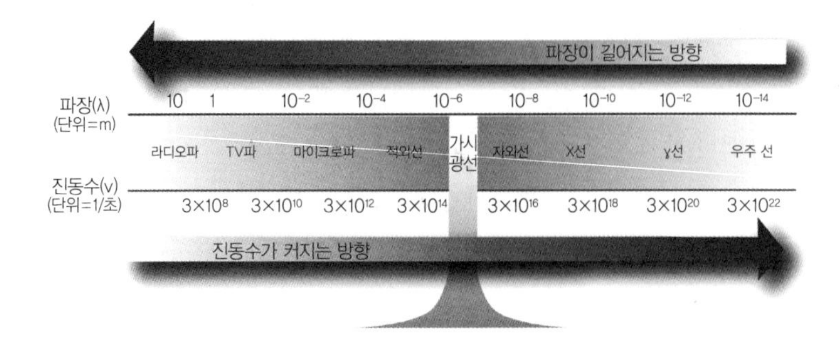

[그림 12-6] 전자기파의 스펙트럼 분포.

이들 중 X선과 γ선은 파장이 가장 짧은 축에 속하고(약 1/10억 미터), 가장 파장이 긴 것은 라디오파이다(수 미터에서 수 킬로미터에 이르는 것도 있다). 마이크로파는 1밀리미터~10센티미터에 이르는 파장을 가지고 있어서 비교적 파장이 긴 축에 속한다. 이 파장은 적외선보다 길고, TV나 라디오 방송에 사용되는 라디오파보다는 짧다.

천문학자들은 특수한 천체망원경을 이용하여 우주 전역에서 날아오는 우주배경복사를 꾸준하게 관측해 왔다.[5] 우주배경복사의 배경(background)은 하늘 전체에 걸쳐 거의 고르게 분포되어 있으며 우주 공간을 가득 메우고 있는 것으로 추정된다. 우주배경복사의 스펙트럼은 〈그림 12-7〉과 같이 별의 열방출(thermal emission)과 비슷한 패턴으로 나타나는데, 곡선의 모양은 모든 빛을 흡수하는 흑체(black body)의 복사 스펙트럼과 거의 일치한다. 흑체에서 방출되는 빛의 스펙트럼은 흑체의 구성 성분이 무엇이건 간에 온도만 알고 있으면 이론적으로 계산할 수 있다.

5) 우주배경복사의 존재는 가정용 TV로도 확인할 수 있다. 방송이 송출되지 않는 채널에 TV를 맞췄을 때 화면에 나타나는 작은 점들이 바로 우주배경복사의 흔적이다.

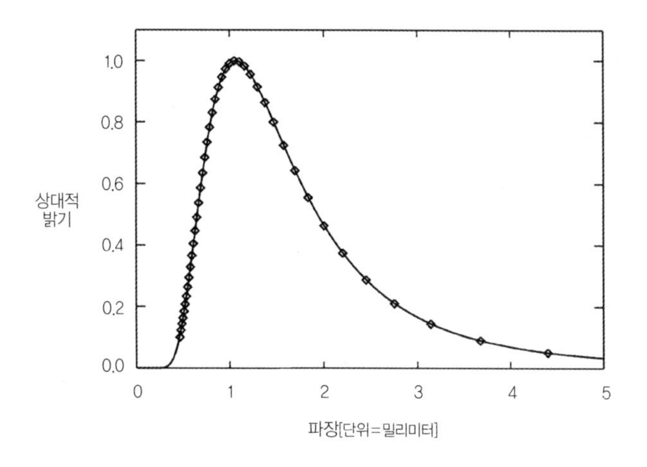

[그림 12-7] 마이크로파 우주배경복사의 스펙트럼. 그래프상의 각 점들은 각기 다른 파장에서 우주배경복사의 밝기를 측정한 값이고, 매끄러운 곡선은 온도가 2.7K인 흑체의 복사스펙트럼을 이론적으로 계산한 결과이다. 이 스케일에서는 이론과 관측 데이터 사이 차이가 거의 눈에 띄지 않을 정도로 잘 일치하고 있다.
출처 : D. Fixsen et al. "The Cosmic Microwave Background Spectrum from the Full COBE FIRAS Data Set", *Astrophysical Journal* 473, 1996, pp.573–586.

온도가 낮으면 긴 파장 쪽에서 피크가 생기고 온도가 높아지면 피크가 짧은 파장 쪽으로 이동한다. 마이크로파 복사의 스펙트럼은 파장이 약 1밀리미터인 영역에서 피크가 발생하는데 이것은 전형적인 별의 스펙트럼에서 피크가 발생하는 파장보다 수천 배나 길다(제10장). 따라서 우주배경복사의 겉보기온도는 절대 0도(0K, 약 영하 273도)보다 조금 높은 정도로 별의 표면과는 비교가 안 될 정도로 낮다.

완벽한 흑체가 이렇게 낮은 온도의 스펙트럼을 보이는 경우는 그리 흔치 않다. 정의에 의하면 어떤 물체가 흑체복사와 동일한 패턴의 복사를 방출하려면 넓은 파장대의 전자기파 복사와 강하게 상호작용하는 재질로 만들어져야 한다. 예를 들어 전자와 양성자 등 전기 전하를 띠고 있는 입자들이 자유롭게 돌아다니는 플라즈마(plasma) 상태의 물질은 전자기파와 강하게 결합하여 흑체복사 스펙트럼과 거의 동일한 형태의 열복사를 방출한다. 그러나 플라즈마는 매우 높은 온도에서만 존재할 수 있다. 온도가 낮으면 하전입자들은 원자의 형태로 결합하기 때문에 순전하(net charge)가 없으며 이런 경우에는 은하의 스펙트럼과 같이 특정한 파장의 빛만을 방출한다(제11장). 즉 흑체복사는 주로 온도가 높은 물체에서 나타나는 현상이다. 금속이나 일부 고체들은 비교적 낮은 온도에서도 흑체복사와 비슷한 복사를 방출할 수 있지만, 우주 공간에 흩어져 있는 먼지나 수소기체가 절대 0도보다 조금 높은 극저온에서 흑체복사를 방출할 가능성은 거의 없다.

이 역설적인 상황을 이해하기 위해 팽창하는 우주를 다시 한 번 떠올려 보자. 우주가 팽창하면 광자들 사이의 거리가 멀어지고, 복사에너지는 더욱 넓은 영역에 퍼지게 된다. 그리고 이와 함께 광자의 파장도 일제히 길어진다(제11장). 우주가 팽창하면서 나타나는 이 두 가지 현상은 우주배경복사의 스펙트럼을 변화시킨다. 약간의 수학계산을 거치면 우주가 팽창해도 흑체복사 스펙트럼의 특성은 변하지 않고 겉보기 온도만 내려간다는 사실을 증명할 수 있다. 우주의 척도 인자가 2배로 커지면 우주배경복사의 온도는 반으로 떨어진다(여기서 말하는 온도는 섭씨온도가 아니라 절대온도이다—옮긴이). 즉 척도 인자가 지금보다 훨씬 작았던 과거에는 우주배경복사의 온도가 매우 높았다는 뜻이다.[6] 아주 먼 과거로 거슬러가면 우주배경복사의 온도는 플라즈마와 거의 비슷한 수준으로 높아진다.

---

6) 멀리 있는 은하단 근처에서 마이크로파 복사를 관측하면 우주배경복사의 온도가 시간에 따라 변해 왔다는 사실을 확인할 수 있다.

초기 우주 상태의 흔적

'우주' 배경복사는 매우 뜨겁고 밀도가 높았던 초기 우주 상태의 흔적이라고 할 수 있다. 빅뱅이 일어난 직후에 우주는 자유전자와 원자핵으로 이루어진 엄청나게 뜨거운 플라즈마 상태에서 X선과 자외선 등 고에너지 복사를 방출했다. 전자와 원자핵(양성자)이 운 좋게 결합하여 전기적으로 중성인 수소원자가 생성되면 곧바로 고에너지 광자가 나타나서 원자를 다시 낱개의 입자로 분해했다. 그러나 우주가 팽창하면서 온도가 내려가고 원자의 생성을 방해하던 광자는 더욱 넓게 퍼져갔으며 파장은 점차 길어졌다.

빅뱅이 일어나고 40만 년이 지났을 무렵에는 우주를 이온화된 상태로 유지해 왔던 자외선복사의 위력이 많이 약해져서 전자와 원자가 본격적으로 결합하여 중성원자가 만들어졌고 우주는 투명한 수소기체로 가득 차게 되었다. 그리고 광자와 물질 사이의 상호작용이 많이 약해졌기 때문에 우주론 학자들은 이 시기를 '완화기(decoupling)'라고 부른다. 이때부터 광자는 거의 똑바른 직선을 따라 움직이기 시작하여(물론 직선의 정의는 거시적 스케일에서 우주의 기하학적 구조에 따라 달라질 수 있다) 현재에 이르고 있다. 그사이에 광자는 적색편이가 거의 1,000배로 일어나서 과거에 가시광선이나 적외선이었던 빛이 마이크로파 영역까지 이동한 것이다.

우주배경복사 광자는 완화기 때부터 오늘날까지 줄곧 직선운동을 해 왔으므로, 각기 다른 방향에서 지구로 도달한 복사파는 처음 생성된 장소도 다르다. 그러므로 각 위치에 따른 우주배경복사의 변화 속에는 초기 우주의 특성이 고스란히 반영되어 있다. 즉 우주배경복사는 우주의 나이가 지금의 1퍼센트도 되지 않았던 무렵에 우주가 어떤 모습이었는지를 우리에게 보여 주고 있는 것이다.

40여 년 전에 우주배경복사가 처음 발견된 이후로 천문학자들은 소그룹을 이루어 우주배경복사의 국소적 차이(또는 비등방성)를 끈질기게 관측해 왔다. 1992년에는 우주배경복사 탐사 위성(Cosmic Background Explorer satellite)이 우주배경복사의 작은 차이를 일일이 추적하여 전체적인 지도를 완성했고, 그 후로 지상관측과 풍선관측 등 다양한 방법으로 지도를 개선해 오다가 2003년과 2006년에 '윌킨슨 마이크로파 비등방성 탐사 우주선[Wilkinson Microwave Anisotropy Probe(WMAP) spacecraft]'이 놀라울 정도로 세밀한 우주배경복사 지도를 완성하여 세계를 놀라게 했다. 일반인들은 이 지도를 보고 별다른 감흥을 느끼지 못하겠지만 사실 이것은 결코 단순한 관측 결과가 아니다. 우주배경복사의 지역에 따른 차이는 거의 1만 분의 1밖에 되지 않기 때문에, 극저온에 예민한 특수 장비를 새로 개발하고 관측 가능한 모든 지역을 샅샅이 뒤지는 등 엄청난 인력과 시간을 들여가며 일궈 낸 현대과학의 쾌거였다.

WMAP이 만들어 낸 우주배경복사 지도는 초기 우주에 관하여 엄청난 양의 정보를 제공해 주었다. 과학자들의 노력이 그에 합당한 보상을 받은 것이다. 우주배경복사가 평균보다 밝게 나타난 지역은 온도가 평균치보다 조금 높은 곳이고 평균보다 어두운 지역은 과거의 온도가 평균치보다 낮았음을 의미한다. 그 차이는 아주 미세하지만 이 약간의 차이로부터 초기 우주의 밀도가 균일하지 않았음을 알 수 있다. 압축된 상태에서는 기체와 플라즈마의 온도가 매우 높았으나 우주가 팽창하면서 온도가 낮아졌다. 따라서 우주배경복사 지도의 밝은 부분은 초기 우주에서 밀도가 컸던 부분에 해당된다. 이 지역에 있던 물질들이 서서히 뭉치면서 은하와 성단을 비롯하여 오늘날 우리의 눈에 보이는 천체로 진화한 것이다. 그러므로 우주배경복사의 밝기 차이를 분석하면 초기 우주의 전체적인 구조를 알 수 있다.

우주배경복사의 지역에 따른 변화를 분석하면 우주의 기원뿐만 아니라 우주의 전체적인 구성 성분과 공간의 기하학적 구조 그리고 우주의 나이에 관한 정보까지 얻을 수 있다. 우주배경복사에 이토록 많은 정보가 담겨 있는 이유는 초기 우주를 지배하던 역학이 은하와 같은 천체를 지배하는 역학법칙보다 훨씬 단순했기 때문이다. 은하는 별과 기체, 암흑물질이 뭉쳐 있는 곳도 있고 텅 빈 공간도 있는 등 장소에 따라 밀도가 천차만별이다. 밀도가 큰 곳은 매우 복잡한 형식으로 주변 물체에 영향을 미친다. 사람의 계산 능력으로는 이런 복잡한 상황을 도저히 분석할 수 없기 때문에 초대형 컴퓨터가 반드시 있어야 한다. 그러나 우주 초기에는 지역에 따른 온도 차이가 거의 없었으므로 한 지역을 집중적으로 분석하기만 하면 다른 지역은 근사적인 접근법을 사용하여 비교적 쉽게 분석할 수 있다. 그래서 초창기 우주를 연구하는 학자들은 복잡한 컴퓨터 시뮬레이션에 크게 의존하지 않고 이론과 관측 결과를 직접 비교할 수 있다. 뿐만 아니라 우주배경복사의 위치에 따른 차이가 매우 작기 때문에 한 지역이 그 주변 지역에 과도한 영향을 미치는 경우가 거의 없고 복잡한 구조가 나타나지도 않는다. WMAP가 만들어 낸 우주배경복사 영상 지도는 〈그림 12-8〉에 소개되어 있다. 보다시피 줄무늬나 원호와 같은 특정한 패턴이 전혀 없으며 다양한 크기의 밝고 어두운 반점들이 무작위로 분포되어 있다.

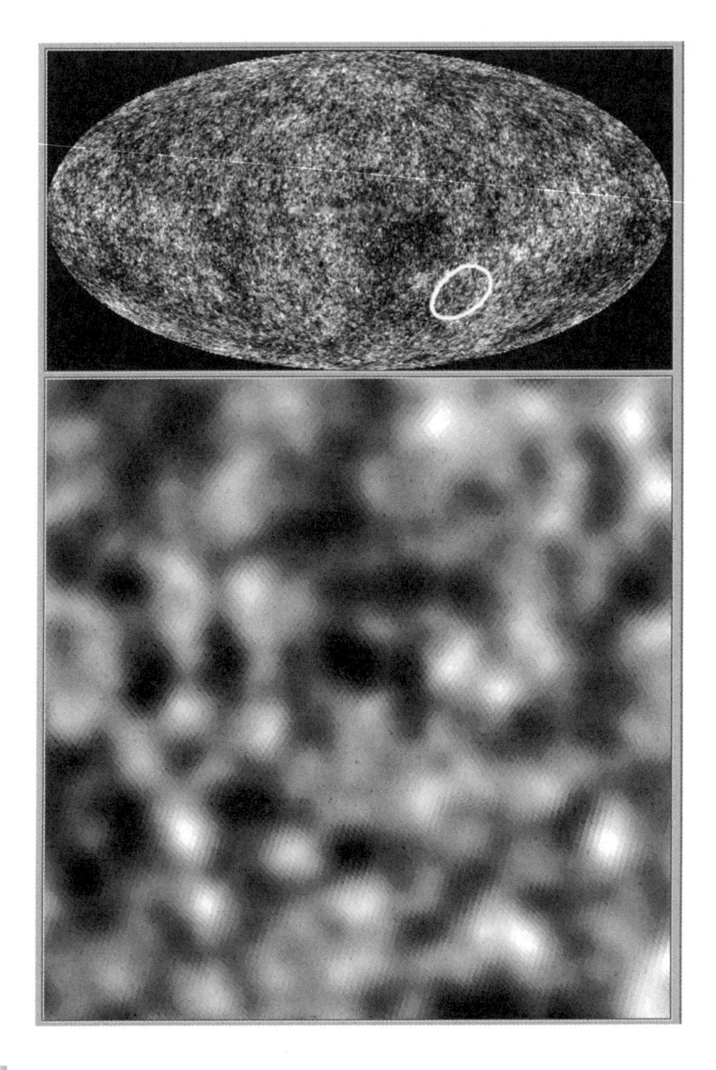

[그림 12-8] WMAP위성이 관측한 우주배경복사의 명암 분포. 가장 밝은 곳과 가장 어두운 곳의 온도 차이는 약 1만 분의 4도 정도이다. 위에 있는 영상은 전체 하늘의 우주배경복사 지도이고(사진의 중앙에 있는 작은 띠가 은하수에 해당된다), 아래 그림은 하얀 원의 내부를 확대한 것이다. 밝은 부분과 어두운 부분은 각자 고유의 크기를 갖고 있으며, 이 폭은 하늘을 바라볼 때 약 0.5도의 시야각에 해당된다.
출처 : http://space.mit.edu/home/tegmark/wmap.html, http://lambda.gsfc.nasa.gov/product/map/current/m_sw.cfm

우주배경복사 광자

〈그림 12-8〉에서 밝은 영역과 어두운 영역은 각자 고유의 크기를 가지고 있는데, 특히 가장 눈에 띄는 반점들은 약 0.5도의 시야각에 걸쳐 있다. 만일 우주배경복사의 위치에 따른 변동을 맨눈으로 볼 수 있다면 이 점들은 태양이나 보름달과 거의 같은 크기로 보일 것이다. 물론 태양과 달 그리고 우주배경복사의 반점들이 같은 크기라고 해서 이들이 같은 거리에 있다는 뜻은 아니다. 태양의 지름은 달의 400배이므로, 이들이 같은 크기로 보이는 것은 태양이 달보다 400배 멀리 있기 때문이다. 이와 마찬가지로, 태양에서 방출된 빛은 8분 20초면 지구에 도달하지만 CBM의 전령인 광자는 수십 억 년을 여행한 끝에 지구에 도달했으므로 조그만 반점이라고 해도 매우 멀고 방대한 영역에 해당된다. 만일 우주의 구성 성분과 나이를 정확하게 알고 있다면 우주배경복사 광자가 날아온 시간과 그사이에 우주 공간이 팽창된 정도로부터 반점의 실제 크기를 계산할 수 있다. 또는 그 반대로 우주배경복사에 나타난 반점의 실제 크기를 알고 있으면 우주의 나이와 구성 성분을 유추할 수 있다.

놀랍게도 우주론학자들은 우주배경복사의 차갑고 뜨거운 영역의 크기를 알아내는데 성공했다. 이 계산이 가능했던 것은 우주배경복사의 불규칙적인 패턴 속에 초기 우주의 위치에 따른 밀도 변화를 보여 주는 단서가 들어 있었기 때문이다. 우주배경복사 영상에서는 이 패턴이 금방 눈에 띄지 않지만, '파워스펙트럼(power spectrum)'이라는 데이터 처리 과정을 거치면 분명하게 나타난다(〈그림 12-9〉). 일반 스펙트럼에는 각 파장대별로 방출되는 빛의 강도가 표현되어 있지만 파워스펙트럼에는 하늘

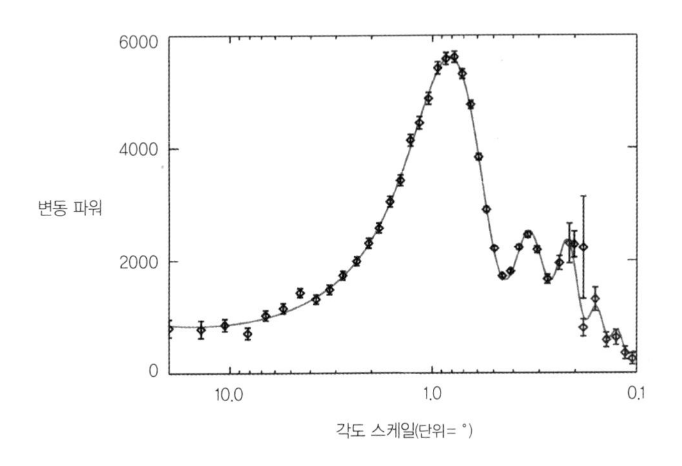

[그림 12-9] 우주배경복사 밝기 변화의 파워스펙트럼. 다양한 각도 스케일에서 밝기 변화의 강도는 WMAP(검은 점)과 지상관측소(ACBAR, 회색 점)에서 관측한 것이다. 오른쪽으로 갈수록 각도 스케일이 작아진다는 점에 유의해야 한다. 각도 스케일이 작은 쪽으로 가면 밝기 변화의 강도가 규칙적으로 증감을 반복하는데, 이것은 우주 초기에 있었던 플라즈마 조수(潮水)현상의 흔적으로 추정된다. 이 그림은 WMAP 과학 연구 팀이 제공하였다. 수직축의 단위는 $(mK)^2$이다(mK=1/100만 켈빈).
출처 : http://lambda.gfsc.nasa.gov/product/map/current

의 각도에 따른 밝기의 변화가 표현되어 있다. 〈그림 12-9〉에서는 각도가 1도 일 때 가장 높은 피크가 나타나는데, 이것은 가장 눈에 띄는 밝은 점과 어두운 점들의 시야각이 약 0.5도임을 의미한다.[7] 그리고 그래프의 오른쪽에 나타나는 작은 피크들은 시야각이 0.25도, 6분의 1도 등인 밝고 어두운 점들에 대응된다.

우주배경복사 파워스펙트럼에 피크가 규칙적으로 나타나는 이유는 아직 분명치 않지만, "초기 우주를 가득 채우고 있던 플라즈마의 진동 때문"이라는 것이 가장 그럴듯한 설명이다. 플라즈마 상태인 원시우주에

7) 파워스펙트럼에서 피크가 나타나는 위치(각도)와 얼룩점의 크기(시야각) 사이에 2배의 차이가 나는 이유는 하나의 밝은 점과 하나의 어두운 점이 합쳐져서 한 번의 주기(cycle)를 이루기 때문이다.

서 밀도가 평균보다 조금 높은 지역(뜨거운 곳)과 조금 낮은 지역(차가운 곳)이 있다고 가정해 보자. 물질은 밀도가 높은 곳에서 낮은 곳으로 흐르는 경향이 있으므로, 처음에는 밀도 차이를 줄이는 방향으로 이동할 것이다. 그러나 한번 이동하기 시작하면 관성력이 작용하여 두 지역의 밀도가 같아져도 물질은 계속 흐르고, 결국 두 지역의 밀도는 역전된다. 그러면 다시 밀도가 낮은 곳을 향해 이전과 반대 방향으로 물질이 이동할 것이고, 플라즈마는 주기적으로 출렁거리게 된다. 이 진동에 의해 장소에 따른 온도 차이가 증감을 반복하게 되는 것이다.

플라즈마의 진동주기는 밀도가 높은 곳과 낮은 곳의 거리에 따라 달라진다. 거리가 멀수록 물질이 이동하는데 시간이 오래 걸리므로 주기도 길어질 것이다. 따라서 완화기에는 여러 지역에서 다양한 주기운동이 진행되었을 것으로 추정된다. 예를 들어 우주가 완화기에 접어들기 직전에 밀도가 높은 지역에서 흘러나온 플라즈마가 40만 광년 떨어진 저밀도 지역으로 유입되었다고 가정해 보자.

그렇다면 두 지역 사이에 밀도 변화가 크게 일어났을 것이고, 이에 해당하는 온도 차이가 우주배경복사에 각인되었을 것이다. 또는 고밀도 지역과 저밀도 지역 사이의 거리가 20만 광년이었다면, 플라즈마는 이미 왕복운동을 끝냈을 것이다. 이런 경우에도 두 지점 사이에는 커다란 밀도차이가 생겨서 우주배경복사에 흔적을 남기게 된다. 그러나 두 지점 사이의 거리가 30만 광년이었다면 우주가 완화기에 접어들었을 때 플라즈마는 한창 이동하는 중이었으므로 두 지점 사이의 밀도차이가 크게 완화되었을 것이다.

이제 초기 우주에 여러 개의 고밀도 지역과 저밀도 지역이 먼 거리를 두고 떨어져 있었다고 가정해 보자. 그러면 완화기에 이르렀을 때 특정 거리만큼 떨어져 있던 지점들(예를 들면 40만 광년, 20만 광년, 133,333광년 등)은 밀도 차이가 크고, 그 외의 지점들은 밀도차이가 거의 상쇄되었을 것이다. 그렇다면 우주배경복사 지도에는 각도에 따라 규칙적인 흔적이 남게 된다. 〈그림 12-9〉는 바로 이와 같은 패턴을 보이고 있다. 따라서 우주 초기에 플라즈마가 진동을 겪었다는 것은 꽤 그럴듯한 가설이다.

플라즈마와 밀도의 관계

이 시나리오에 의하면 우주배경복사 파워스펙트럼에 나타난 여러 개의 피크들은 초기 우주에 플라즈마가 고밀도와 저밀도 지역 사이에서 0.5주기나 1주기 또는 1.5주기나 2주기 등 반정수 주기운동을 마친 지역에 해당된다. 이 거리는 두 가지 요인에 의해 결정되는데 하나는 플라즈마 파동이 이동하는 속도이고 또 하나는 완화기에 이르기 전에 플라즈마가 진동한 횟수이다. 온도가 높은 플라즈마는 다량의 광자를 포함하고 있어서 저밀도 지역으로 이동하는 속도가 거의 광속에 가깝다.[8] 광속은 이미 잘 알려진 상수이므로, 플라즈마의 밀도가 얼마나 빠르게 전달되었는지 정확하게 계산할 수 있다. 다시 말해서 빅뱅과 완화기 사이의 시간 차이를 알고 있으면 우주배경복사 파워스펙트럼에 나타나는 피크들 사이의 거리를 계산할 수 있다는 뜻이다.

조금 이상하게 들리겠지만 우주의 현재 나이를 알아내는 것보다 완화

8) 좀 더 정확하게 말하면 광속의 약 60퍼센트이다.

기에 이를 때까지 걸린 시간을 알아내는 것이 훨씬 쉽다. 우주의 현재 나이를 알기 위해서는 우주에 존재하는 물질과 암흑에너지의 정확한 양을 알고 있어야 하지만 완화기 이전의 암흑물질과 암흑에너지 분포 상태는 그다지 중요하지 않다. 앞서 말한 대로 암흑에너지밀도는 우주가 팽창해도 변하지 않는 반면 물질의 밀도는 빠르게 감소한다. 먼 과거에는 척도인자가 지금보다 훨씬 작았고 입자들이 가깝게 뭉쳐 있었으므로 물질의 밀도는 지금보다 훨씬 컸으며 우주의 총 에너지에서 암흑에너지가 차지하는 비율은 지금보다 훨씬 작았다. 따라서 그 무렵에 암흑에너지는 우주의 팽창 속도에 거의 아무런 영향도 주지 못했을 것이다. 그리고 빛의 에너지밀도는 물질의 에너지밀도보다 훨씬 빠르게 감소하기 때문에(광자의 밀도가 작아지면 파장이 길어진다), 우주 초창기의 복사에너지는 다른 어떤 것보다 밀도가 높았을 것이다.

이와 같이 완화기 이전에는 복사에너지가 압도적으로 컸고 우주배경복사 데이터를 분석하면 현재 우주에 존재하는 광자의 수를 알 수 있으므로 완화기 때 우주의 나이를 어렵지 않게 계산할 수 있다.[9] 우주론 학자들은 관련 계산을 수행한 끝에 빅뱅이 일어난 지 40만 년 후에 완화기가 찾아왔다는 사실을 알아냈다. 여기에 밀도의 변화가 거의 광속으로 전달된다는 점을 고려하면 우주배경복사에 나타난 시야각 0.5도짜리 반점의 폭이 완화기에는 약 40만 광년이었음을 알 수 있다.

---

9) 물론 실제로 계산을 수행할 때에는 암흑물질과 보통물질 그리고 뉴트리노에 의한 효과를 무시할 수 없다. 그러나 이런 요인들을 다 고려해도 계산 결과는 크게 달라지지 않는다.

겉보기 크기와 실제 크기

대부분의 경우 어떤 물체의 실제 크기와 특정 장소에서 눈에 보이는 크기를 알고 있으면 물체까지의 거리를 계산할 수 있다. 예를 들어 〈그림 12-10〉과 같이 어떤 물체의 양끝에서 관측자가 있는 곳(다이아몬드 모양)까지 직선으로 연결하여 이등변삼각형을 만들었다고 하자. 그러면 이등변삼각형의 밑변은 물체의 실제 크기에 대응되며 물체의 겉보기 크기로부터 두 개의 긴 변 사이의 각도를 알 수 있다. 이렇게 얻은 두 개의 숫자(밑변의 길이와 두 긴 변의 사잇각)에 약간의 기초기하학을 적용하면 이등변삼각형의 높이, 즉 물체와 관측자 사이의 거리를 알아낼 수 있는 것이다. 그리고 빛의 속도를 알고 있으므로 물체에서 방출된 빛이 관측자의 눈에 도달할 때까지 걸리는 시간도 알 수 있다. 우주배경복사의 경우에도 반점의 겉보기 크기(시야각 0.5도)와 실제 크기(40만 광년)를 알고 있으므로, 우주배경복사 광자가 지구에 도달할 때까지 걸린 시간을 계산할 수 있다. 그러나 이 계산은 그리 간단하지 않다. 완화기 이후로 우주가 엄청나게 팽창한데다가, 거시적인 스케일의 우주 공간에 유클리드기하학이 적용되지 않을 수도 있기 때문이다.

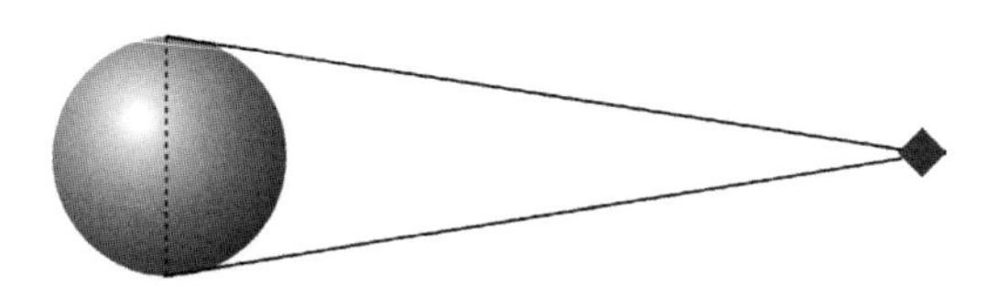

[그림 12-10] 물체와 물체까지의 거리 계산 시, 연결하면 이등변삼각형이 만들어진다.

우주의 곡률과 에너지밀도의 관계

제11장에서 우리는 일반상대성이론이 중력을 '시간과 공간의 휘어짐'으로 해석하고 있으며, 휘어지는 정도는 그 지역에 분포된 질량과 에너지에 의해 좌우된다는 사실을 알았다. 또한 물질과 공간의 상호작용에 기초하여 허블 다이어그램을 성공적으로 해석할 수 있었다. 그러나 우주의 총 에너지밀도는 은하들 사이의 거리가 멀어져도 변하지 않으므로 우주의 기하학적 특성인 '곡률(curvature)'을 좌우하는 중요한 요소이다. 만일 우주 공간의 곡률이 0이라면 유클리드 기하학을 적용할 수 있다. 평행선은 절대로 만나지 않고 삼각형 내각의 합은 항상 180도이며, 기타 유클리드 기하학의 공준이 그대로 적용된다. 그러나 공간의 곡률이 0이 아니라면 곡면에 맞는 기하학이 적용되어야 한다. 곡률이 0보다 크면 우주 공간은 구의 표면처럼 볼록한 곡면의 특성이 반영되어 있을 것이다. 이런 공간에서 삼각형을 그리면 내각의 합이 항상 180도보다 크다(예를 들어 지구의 표면에서 적도를 밑변으로 하고 두 개의 경도선을 옆 변으로 갖는 삼각형을 작도하면 두 밑각만 합해도 180도가 된다). 이와는 반대로 공간의 곡률이 0보다 작으면 삼각형 내각의 합이 180도보다 작아지는 등 쌍곡면의 특성이 반영되어 있을 것이다.

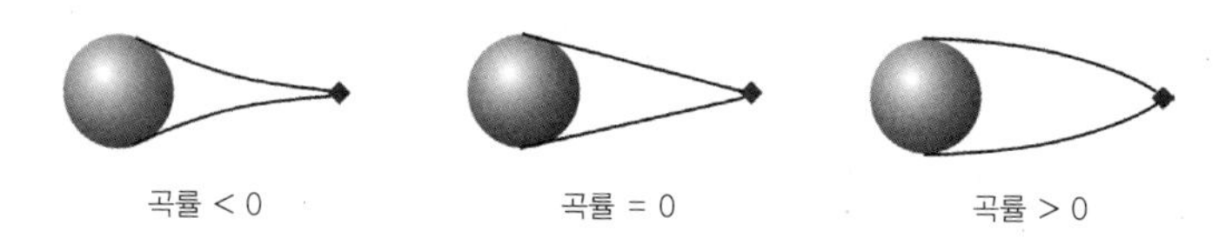

[그림 12-11] 멀리 있는 물체에서 날아온 빛의 경로.

우주의 곡률은 총 에너지밀도에 따라 달라진다. 만일 에너지밀도가 소위 말하는 '임계값(critical value)'과 일치한다면 우주의 곡률은 0이다. 그리고 어느 한 순간에 우주의 곡률이 0이었다면 시간이 아무리 흘러도 양수나 음수로 전환되지 않는다. 이런 경우에 우주는 예나 지금이나 유클리드 기하학을 따를 것이다.[10] 그러나 우주의 에너지밀도가 임계값보다 크면 공간의 곡률은 양수이고, 에너지밀도가 임계값보다 작으면 곡률은 음수가 된다.

빛이 우주 공간을 가로지르는 궤적은 공간의 기하학적 특성에 따라 달라진다. 따라서 멀리 있는 물체의 겉보기크기는 공간의 곡률에 따라 달라질 수 있다. 곡률이 음수인 경우와 0인 경우 그리고 양수인 경우에 멀리 있는 물체에서 날아온 빛은 각각 〈그림 12-11〉과 같은 경로를 거쳐 올 것이다.

가운데 그림은 곡률이 0인 경우로 빛은 우리에게 친숙한 직선 경로를 따라 진행하고 세 점을 연결한 선들은 유클리드 삼각형을 이룬다. 반면에 곡률이 0보다 크거나 작은 경우에 빛은 휘어진 경로를 따라간다. 곡률이 0일 때 관측자가 있는 꼭지점의 각도가 10도였다면 물체의 시야각은 그대로 10도이다. 그러나 공간의 곡률이 음수인 경우에는 동일한 물체가 동일한 거리에 있다 해도 꼭지점의 각도가 10도보다 작아진다. 또한 공간의 곡률이 양수이면 꼭지점의 각도는 10도보다 커진다. 즉, 곡률이 양수이면 물체는 더 크게 보이고, 곡률이 음수이면 더 작게 보이는 것이다.

세 경우 모두 꼭지점의 각도가 10도가 되도록 물체를 이동시키면 공간의 곡률이 겉보기거리에 미치는 영향을 분명하게 알 수 있다. 앞에서

10) 우주가 팽창해도 곡률이 0으로 유지되려면 임계밀도가 시간에 따라 변해야 한다.

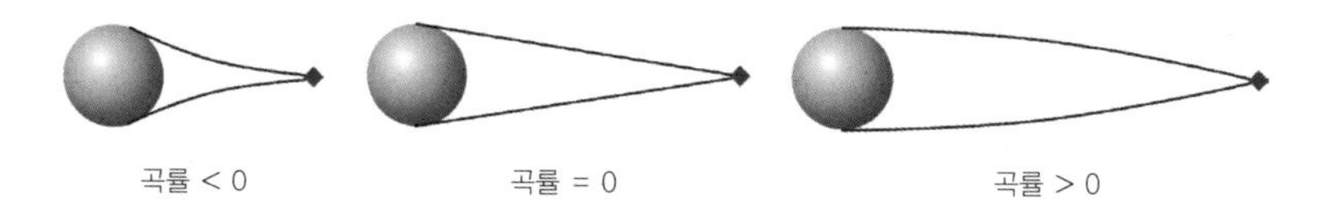

[그림 12-12] 빛이 여행한 거리는 우주의 곡률에 따라 달라질 수 있다.

곡률이 양수이면 꼭지각이 10도보다 크다고 했으므로, 이 각도를 10도로 맞추려면 물체를 더 멀리 갖다 놓아야 한다. 또한, 곡률이 음수인 경우에는 꼭지각이 10도보다 작았으므로 물체를 더 가까이 가져와야 10도로 맞출 수 있다.

따라서 관측자가 우주 공간에 유클리드기하학을 적용한다면 물체까지의 거리를 잘못 판단할 수도 있다. 곡률이 양수라면 물체까지의 거리는 계산결과보다 가깝고, 곡률이 음수라면 더 멀리 있다.

이와 마찬가지로 완화기 때 폭이 40만 광년이었던 영역이 오늘날 우주배경복사에서 0.5도의 시야각으로 나타났다면 그사이에 빛이 여행한 거리는 우주의 곡률에 따라 달라질 수 있다. 곡률이 양수이면 빛의 여행거리는 더 길어지고, 곡률이 음수이면 여행 거리는 짧아진다. 따라서 빛이 실제로 이동한 거리를 알고 있으면 우주의 곡률을 알 수 있고, 이로부터 총 에너지밀도를 유추할 수 있다. 또는 이와 반대로 에너지밀도와 공간의 곡률을 알고 있으면 빛이 여행한 거리를 알 수 있으며, 이로부터 우주의 나이를 계산할 수 있다. 우주의 나이와 기하학적 구조를 예측하려면 더 많은 관측이 이뤄져야 하겠지만 사실 우주배경복사 데이터는 공간의 곡률과 광자의 여행 거리를 알아내는데 부족함이 없다. 공간의 기하학적 구조와 완화기 이후로 진행된 팽창 과정은 우주의 총 에너지밀도에 의해 좌우되기 때문이다.

지금 우리는 현대에 관측된 시야각과 과거에 존재했던 어느 한 지점까지의 거리를 서로 연결시키려 하고 있으므로 언뜻 생각해 보면 그사이에 진행된 우주의 팽창이 문제를 더 복잡하게 만들 것 같다. 그러나 우주배경복사 스펙트럼이 완화기 이후로 우주가 얼마나 팽창했는지를 알려 주고 있으므로 팽창 자체는 그다지 큰 문제가 되지 않는다. 또한 초기 우주가 비교적 단순했다는 사실은 여기서도 큰 도움이 된다. 완화기 때 플라즈마에서 방출된 빛의 스펙트럼을 계산하기가 쉽기 때문이다.

앞에서 말한 바와 같이 우주는 완화기로 접어들면서 자유로운 하전입자들로 이루어진 원시 플라즈마가 중성 수소원자로 바뀌는 위상 변화를 겪었다. 이 변화는 섭씨 수천 도에서 일어나는데 이 온도에서 수소원자들 사이의 간격은 약 1밀리미터 정도이다. 이와 같은 환경은 실험실에서 재현할 수 있으므로, 위상 변화의 물리적 특성은 이미 잘 알려져 있고 완화기 때 방출된 열복사의 스펙트럼도 정확하게 계산할 수 있다.

우주론학자들이 얻은 결과에 의하면 이 빛의 파장은 약 1,000분의 1밀리미터로서, 대부분의 별에서 방출되는 빛의 파장과 비슷하다(둘 다 수소가 풍부한 플라즈마의 '표면'에서 방출된 빛이므로 그다지 놀라운 결과는 아니다). 현대에 관측된 우주배경복사 스펙트럼의 피크는 파장 1밀리미터 근처에서 나타나고 있으므로 완화기부터 지금까지 척도 인자가 약 1,000배 커졌으며, 따라서 완화기 때 폭이 40만 광년이었던 영역은 현재 4억 광년으로 커졌다고 할 수 있다.

우주의 팽창과 우주의 나이

사실 우주의 팽창은 성가신 문제가 아니라 우주의 기하학적 특성과 나이를 계산하는데 빠져서는 안 될 중요한 요소이다. 완화기의 플라즈마에서 방출된 빛이 지금까지 여행한 거리는 우주가 팽창해 온 방식에 따라 얼마든지 달라질 수 있다. 다들 알다시피 빛은 자유공간에서 1초당 30만 킬로미터씩 진행한다. 그러므로 빛이 완화기 후로 지금까지 아무리 열심히 달렸다고 해도, 그 거리는 유한할 수밖에 없다. 일반상대성이론의 방정식에 의하면 에너지밀도가 높을수록 팽창 속도가 빠르다. 따라서 우주가 1,000배로 팽창하는데 걸린 시간과 이 시간 동안 빛이 진행한 거리는 우주의 총 에너지밀도에 따라 달라진다.

물론 빛의 이동 거리와 총 에너지밀도 사이의 정확한 관계는 우주의 구성 성분에 따라 달라질 수 있지만 암흑에너지의 양과 물질의 양에 큰 차이가 없는 한 초기 우주에서는 총 에너지밀도가 높을수록 팽창 속도가 빠르고, 완화기 후로 지금까지 빛이 이동한 거리는 그만큼 줄어든다. 또한 에너지밀도가 높으면 우주 공간의 곡률은 더욱 큰 양수가 되는데, 이렇게 되면 완화기의 플라즈마에서 방출된 빛은 더욱 먼 거리를 이동해야 한다. 즉 에너지밀도가 높을수록 광자가 이동해야 할 거리는 더 길어지고, 따라서 정해진 시간 동안 이동할 수 있는 거리는 짧아진다. 이와 반대로 에너지밀도가 작으면 광자가 이동해야 할 거리가 짧아지고 정해진 시간 동안 이동할 수 있는 거리는 길어진다. 그러므로 광자로 하여금 정해진 시간 동안 정해진 거리를 이동하게 하는 에너지밀도는 단 한 가지 값밖에 없다.

우주론학자들은 이와 관련된 계산을 모두 수행한 끝에 우주의 밀도가 임계밀도와 거의 같다는 결론을 내렸다. 그렇다면 우주의 곡률은 거의 0에 가까운 값을 갖게 된다. 이 발견이 의미하는 바는 아직 분명치 않지만 많은 우주론 학자들은 곡률이 거의 0에 가깝다는 것이 빅뱅 직후 우주의 상태를 알아내는데 중요한 단서가 될 것으로 믿고 있다.

우주의 곡률과 우주의 나이

우주의 곡률은 우주의 나이와도 밀접하게 관련되어 있다. 일단 곡률이 0으로 판명되었으므로 우리는 유클리드기하학을 적용하여(물론 우주의 팽창도 고려해야 한다) 완화기 후로 빛이 진행한 거리를 계산할 수 있다. 또한 빛의 속도를 알고 있으므로 빛이 이동하는데 걸린 시간도 알 수 있다. 물론 이 값은 완화기 이후로 지금까지 흐른 시간에 해당된다. 여기에 우주가 완화기에 이를 때까지 걸린 시간(약 40만 년)을 더하면 우주의 나이가 얻어진다. 현재 계산된 결과는 약 137억 년이며, 수억 년의 오차가 있을 수 있다.[11)]

이 결과는 우주의 특성과 초기 우주의 역사와 관련하여 몇 가지 사실을 가정한 상태에서 얻어진 것이다. 현재 우주론학자들은 이 가정을 검증하고 우주의 구성 성분과 역사를 이해하기 위해 노력하고 있다. 데이터의 정확성을 확보하고 공간의 곡률과 물질-암흑에너지 성분비의 오차를

11) 공간의 곡률이 거의 0으로 판명된 덕분에 계산상의 오차가 줄어들었다. 만일 곡률이 0이 아니었다면 우주의 구성 성분 등 다른 요인에 의해 계산이 복잡해지고 오차도 커졌을 것이다.

줄이기 위해 새로운 Ia형 초신성을 관측하고 있으며, 우주배경복사 관측도 계속 진행되고 있다. 이와 동시에 다른 천문 관련 데이터를 이용한 검증 절차도 꾸준하게 이뤄지고 있다. 예를 들어 제10장에서 언급된 구상성단 데이터에 의하면 우주에서 가장 오래된 별의 나이는 약 130억 년인데, 이는 우주의 나이가 137억 년이라는 계산에 부합되므로 우주배경복사로부터 유도된 결과가 타당하다고 할 수 있다. 사실 우주배경복사와 초신성 관련 데이터는 은하단의 총 질량이나 초기 우주의 원소 분포 등 다른 관측 데이터와도 잘 일치한다. 이 모든 데이터들을 종합해 볼 때, 우주에 암흑물질과 암흑에너지가 존재하고 공간의 곡률은 0이며, 우주의 나이는 137억 년이 거의 확실하다.

앞으로 몇 년 동안 좀 더 정밀한 천문 관측이 이루어지면 우주에 대한 우리의 이해는 더욱 확실하고 정교해질 것이다. 암흑에너지가 공간 고유의 특성인지 또는 다른 형태의 에너지인지 알게 될 것이고 경우에 따라서는 우주에 대한 기존의 관념이 송두리째 바뀔 수도 있다. 이 책에서 다뤘던 모든 분야(그리고 과학의 모든 분야)가 그렇듯이, 우주론의 가장 큰 매력은 기존의 이론을 뒤엎을 만한 대 발견이 당장 내일이라도 이루어질 수 있다는 점이다.

더 읽을 거리

· Roger A. Freedman and William J. Kaufmann, *Universe* 6th ed, Freeman and Co., 2001.(천문학과 우주론 입문서)

· W. L. Freedman and M. S. Turner, "Cosmology in the New Millennium", *Sky and Telescope*, October 2003.(우주론의 최근 발전상)

· W. L. Freedman and M. S. Turner, "Four Keys to Cosmology", *Scientific American*, February 2004.(우주론의 최근 발전상)

· http://lambda.gsfc.nasa.gov(WMAP 위성과 관련된 기사와 데이터)

· http://map.gsfc.nasa.gov(WMAP 위성과 관련된 자세한 내용)

· www.arxiv.org(암흑물질과 암흑에너지에 대한 기술적인 내용)

· J. Hartle, *Gravity : An Introduction to General Relativity*, Addison-Wesley, 2003.(일반상대성이론)

· S. Carroll, *Spacetime and Geometry : An Introduction to General Relativity*, Addison-Wesley, 2003.(일반상대성이론)

· S. Dodelson, *Modern Cosmology*, Academic Press, 2003.(일반상대성이론)

· H. Kodama and M. Sasaki, "Cosmological Perturbation Theory", *Progress of Theoretical Physics Supplement* 78, 1981.(일반상대성이론을 이용하여 CMB 파워스펙트럼을 예견하는 과정

· http://background.uchicago.edu/~whu/beginners/introduction.html(CMB의 비등방성에 대하여 좀 더 알기 쉬운 설명)

옮긴이의 말

이 책은 고대 마야 제국과 이집트의 피라미드 그리고 인간을 비롯한 포유동물의 역사를 비롯하여 태양계와 별, 심지어는 우주의 역사까지 다뤘다는 점에서 '스케일이 제법 큰' 역사책이라 할 수 있다. 그러나 과거로 거슬러 가면서 연도의 단위가 수천 년 전에서 수만 년 전으로 커지면 과거사를 규명하는 분야 자체가 달라진다. 수천 년 전의 사건은 역사학이나 고고학에 속하지만 수만, 수백만 년 전으로 가면 인류학과 진화생물학이 주도적인 역할을 하고, 수억에서 100억 년 전까지 거슬러 올라가면 물리학과 천문학, 우주론 등이 주된 테마로 등장한다.

이 책의 주된 목적은 현재 남아 있는 과거의 흔적으로부터 과거에 일어났던 다양한 사건들의 발생 연대를 추적하는 것이기 때문에 분야가 달라짐에 따라 추적하는 방법도 각양각색으로 달라진다. 그래서 이 책을 처음 접하는 독자들은 다소 산만한 느낌을 받을 수도 있다. 그러나 이토록 방대한 역사를 한 분야의 논리만으로 밝히는 것은 애초부터 불가능하다. 이런 점에서 볼 때, 역사의 통합이야말로 학문 간의 통합을 촉진하는 강한 동기가 될 수 있다.

자연을 수학, 물리학, 생물학, 천문학 등 여러 분야로 쪼개서 이해하는 것은 인간의 이해력에 한계가 있기 때문이다. 자연은 인간이 자신을 어떻게 분류하고 있는지 아무런 관심도 갖지 않은 채 100억 년 전이나 지금이나 아무 탈 없이 잘 돌아가고 있다.

이것은 20세기 중·후반을 풍미했던 천재 물리학자 파인만이 남긴 말이다. 역자는 이 말에 전적으로 동감한다. 피라미드의 건축 시기를 연구하던 이집트 역사학자들은 피라미드의 방위와 지구의 세차운동 사이에 어떤 관계가 있음을 눈치챈 후로 느닷없이 천문학을 파고들기 시작했고, 돌연변이의 누적 효과를 연구하던 생물학자들은 방대한 데이터를 효율적으로 처리하기 위해 특별한 수학적 통계분석법을 도입해야 했다. 어차피 자연은 전체가 하나로 어우러져서 진행되고 있으므로, 그 모든 자연의 역사를 규명하고자 한다면 모든 분야가 유기적으로 결합되어야 결실을 맺을 수 있을 것이다.

지구의 나이는 45억 년, 태양계의 나이는 50억 년, 우주의 나이는 137억 년 등……. 일반인들은 상상조차 하기 어려운 먼 옛날의 일을 과학자들은 마치 어제 있었던 일을 기억이라도 하듯이 태연하게 그리고 확신에 찬 어조로 강조하고 있다. 이들의 자신감은 대체 어디서 오는 것일까? 그것을 모르고 있다면 평생 동안 '과학자는 나와 무관한 사람들'이라는 편견 속에서 새로운 정보를 무작정 수용하거나 거부하는 수밖에 없지만, 그들에게 확신을 안겨 준 내막을 조금이라도 알고 있으면 (사실 알고 보면 논리가 너무나 간단해서 허탈할 정도이다!) 새로운 정보를 취사선택할 수 있는 능력을 얻게 된다.

이 책은 저자가 대학의 교양 강좌에서 강의했던 내용을 정리한 것이다. 우주론을 다룬 제11장과 제12장은 내용이 다소 미흡한 감도 없지 않으나 다양한 분야를 망라하면서 이 정도로 수준 높은 강의를 준비하기란 결코 쉬운 일이 아니다. 저자의 박학다식함에 새삼 경의를 표하며 좋은 책을 선별해 준 살림출판사의 모든 분들께도 깊은 감사를 드린다.

2010년 2월

박병철

용어 해설

가속 질량분석기(accelerator mass spectrometer, AMS) 커다란 입자가속기를 포함한 여러 과정을 거쳐 질량이 다른 입자를 분리하는 장치. 동위원소를 골라낼 때 사용된다.

감마붕괴(gamma decay) 핵이 광자를 방출하면서 붕괴되는 현상.

겉보기등급(apparent magnitude) 지구에서 관측한 별의 밝기.

계통수/계통도(phylogenetictree/dendrogram) 서로 다른 생명체들 간의 상관관계를 나타낸 그림.

고대 마야 시대(classic period) 250~900년 사이의 마야 시대. 이 시기에 마야인은 열대성 저지대 인구 과테말라, 벨리즈 그리고 멕시코 서부와 온두라스 동부 지역에 거대한 도시를 건설했으며 다양한 거석 유물을 남겼다.

고왕국 시대(Old Kingdom) 고대 이집트 역사에서 대피라미드가 건설된 시기. 기원전 2500년 무렵에 약 500년 동안 지속된 것으로 추정되나 정확한 연대는 아직 밝혀지지 않았다.

곡률(curvature) 공간의 기하학적 구조가 유클리드 평면기하학에서 벗어난 정도를 계량하는 변수. 곡률이 양수이면 삼각형 내각의 합은 180도보다 크고, 곡률이 음수이면 삼각형 내각의 합이 180도보다 작다.

과도기(Intermediate Period) 고대 이집트의 역사에서 파라오의 권한이 상대적으로 약했던 시기. 그러나 이집트 연대기에서 과도기를 정확하게 정의하기가 쉽지 않다. 특히 1차 과도기가 지속된 기간이 불분명하기 때문에 고왕국 시대를 정의하는 데 많은 어려움을 겪고 있다.

광년(light-year) 빛이 1년 동안 가는 거리. 약 9조 5,000억 킬로미터.

광도(luminosity) 별에서 전자기파 복사의 형태로 방출된 에너지의 총량.

광도 거리(luminosity distance) 광도와 겉보기등급을 기준으로 계산된 천체까지의 거리.

광자(photon) 빛을 구성하는 입자. 우주가 팽창하면 광자들 사이가 멀어지고, 복사에너지는 더욱 넓은 영역에 퍼지게 된다. 그리고 이와 함께 광자의 파장도 일제히 길어진다.

구상성단(globular cluster) 수백만 개의 별들이 구형으로 뭉쳐 있는 성단으로, 밀도가 우리 은하 근처보다 수백 배나 높다. 구상성단에서 가장 나이가 많은 별은 우주 전체에서 가장 오래된 별로 알려져 있다.

내화성(refractory) 고온에서도 녹거나 기화되지 않는 성질. 휘발성(volatile)의 반대 개념.

눈 우졸 차크(Nuun Ujol Chaak) 티칼(Tikal)의 통치자. 치열한 전쟁 끝에 유크눔 친과 그 동맹군을 물리쳤다.

뉴클레오티드(nucleotide) 당, 인산, 염기가 1:1:1의 비율로 결합되어 있는 화합물로, 아데닌(adenine)과 타이민(thymine), 사이토신(cytosine) 그리고 구아닌(guanine)의 4종류가 있으며, 이들이 결합하여 DNA의 염기쌍을 이룬다.

뉴트리노(neutrino) 전기 전하가 없고 질량이 매우 작은 소립자. 베타붕괴에 관여한다.

단공류(monotreme) 알을 낳는 포유류. 오리너구리와 바늘두더지 등이 단공류에 속한다. 단공류는 털이 있는 정온동물로 포유류지만 알을 낳기 때문에 파충류의 특성을 가지고 있어 파충류에서 포유류로 넘어가는 중간 단계라고 볼 수 있다.

단백질(protein) 아미노산의 끈으로 이루어진 분자. 아미노산의 배열 순서에 따라 단백질의 화학적 성질이 달라진다. 단백질은 세포의 거의 모든 활동에 관여하며 DNA에는 단백질 생성에 관한 지침이 새겨져 있다.

돌턴 미니멈(Dalton minimum) 태양 흑점의 수가 비정상적으로 줄어들었던 시기 중 하나(1820년경). 화학적 원자론의 창시자인 존 돌턴(John Dalton)이 이 시기를 발견했다.

대륙 이동(continental Drift) 대륙의 위치가 시간에 따라 변하는 현상.

대형 유인원(great apes) 인간, 침팬지, 고릴라, 오랑우탄의 총칭.

도플러 편이(Doppler shift) 광원(또는 음원)과 관측자 사이의 상대속도에 따라 광파(또는 음파)의 파장이 달라지는 현상.

돌연변이(mutation) DNA 분자의 뉴클레오티드 서열이 변하면서 나타나는 현상. 변하는 방식은 삽입, 삭제, 중복, 대치 등이 있다.

동아프리카 단층계(East African Rift System) 아프리카 동부해안을 따라 에리트레아(Eritrea)에서 모잠비크까지 이어진 단층 지대. 최근에 지각이 양쪽에서 잡아당기는 힘에 의해 찢겨졌음을 보여 주는 증거이다. 이때 가해진 압력에 의해 여러 개의 계곡이 생겼으며 화산활동이 활발해졌다. 또한 이 지역에서는 초기 호미니드의 화석이 여러 점 발굴되었다.

동위원소(isotope) 양성자의 수는 같고 중성자의 수가 다른 원소들의 통칭. 동위원소들끼리는 화학적 성질이 거의 같지만 질량이 조금씩 다르다. 대부분의 동위원소는 불안정한 상태에 있기 때문에 안정한 상태를 찾아 붕괴된다. 그러나 개중에는 처음부터 안정된 상태에 있는 동위원소도 있다.

디옥시리보핵산(deoxyribonucleic acid, DNA)**의 분자구조** DNA는 거의 모든 살아 있는 생명체의 세포에서 발견되는 유전물질로 이중나선 구조로 되어 있다. 나선형으로 꼬인 두 가닥의 줄에 염기쌍이 연결되어 있으며 염기쌍의 배열순서에 따라 각 세포의 기능이 결정된다.

로라시아테리아목(Laurasiatheria) 분자분석법을 통해 하나로 묶여진 포유동물의 한 그룹. 고래, 유제류(발굽이 있는 동물), 식육류, 천산갑, 박쥐, 두더지, 뒤쥐, 고슴도치 등이 여기 속한다.

롱 카운트(Long Count) 마야 시대에 사용된 역법 중 하나. 기원전 3114년 8월을 기준으로 날짜가 매겨져 있다.

루비듐-87(^{87}Rb, Rubidium-87) 루비듐의 불안정한 동위원소. 반감기는 약 500억 년으로, 운석의 연대를 측정할 때 사용된다.

마이크로파 우주배경복사(cosmic microwave background, CMB) 빅뱅의 잔해로 우주 전역에 걸쳐 거의 균일하게 퍼져 있는 마이크로파. 우주의 구성 성분과 기하학적 구조 그리고 우주의 나이를 추정하는 데 중요한 정보를 제공한다.

마이크로파(microwave) 전자기파의 일종으로, 파장은 1밀리미터~10센티미터이다. 빅뱅의 잔해가 우주 전역에 걸쳐 마이크로파의 형태로 남아 있다.

먼더 미니멈(Maunder minimum) 태양 흑점의 수가 비정상적으로 줄어들었던 시기 중 하나(1650~1700).

목(目, order) 특성이 같은 동물들을 포함하는 생물학의 분류 단위. 현존하는 포유류는 약 20개의 목으로 분류된다.

몬테베르데(Monte Verde) 칠레 중남부의 고고학 유적지. 연대가 분명치 않음에도 불구하고 클로비스 최초 정착설을 입증하는 가장 유력한 후보지로 떠올랐다.

이곳에서 발견된 식물과 약초 등은 빙하기 말엽에 신대륙에 거주했던 인류에 관하여 중요한 정보를 제공해 준다.

물질(matter) 에너지의 대부분이 질량을 가진 입자에 밀집되어 있는 물체.

미도우크로프트(Meadowcroft) 미국 펜실베이니아 서쪽에서 발견된 동굴유적지. 클로비스촉보다 오래된 것으로 추정되어 클로비스 최초 정착설에 대한 반론의 출발점이 되었다. 그러나 정확한 연대와 다른 유적지들과의 관계는 아직 분명치 않다.

반감기(half-life) 방사성원소가 붕괴되어 원래 양의 반으로 줄어드는 데 걸리는 시간.

발라 찬 카윌(B'alah Chan K'awiil) 고대 마야의 도시 도스 필라스(Dos Pilas)를 다스렸던 왕의 이름. 유크눔 친과 눈 우졸 차크의 전쟁에 깊이 관여했다.

밝기등급(magnitude) 천체의 밝기를 숫자로 나타낸 값. 한 등급 차이는 2.5배의 밝기 차이에 해당되며 등급이 작을수록 밝다는 뜻이다. 예를 들어 1등성은 2등성보다 2.5배 밝고 2등성은 3등성보다 2.5배 밝다.

백색왜성(white dwarf) 질량이 작은 주계열성이 수소를 다 소모한 후 거치는 별의 진화 단계.

베릴륨-10(^{10}Be) 탄소-14를 함유한 우주 선(conmic ray)에 의해 생성되는 베릴륨 원자의 동위원소. 상태는 불안정하지만 반감기가 매우 길다. 극지방의 얼음 중심부에 함유된 베릴륨-10을 분석하면 과거에 지구 대기로 유입된 우주 선의 양과 태양계의 상태 그리고 지난 2만 년에 걸친 지자기의 변천사를 알 수 있다.

베이즈 통계학(Bayesian statistics) 주어진 통계자료로부터 이론적 예견치가 맞을 확률을 계산하는 통계적 분석법.

베타붕괴(beta decay) 중성자가 전자와 뉴트리노를 방출하면서 양성자로 변하는 현상. 때로는 양성자가 전자를 포획하여 중성자로 변하기도 한다.

보정된 탄소-14 연대측정법(calibrated ^{14}C Date) 대기 중 탄소-14 함유량의 변화를 고려한 탄소-14 연대측정법. 나무의 나이테 등 여러 가지 자료를 종합하여 보정곡선을 만든 후, 탄소-14를 이용한 일반적인 연대 측정 결과를 이 곡선에 맞춰 수정한다.

불활성기체(inert gas) 다른 원소와 화학반응을 거의 하지 않는 헬륨, 네온, 아르곤 등으로 이루어진 기체.

빅뱅(Big Bang) 지금의 우주를 탄생시켰다고 하는 대폭발 이론. 그 전에는 모든 물질이 거의 무한대의 밀도로 작은 영역 속에 뭉쳐 있었다가 약 150억 년 전 거대한 폭발을 통해 우주가 되었다고 보는 것이다. 그러나 폭발이 진행된 방식과 폭발 이전의 상태에 대해서는 아직 아무것도 규명되지 않았다. 1964년 우주배경복사를 발견하고 그 스펙트럼으로 흑체 곡선을 그려 낸 후 빅뱅 시나리오는 과학적인 증거를 확실하게 가지게 되었다. 어쨌거나 우리의 우주가 빅뱅으로 시작되었다는 것이 현대 천문학계의 정설이다.

빈치목(Xenarthra) 주로 남미에 서식하는 포유류의 한 목으로 개미핥기, 아르마딜로, 나무늘보 등이 여기 속한다.

빙하기(Ice Age) 지구의 기온이 지금보다 훨씬 낮았던 시기. 마지막 빙하기는 약 15,000년 전에 있었다.

사헬란트로푸스 차덴시스(Sahelanthropus tchadensis) 차드공화국에서 발견된 호미니드의 화석. 600만 년 전에 살았던 것으로 추정되며, 직립보행의 기원을 밝히는 데 중요한 정보를 제공하고 있다.

상태방정식(equation of state) 우주가 팽창함에 따라 물질의 에너지밀도가 변하는 양상을 보여 주는 방정식.

색(color) 서로 다른 두 개의 필터에 빛을 통과시켰을 때 나타나는 밝기 등급의 차이.

색-등급 다이어그램(color-magnitude diagram)/**헤르츠슈프룽-러셀 다이어그램**(Hertzsprung-Russel diagram) 별의 절대등급에 대한 색의 관계를 그래프로 나타낸 다이어그램.

석철질 운석(stony-iron meteorite) 주로 규산염 광물로 이루어져 있는 운석. 콘드라이트와 아콘드라이트로 세분된다.

세차운동(precession) 회전하는 물체에 비대칭적인 힘이 작용할 때 회전축이 원운동하는 현상. 지구도 태양과 달의 중력에 의해 세차운동을 하고 있으며, 이로 인해 자전축의 방향이 2만 6,000년을 주기로 변하고 있다.

소빙하기(Younger Dryas) 마지막 빙하기가 끝난 후 날씨가 따뜻해졌다가 갑자기 다시 추워진 기간. 주로 남반구에서 1만 2,700년 전에 시작되어 근 1,000년 동안 계속되었다. 소빙하기가 끝난 후 지구의 기온은 지금과 같은 수준으로 되돌아왔다.

수렴진화(convergence) 상관관계가 거의 없던 생명체들이 유사한 특징을 갖는 쪽으로 진화하는 현상. 서로 다른 생명체의 조상들이 비슷한 환경에 놓였을 때 이와 같은 진화가 일어난다.

쇤베르크-찬드라세카르 한계(Schönberg-Chandrasekhar limit) 이상적인 별이 적색거성이 될 때까지 소모하는 수소의 한계량. 이 값은 수소와 헬륨의 질량비에 따라 달라지는데, 전체 질량의 약 10퍼센트 정도인 것으로 계산된다. 그러나 실제 별에는 이 값이 그대로 적용되지 않는다.

스펙트럼(spectrum) 파장의 함수로 표현된 물체의 밝기.

시바피테쿠스(Sivapithecus) 1,200만 년 전에 살았던 동물의 화석. 두 눈 사이의 간격이 좁고 앞니의 크기가 둘쭉날쭉하다. 오늘날 이와 같은 특징을 간직한 유인원은 오랑우탄뿐이다.

시차(視差, parallax) 비교적 가까운 거리에 있는 별의 위치가 1년을 주기로 달라지는 현상을 이용하여 별까지의 거리를 측정하는 방법.

신왕국 시대(New Kingdom) 고대 이집트 역사에서 투탕카멘과 람세스 대왕의 치세 기간을 포함하는 시대로, 기원전 1600~기원전 1100년에 걸쳐 존재했던 것으로 추정된다.

아르디피테쿠스 라미두스(Ardipithecus Ramidus) 에티오피아에서 발견된 호미니드(hominid)의 화석으로, 500만 년 이상 전에 살았던 것으로 추정된다. 좀 더 완전한 골격이 발견된다면 인류가 언제부터 직립보행을 시작했는지 알 수 있을 것으로 기대된다.

아미노산(amino acid) 단백질을 구성하는 분자. 아미노산은 총 22종류가 있으며, 이들의 화학적 특성에 따라 단백질의 형태와 기능이 결정된다.

아이소크론 연대측정법(isochron dating, 등시간법) 방사성 동위원소를 함유한 표본에서 생성 초기의 동위원소 함유량을 추정하여 연대를 계산하는 방법. 바위나 운석의 생성 연대를 추정할 때 주로 사용된다.

아이소크론 플롯(isochron plot) 한 물체에 들어 있는 여러 가지 광물질 속의 동위원소 혼합률을 나타낸 그래프. 아이소크론 연대측정법에 사용된다.

아콘드라이트(achondrite) 다량의 규산염을 함유하면서 콘드룰이 없는 운석.

아프로테리아목(Afrotheria) 태반 포유류의 한 종류. 주로 아프리카에 서식하며 코끼리, 바위너구리, 매너티, 땅돼지, 텐렉, 금두더지 등이 여기 속한다. 유전자 분석 결과에 의하면 이 동물들은 포유류 가계도의 동일한 가지에 속해 있다.

알루미늄-26(^{26}Al) 알루미늄원자의 불안정한 동위원소로서, 반감기는 약 73만 년이다. 주로 태양계의 형성 초기에 있었던 사건의 연대를 추적하는 데 사용된다.

알파붕괴(alpha decay) 원자핵이 붕괴되는 현상 중 하나. 원자가 알파붕괴를 일으키면 두 조각으로 나뉘는데, 그중 하나는 두 개의 양성자와 두 개의 중성자로 이루어진 헬륨원자핵으로 발출되고, 나머지는 다른 원자핵으로 변형된다.

암흑물질(dark matter) 빛을 발하지 않으면서 우주 공간의 상당 부분을 채우고 있을 것으로 추정되는 미지의 물질.

암흑에너지(dark energy/Quintessence/Lambda/cosmological constant) 우주가 팽창해도 밀도가 감소하지 않는 미지의 에너지. Ia형 초신성의 관측결과를 설명하려면 암흑에너지의 개념을 도입해야 한다.

양성자(proton) 중성자와 함께 원자핵을 구성하는 무거운 입자. 전기적으로 양전하를 띠고 있다. 원자의 화학적 특성은 전자의 개수에 의해 결정되며, 전자의 개수는 양성자의 수에 의해 결정된다.

에너지(energy) 새로 생성되거나 없어지지 않지만 다른 형태로 전환될 수 있는 양. 에너지의 한 형태는 움직이는 물체에 의해 운반되며, 그 양은 물체의 질량과 속도에 의해 결정된다. 따라서 입자의 속도를 변화시키려면 에너지의 일부를 다른 형태로 바꿔야 하고 그 반대의 경우도 마찬가지다. 즉 모든 에너지는 '운동을 유발시키는 잠재적인 능력'으로 간주할 수 있다.

에오마이아 스칸소리아(Eomaia scansoria) 지금까지 발견된 가장 오래된 진수류의 화석. 2002년에 중국에서 발견되었으며 1억 2,000만 년 전의 것으로 추정되고 있다.

연륜연대학(dendrochronology) 나무의 나이테를 분석하여 생성 연대를 추정하는 학문 분야. 나이테의 폭에는 해당 시기의 환경조건에 대한 정보가 함축되어 있다. 죽은 나무와 살아 있는 나무의 나이테 폭을 측정하여 하나로 이으면 지난 수천 년 동안 환경에 어떤 변화가 있었는지 추정할 수 있다. 이 데이터를 분석하면 국지적인 기후변화와 탄소-14 함유량의 변화 등을 알아낼 수 있다.

염기쌍(base pair) 상보적 관계에 있는 뉴클레오티드의 쌍(A-T 또는 G-C). 각 염기쌍들은 DNA 줄에 연결되어 있다.

오로린 투게넨시스(Orrorin tugenensis) 케냐에서 발견된 호미니드의 화석. 약 600만 년 전에 살았던 것으로 추정되며, 인류가 처음으로 직립보행을 한 시기에 대하여 중요한 정보를 제공하고 있다.

오스트랄로피테쿠스 아파렌시스(Australopithecus afarensis) 400~500만 년 전에 살았던 호미니드의 화석. 이 화석은 루시(Lucy)라는 애칭으로도 유명하다. 두뇌 용량은 침팬지보다 작지만 직립보행을 했다.

완화기(decoupling) 우주의 역사에서 고-에너지 광자의 수(밀도)가 크게 떨어져서 전자와 원자핵이 결합하여 다량의 원자가 형성된 시기. 이 무렵에 우주는 플라즈마 상태에서 수소기체로 위상 변화가 일어났다.

우주 선(cosmic rays) 우주 공간에서 지구의 대기로 쏟아지는 입자들. 주로 원자핵과 소립자로 이루어져 있으며, 매우 빠른 속도로 대기와 충돌하면서 새로운 입자를 만들어 내기도 한다. 그러나 항성 간 자기장의 영향을 받아 궤적에 큰 변화를 일으키기 때문에 진원지를 추적하기가 어렵다. 우주 선 입자들과 대기 중의 질소원자가 충돌하면서 탄소-14가 생성된다.

우주적 팽창(universal expansion) 시간이 흐를수록 우주 공간이 커져서 은하들 사이의 거리가 멀어지는 현상.

운석(meteorite) 우주에서 지구로 떨어진 물체. 지구에서 관찰할 수 있는 유일한 외계 물질이다. 운석에 포함되어 있는 다양한 화학 성분과 물리적 특성을 분석해 보면 이들이 각기 다른 시간대에 다른 환경에서 형성되었음을 알 수 있다.

원소(element, 원자) 모든 물질의 기본단위. 양성자와 중성자 그리고 전자로 이루어져 있으며, 원자(atom)라고도 한다. 같은 종류의 원자들은 동일한 화학적 성질을 갖는다.

원자핵(nucleus) 양성자와 중성자가 단단하게 뭉쳐 있는 원자의 중심부.

원자핵붕괴(nuclear decay) 원자핵이 분해되어 다른 종류의 원자핵으로 변하는 현상. 진행되는 방식에 따라 알파붕괴, 베타붕괴, 감마붕괴로 나눠진다.

위상 변화(phase transition) 물질의 상태(고체, 액체, 기체, 플라즈마)가 변하는 현상. 물이 끓어서 수증기가 되는 것도 위상 변화의 한 사례이다.

유대류(marsupial) 어린 새끼를 배에 달린 주머니 속에 넣고 양육하는 포유류의 총칭.

유전자(gene) 단백질 생성과정을 관장하는 DNA 분자가 존재하는 지역.

유크눔 친(Yuknoom Ch'een) 고대 마야의 도시 칼라크물(Calakmul)을 다스렸던 왕.

유클리드 기하학(Euclidean geometry) "평행선은 만나지 않는다."거나 "삼각형 내각의 합은 180도"라는 등 우리에게 친숙한 개념으로 이루어진 평면기하학 체계.

유태반류(placentalia) 현존하는 모든 태반류의 마지막 조상과 그로부터 파생된 포유동물의 총칭.

음향진동(acoustic oscillation) 초기우주의 플라즈마상태에서 밀도가 높은 부분과 낮은 부분 사이에 일어나는 조수운동. 우주배경복사에 나타난 밝은 점들은 이 진동의 흔적으로 추정되고 있다.

이집트왕조(Egyptian dynasties) 31단계로 분할된 고대 이집트의 역사. 각 왕조는 특정 파라오의 통치 기간으로 세분되는데, 이 모든 자료는 이집트의 사제였던 마네토(Manetho)가 작성한 명단에 기초한 것이다. 그러나 어떤 특정 시기에 파라오가 여러 명 있었던 이유는 아직 분명치 않다.

인트론(intron) 유전자의 일부를 차지하고 있는 DNA 서열로서, 단백질 생성에 관여하지 않는 부분.

일반상대성이론(general relativity) 아인슈타인이 창안한 새로운 중력이론으로, 중력을 힘이 아닌 '시공간의 구부러짐'으로 해석한다. 이 이론은 대형 천체에 의해 빛의 구부러지는 현상 등 다양한 관측을 거쳐 사실로 판명되었다.

일상적인 물질(ordinary matter) 암흑물질의 반대 개념으로, 일상적인 원자로 이루어진 물체의 총칭.

임계밀도(critical density) 공간의 곡률이 0이 되는 우주의 밀도.

잘람발레스티드(zalambalestids) 7,500만~9,000만 년 전에 살았던 진수류의 한 그룹. 일부 고생물학자들은 이들의 치아에 나타난 특징을 분석한 끝에 현대의 설치류나 토끼와 가깝다고 주장했으나, 아직은 확실한 결론이 내려지지 않은 상태이다.

잠재성 돌연변이(silent mutation) 단백질의 구조나 생성과정에 아무런 영향도 주지 않는 돌연변이.

적색거성(red giant) 중심부의 수소가 고갈되어 더 이상 핵융합반응을 할 수 없게 된 별. 점점 커지고 밝아지면서 주계열성보다 붉은 계열의 빛을 방출한다.

적색편이(redshift) 멀리 있는 은하로부터 날아온 빛이 긴 파장 쪽으로 치우치는 현상. 우주의 팽창과 도플러효과로 설명될 수 있다.

전자(electron) 음전하를 띤 소립자로서, 양성자나 중성자보다 훨씬 가볍다. 전자는 원자핵 속에 구속되어 있지 않고 원자핵 주변에 구름처럼 퍼져 있으면서 인접한 원자의 전자구름과 상호작용을 교환한다. 따라서 전자는 모든 원자의 화학적 성질을 결정하는 중요한 요소이다. 원자에 포함된 전자의 개수와 배열 상태는 원자핵 속의 양성자와 중성자의 개수에 의해 결정된다.

절대 0도(absolute zero) 온도의 하한점(섭씨 영하 273도). 이 온도에서 모든 원자는 아무런 운동도 하지 않는다.

절대등급(absolute magnitude) 별이 지구로부터 32.6광년 떨어져 있다는 가정하에 매긴 밝기 등급.

점대치 변이(point substitution mutation) ATGTG → ATCTG와 같이 하나의 염기쌍이 다른 염기쌍으로 대치되면서 일어나는 돌연변이.

젤레스티드(zehestids) 8,500만~9,000만 년 전에 살았던 진수류의 한 그룹. 현대의 말굽 동물과 가깝다는 주장이 있지만, 논쟁은 아직도 계속되고 있다.

좌표거리(coordinate distance) 팽창하는 우주에서 특정 위치에 있는 두 천체 사이의 거리. 통상적으로는 '현재'를 기준으로 삼는다.

주계열성 분기점(main sequence turn-off) 색-등급 다이어그램에서 밝고 푸른 주계열성 분포가 끝나는 지점. 이 근처에 있는 별들은 얼마 지나지 않아 적색거성이 될 처지에 놓여 있다. 그러므로 색-등급 다이어그램에 표기된 각 별의 위치는 별의 나이와 밀접하게 연관되어 있다.

주계열성(main sequence) 색-등급 다이어그램에서 대각선 방향으로 집중되어 있는 별들의 통칭. 이 대각선은 밝고 푸른 쪽에서 어둡고 붉은 쪽으로 이어진다. 지구에 가까운 별들은 대부분 주계열성에 속하며, 이들은 주로 수소의 핵융합반응으로 에너지를 방출하고 있다.

중성자(neutron) 질량이 비교적 크고 전기적으로 중성인 입자로, 양성자와 함께 원자핵을 구성한다. 원자핵들 중 양성자의 수가 같고 중성자의 수가 다른 것을 동위원소라고 하는데, 이들은 화학적 성질이 거의 같다.

중왕국 시대(Middle Kingdom) 고대 이집트 역사에서 기원전 2000~기원전 1800년에 걸친 시대. 이집트 고대 문헌 중 상당수가 이 시기에 작성되었다.

진공에너지(vacuum energy) 텅 빈 공간에 함유된 에너지. 암흑에너지가 그 후보로 거론되고 있다.

진수류(Eutheria) 포유동물의 한 그룹으로, 현재 살아 있는 종류도 있고 멸종한 종류도 있다. 이들은 다른 어떤 동물보다 태반 포유류와 가깝기 때문에, 현존하는 태반포유류의 조상으로 추정되고 있다.

질량(mass) 외부의 힘에 반응하여 움직이는 방식을 결정하는 물체 고유의 물리량. 아인슈타인의 방정식 $E=mc^2$에 의하면 질량은 에너지와 비례하는 관계에 있다.

질량-광도 상관관계(mass-luminosity relation) 주계열성에서 뚜렷하게 나타나는 질량과 광도 사이의 관계.

질량 분리(mass fractionation) 질량이 미세하게 다른 동위원소들이 분리되는 현상. 주로 질량분석기를 이용하여 이들을 분리해 낸다.

질량분석기(mass spectroscopy) 주어진 샘플을 질량이 큰 순서로 분리하는 장치. 정전기력에 의한 가속현상과 자기장에 의한 궤도 변형을 이용하여 질량이 다른 이온을 골라내고 개수를 헤아린다.

질량 에너지 환산공식($E=mc^2$) 질량과 에너지의 상호관계를 규명한 아인슈타인의 유명한 공식.

척도 인자(scale factor) 중력이나 전자기력으로 결합되어 있지 않은 두 물체 사이의 과거 거리를 현재 거리로 나눈 값. 팽창하는 우주의 크기를 임의의 시점에서 가늠하는 척도로 사용된다.

천구의 북극(celestial pole) 지구의 자전축을 연장했을 때 천구와 만나는 지점. 모든 별들은 이 점을 중심으로 일주운동을 한다. 현재 이 점에 가장 가까운 별은 북극성(Polaris)이다. 그러나 지구의 자전축이 세차운동을 하기 때문에 세월이 지나면 천구의 북극은 다른 별로 옮겨가게 된다.

천랑성 주기(Sothic cycle) 고대 이집트의 달력에 윤년이 없었기 때문에 나타났던 1,460년의 주기성. 고대 이집트 인들은 1년을 정확하게 365일로 간주했으므로 4년이 지나면 천문 관련 사건이 거의 하루 일찍 발생하게 되고, 이런 식으로 1,460년이 지나면 365일, 즉 정확하게 1년이 당겨져서 시리우스(Sirius)의 출몰 시간 등 천문 관련 사건의 발생 시간이 1,460년 전과 정확하게 일치한다. 이 주기를 천랑성 주기라 한다(Sothic은 그리스어 'Sirius'의 이집트식 이름이다).

철질운석(iron meteorite) 주로 철-니켈 합금으로 이루어진 운석.

초신성(supernova) 별의 죽음을 알리는 초대형 폭발. 우리 태양계도 초신성의 폭발에서 시작된 것으로 추정된다. 특정한 타입의 초신성 데이터를 분석하면 지난 100억 년 동안 우주가 팽창해 왔음을 입증할 수 있다.

초영장목(Euarchontoglires) 설치류, 토끼, 영장류, 가죽날개원숭이 등이 속하는 포유류의 소그룹.

촐킨(Tzolk'in) 마야의 '캘린더 라운드(Calendar Round)'에 나타나는 260일 주기 단위. 촐킨의 날짜는 1에서 13 사이의 숫자와 20가지의 날짜 기호로 이루어져 있다. 하루가 지날 때마다 숫자가 1씩 증가하고 날짜기호도 달라진다.

카베르나 다 페드라 핀타다(Caverna de Pedra Pintada) 브라질 동부의 몬테알레그레(Monte Alegre) 근처에 있는 고고학 유적지. 이곳에 살던 사람들은 열대 우림 한복판에서 과일과 나무열매를 주식으로 삼았다. 같은 시기에 북아메리카에 살던 사람들은 클로비스족으로 매머드를 사냥했다.

칼라크물(Calakmul) 고대 마야 문명 중심지의 현대식 명칭. 원래 이름은 뱀을 뜻하는 찬(Chan)이었다. 유크눔 친은 이곳을 다스렸던 유명한 왕들 중 한 사람이다.

칼륨-40(^{40}K, potassium-40) 칼륨의 불안정한 동위원소. 원자핵은 19개의 양성자와 21개의 중성자로 이루어져 있으며, 붕괴 과정을 거쳐 칼슘(^{40}Ca)이나 아르곤(^{40}Ar)으로 변한다. 반감기는 약 12억 8,000만 년으로, 칼륨-아르곤 연대측정법에 사용된다.

칼륨-아르곤 연대측정법(potassium-argon dating) 화산퇴적물의 칼륨-아르곤 함유량을 측정하여 생성 연대를 계산하는 방법. 샘플 안에 있는 모든 아르곤-40이 칼륨-40의 붕괴로 생성되었다는 가정하에 용암이 바위로 굳어진 후 칼륨-40이 붕괴된 양을 측정하고, 여기에 칼륨-40의 반감기(12억 8천만 년)를 고려하면 용암이 바위로 굳어진 시기를 알아낼 수 있다.

칼슘-알루미늄 다량 함유체(calcium and aluminum rich inclusions, CAIs) 콘드라이트의 내부에서 칼슘과 알루미늄을 다량 함유하고 있는 불규칙 영역. 대부분의 CAI는 태양계 초기에 생성된 것으로 추정된다.

캘린더 라운드(Calendar Round) 촐킨(Tzolk'in)과 하브(Haab)로 구성된 고대 마야의 달력으로, 주기는 52년이다.

케페우스형 변광성(Cepheid variable) 1일~1주일을 주기로 밝기가 변하는 별. 밝기가 변하는 주기는 별의 밝기와 관련되어 있어서 천체까지의 거리를 판단하는 기준으로 사용된다.

켈빈(Kelvin) 절대온도의 단위. 눈금의 간격은 섭씨온도와 동일하며, 화씨로는 1.8도에 해당된다. 절대 0도(0K)는 -273°C로서, 더 이상 내려갈 수 없는 최저 온도이다.

콘드라이트(chondrite) 다량의 규산염과 콘드률(chondrule)을 함유한 운석. 태양계 초기에 형성된 것으로 추정된다.

콘드률(chondrules) 반지름 1밀리미터 내외의 조그만 구형 암석. 대부분의 암석형 운석에서 발견된다.

클로비스 최초 정착설(Clovis first) 클로비스족을 만든 사람들이 신대륙 최초의 정착민이었다는 가설. 이 주장에 의하면 빙하기가 끝날 무렵에 얼음이 녹은 길을 따라 캐나다 남부 지역에 첫 이주민이 도착했다고 한다. 이들은 마스토돈과 같은 커다란 동물을 따라 이동했을 것으로 추정되며, 남북 아메리카 대륙으로 빠르게 퍼져 나갔다. 그 후 사냥감이 줄어들자 한 곳에 정착하여 그곳의 자원을 집중적으로 소모했다. 그러나 최근 이루어진 고고학적 발견들은 이 가설과 부분적으로 상충된다.

클로비스촉(Clovis Point) 북아메리카 전역에 걸쳐 발견되는 화살촉 모양의 석기. 밑면 가장자리를 따라 '홈'이 나있다는 점에서 다른 도구와 확연하게 구별된다. 사용연대는 약 13,000년 전으로 추정되며, 신대륙에 남아 있는 인류의 흔적 중 가장 오래된 것이다.

탄소-12(^{12}C) 가장 흔하고 안정된 탄소원자. 원자핵은 6개의 양성자와 6개의 중성자로 이루어져 있다.

탄소-13(^{13}C) 탄소원자의 안정된 동위원소. 중성자가 7개이다.

탄소-14(^{14}C) 탄소원자의 불안정한 동위원소. 원자핵은 6개의 양성자와 8개의 중성자로 이루어져 있으며, 반감기는 5,730년이다. 우주 선이 대기 상층부의 질소원자와 충돌하면서 생성된다.

탄소-14 연대측정법(carbon-14 dating/radiocarbondating) 생명체의 연대를 측정할 때 주로 사용되는 방법으로, 다음과 같은 순서에 따라 진행된다. ①샘플(화석 등)에 함유된 탄소-14의 양을 측정한다. ②나무의 나이테 등 다른 자료로부터 생명체가 살아 있던 당시의 탄소-14 함유량을 추정한다. ③두 값의 차이와 탄소-14의 반감기로부터 생명체의 연대를 계산한다.

탄소순환(carbon cycle) 대기 → 생명체 → 바다 → 대기로 이어지는 탄소원자의 순환과정.

태반류(placental mammal) 모체의 태반 속에서 태아가 자라는 모든 포유동물의 총칭.

태양과의 동시출몰(heliacal rising) 어떤 천체가 일출 직전에 나타나는 현상. 고대 이집트 인들은 시리우스가 일출 직전에 뜨는 날을 새해 첫날로 정했는데, 이 무렵에 나일 강이 범람하곤 했다. 고대 이집트의 달력에는 윤년이 없었기 때문에 이 사건이 일어나는 날은 해마다 조금씩 달랐다.

태양주기(solar cycle) 태양 흑점의 개수가 변하는 주기. 흑점은 대략 11년을 주기로 증감을 반복한다. 그 원인은 아직 밝혀지지 않았으나, 자기장의 변화에 영향을 받는 것으로 추정된다.

통상적 탄소-14 연대측정법(conventional carbon-14 dates) 대기 중 탄소-14 함유량이 일정하고 반감기가 5,570년이라는 가정하에 수행되는 연대측정법. 탄소-14를 함유한 표본의 생성 연대를 측정하는 표준적인 방법이다.

티칼(Tikal) 고대 마야 도시의 현대식 이름. 원래 명칭은 무툴(Mutul)이었으며, 칼라크물(Calakmul)의 가장 강력한 라이벌이었다.

파워스펙트럼(power spectrum) 천체의 겉보기크기나 각도에 따른 밝기의 변화를 나타낸 그래프.

파장(wavelength) 파동의 마루(crest)와 그다음 마루 사이의 거리. 전자기파의 파장은 빛의 색상을 결정한다.

포유류(mammal) 몸에 털이 나 있고 모유로 새끼를 양육하며 체온조절이 가능한 동물의 총칭. 현재 통용되는 분류법에 의하면 약 20종으로 세분된다.

프로콘술(Proconsul) 2천만 년 전에 살았던 것으로 추정되는 유인원의 화석. 현존하는 대형 영장류와 비슷하지만 완전히 일치하는 종은 없다. 따라서 프로콘술은 현대 유인원보다 먼저 계통도에서 갈라져 나온 것으로 추정된다.

플라즈마(plasma) 물질을 이루는 모든 원자들이 이온화되어 전자와 원자핵이 독립적으로 움직이는 상태.

플랭킹 영역(flanking region) 유전자의 배열이 시작되거나 끝나는 지점. 이 영역에는 단백질 생성에 관한 정보가 담겨 있지 않지만, 유전자의 어느 부분에서 정보를 취해야 할지를 알려 준다. 플랭킹 영역은 특정한 배열로 되어 있기 때문에 유전자 코드에 어떤 단백질 정보가 들어 있는지 전혀 모르는 상황에서도 정보의 시작점과 끝점을 알 수 있다.

하브(Haab) 마야의 '캘린더 라운드(Calendar Round)'의 365일 주기 단위. 각 20일로 이루어진 18개의 달(month)과 5일로 이루어진 하나의 달로 구성되어 있다.

핵융합(nuclear fusion) 여러 개의 작은 원자핵이 뭉쳐서 하나의 큰 원자핵으로 변하는 현상. 별의 내부에서는 수소원자가 핵융합반응을 거쳐 헬륨원자로 변환되면서 막대한 양의 에너지를 빛의 형태로 방출하고 있다.

허블 다이어그램(Hubble diagram) 은하의 빛이 적색편이된 정도를 거리에 대한 함수로 표현한 그래프.

호미니드(Hominids/Hominins) 현존하는 인간과 가장 가까운 동물. 호미니드는 큰 두뇌 용량과 직립보행 등 인간 고유의 특징을 그대로 간직하고 있다. 따라서 호미니드의 화석을 분석하면 인간의 조상이 처음으로 직립보행을 했던 시기를 추정할 수 있다.

휘발성(volatile) 비교적 낮은 온도에서 쉽게 기화되는 성질. 내화성(refractory)의 반대 개념.

흑점(sunspot) 태양의 표면에 나있는 검은 반점. 강한 자기장이 복잡하게 얽혀 있는 부분으로 추정된다. 흑점의 개수는 11년을 주기로 변하는데 이것을 태양주기(solar cycle)라 한다.

흑체(black body) 자신에게 쏟아지는 모든 복사에너지를 흡수하는 물체.

Ia형 초신성(type Ia supernova) 초신성의 종류 중 하나로, 수소 함유량이 비교적 적은 별이 폭발한 것으로 추정된다. 백색왜성에 추가 질량이 유입되어 핵융합반응이 다시 시작되면 대대적인 폭발이 일어날 수 있다. Ia형 초신성을 이용하면 은하들 사이의 거리를 측정할 수 있다.

찾아보기

ㅇ

ㅈ

ㅊ

ㅋ

ㅌ

ㅍ

ㅎ

모든 것의 나이

펴낸날 초판 1쇄 2010년 2월 10일
초판 2쇄 2016년 6월 7일

지은이 매튜 헤드만
옮긴이 박병철
펴낸이 심만수
펴낸곳 (주)살림출판사
출판등록 1989년 11월 1일 제9-210호

주소 경기도 파주시 광인사길 30
전화 031-955-1350 팩스 031-624-1356
홈페이지 http://www.sallimbooks.com
이메일 book@sallimbooks.com

ISBN 978-89-522-1315-0 03400

※ 값은 뒤표지에 있습니다.
※ 잘못 만들어진 책은 구입하신 서점에서 바꾸어 드립니다.